교수님 성함

교수님 연구실

교수님 이메일

수업시간

강의실

강의교재

과제

중간고사 시험범위

기말고사 시험범위

참고도서

6판 영양교육과 상담

6판

영양교육과 상담

서정숙 · 이보경 · 이혜상 · 이수경 지음

NUTRITION EDUCATION
&
COUNSELING

교문사

6판을 내면서

이미 고령사회로 진입하여 노인 인구가 급격하게 증가하고 있는 우리나라의 국민 건강증진대책 중 국민의 건강수명을 늘리는 문제가 매우 중요하게 강조되고 있다. 건강수명은 질병 예방과 밀접한 관련성이 있으며, 개인이나 집단의 건강상태를 유지하고 삶의 질을 향상시키기 위해서는 대상자들의 영양상태가 양호해야 한다. 그러나 오늘날 급격하게 변화되고 있는 식생활 환경에서는 다양한 영양문제가 초래되고 있다. 이러한 영양문제로 영양상태의 개선이 필요한 경우에는 대상과 여건에 적합한 영양교육이나 영양상담을 실시하여 대상자의 영양문제를 해결할 수 있다. 따라서 건강한 삶을 위해서는 학교, 병원, 보건소, 산업체 등 다양한 일선 현장에서 대상자의 생애주기별 특성을 고려한 영양교육과 상담을 실시하여 영양문제를 해결하는 것이 중요하다는 인식이 널리 확산되고 있다. 영양교육과 상담을 체계적으로 실시하여 효과를 거두기 위해서는 영양사, 임상영양사, 영양교사 등 영양전문가의 역할과 역량이 더욱 중요해지고 있으며, 이에 본 교재가 역량 있는 전문가를 배출하는 데 조금이나마 도움이 될 수 있기를 기대하는 마음이다.

《영양교육과 상담》 초판이 1998년 발간된 이후, 몇 차례 개정과 수정을 거듭하는 동안 어느덧 20년의 세월이 흐른 시점에 깊은 감회를 느끼며 본 교재의 내용을 새롭게 보완하여 6차 개정판을 출간하게 되었다. 처음 출간부터 그동안 본 교재 집필의 중심이 되어 주셨던 박영숙 교수님과 이정원 교수님께 깊은 감사를 드리며 더 나은 교재로 발전시키는 것으로 보답을 드리고자 다짐하는 마음이다.

이 책은 관련되는 교과목 간의 균형을 유지하면서도 《영양교육과 상담》 교과목의 특성을 뚜렷이 하고, 실제 적용과정에 도움이 되는 내용을 보완하고자 노력하였다. 이번 6판은 기존의 구성대로 12장의 형태를 유지하면서도 최근의 자료로 대폭 교체하고 필요성이 적은 부분은 내용을 줄였으며 실제적인 내용을 중심으로 다양한 사례를 제시하였다.

이번의 6판을 발간하면서 아직도 미흡하거나 아쉬운 부분이 많지만 앞으로 내용을 계속 수정·보완하도록 하겠다. 이 책이 나오도록 애써 주신 교문사의 류원식 사장님과 편집부 직원들에게 깊은 감사를 드린다.

2018년 8월
저자 일동

차례

CHAPTER **5**

영양교육 매체의 개발 및 활용

CHAPTER **6**

영양상담

CHAPTER **7**

영양판정

CHAPTER **8**

미디어를 활용한 영양교육과 상담

CHAPTER 1 영양교육과 상담의 개요

1 영양교육과 상담의 개념

2 영양교육과 상담의 의의

3 영양교육과 상담의 필요성

4 우리나라 영양교육과 상담

식생활은 인간생활의 기본이며, 식생활을 통해 섭취하게 되는 영양은 인간의 생명활동과 성장발달에 매우 중요한 기본 요소이다. 개인이나 집단의 건강상태를 유지하고 삶의 질을 향상시키기 위해서는 대상자들의 영양상태가 양호해야 하며 영양상태의 개선이 필요한 경우에는 일련의 교육활동이 필요하다. 이를 위하여 대상과 여건에 적합한 영양교육(nutrition education)이나 영양상담(nutrition counseling)을 실시하여 대상자의 영양문제를 해결할 수 있다.

1. 영양교육과 상담의 개념

영양교육은 개인이나 집단이 바람직한 식생활을 실천하는 데 필요한 지식(knowledge)을 이해하고, 학습한 지식을 식생활에서 실천하려는 태도(attitude)로 변용해서, 스스로 행동(behavior)으로 연결시키게 도와주는 과정이다. 그러므로 영양교육은 바람직한 식생활을 실천하는 데 필요한 지식, 태도, 행동의 각 요인과 관련된 다양한 학습경험을 제공하도록 계획된 교육과정이라고 할 수 있다.

영양상담은 전문 상담자와 내담자 사이에 친밀한 인간관계 내에서 형성되는 일

대일의 관계이며, 현재 영양문제를 가지고 있거나 혹은 그럴 가능성이 있는 사람에게 본인 스스로 새로운 식행동을 습득하여 영양문제를 해결할 수 있도록 영양전문가가 도와주는 과정을 말한다. 영양상담은 영양교육에 비해 대면적, 상호 의사소통적, 역동적인 면이 강하다고 할 수 있다. 반면에 영양교육은 교육대상자가 가진 능력을 충분히 발휘하도록 학습시키고 바람직한 식생활을 실천할 수 있도록 구체적인 내용과 방법을 지도하는 것이다.

영양교육은 올바른 영양과 식생활 지식이 생활화되도록 하는 것이 중요하므로 교육대상자들의 영양상태를 파악하고 그 실태 자료를 기초로 식생활을 개선하도록 해야 한다. 이를 위해 대상자의 식품 선택에 영향을 미치는 요소들을 파악하고, 이에 대한 교육 내용과 방법을 구성하며 효과를 평가하는 활동을 통해 영양상태를 개선하게 한다. 영양교육의 실시과정은 대상의 진단, 계획, 실행 및 평가의 순환과정이며 평가 결과를 다시 계획에 반영하여 반복 실행하면 그 효과가 커진다.

영양교육 활동은 인간의 행동과학적 원리와 각종 건강영양 정보 등을 적절한 교육과정으로 구성하여 교육대상자의 목표와 능력에 맞게 적절한 학습경험으로 제공하게 된다. 영양교육의 내용과 방법을 설정할 때는 여러 가지 고려해야 할 점이 많다. 먼저 교육대상자의 구성이 매우 다양할 수 있으므로 영양교육의 내용과 방법은 다양한 교육대상자들에게 최대 효과를 내기에 적합하도록 조정되어야 한다. 영양교육을 담당하는 교육자는 식품과 영양, 식생활에 관련된 전반적인 지식을 갖추어야 하며, 대상자에게 올바른 식생활을 정확하게 전달하기 위한 기술과 능력도 필요하다.

영양교육의 어려운 점

- 교육대상자의 구성이 다양하다. 개인마다 나이나 성별, 교육 정도, 노동 정도, 식습관, 기호도에 차이가 있고 지역에 따라서 경제적 사정이나 사고방식이 서로 다르기 때문이다.
- 영양교육과 상담의 효과는 장기적으로 서서히 나타나고 가시적으로 제시하기가 어렵다. 또한 여러 가지 요인이 복합되어 어떤 변화로 나타나는 경우가 많아서 영양교육의 효과로 국한시켜 해석하기도 힘들다.
- 예산과 인력이 많이 소요된다.

2. 영양교육과 상담의 의의

영양교육과 상담의 궁극적 목적은 대상자가 일상생활에서 영양문제를 해결하도록 바람직한 식생활을 하게 유도함으로써 영양상태를 개선하고 건강을 유지하도록 하는 것이다. 영양교육과 상담의 목표는 목적에 비해 구체적이고 하위단계로서, 식생활과 관련된 지식, 태도와 행동의 개선을 의미하며, 특히 행동의 변화가 가장 중심이다. 예를 들면, 어떤 영양교육 프로그램을 실시할 때 그 목표는 체중 목표나 영양소 섭취량을 설정하는 것과 같은 내용이 될 수 있다. 목표를 세울 때는 교육대상자들이 현실적으로 실천 가능한 목표를 세워야 하며, 가능하면 교육자와 교육대상자가 공동으로 참여하여 목표를 세우는 것이 바람직하다. 영양교육과 상담의 목표 달성을 통한 의의는 다음과 같이 요약할 수 있다.

- 바람직한 식생활을 영위하게 된다.
- 대상자의 영양상태가 개선된다.
- 질병 예방과 건강 증진에 기여한다.
- 국민건강을 위한 사회적 의료 비용을 절감한다.
- 국민 복지 향상에 기여한다.

3. 영양교육과 상담의 필요성

최근 식품산업과 외식 문화가 급격하게 발전하고 식품 광고와 매체 등이 범람하면서 우리나라 사람들의 식생활 환경이 급속도로 변화되고 있다. 식생활 환경의 변화와 함께 국민의 식생활 양식도 크게 변화되고 있으며 식생활과 관련된 만성질환의 발생도 증가되고 있다. 건강을 위해 올바른 식생활의 실천이 매우 필요한 시점에서 영양교육과 상담의 역할이 더욱 중요하게 부각되고 있다. 다음은 영양교육과 상담의 역할이 중요하게 대두된 사회적 환경 변화를 요약한 것이다.

1) 가족공동체 식문화의 변화

인간은 성장발달, 노화과정 등에서 건강과 영양문제의 특성이 달라지기 때문에

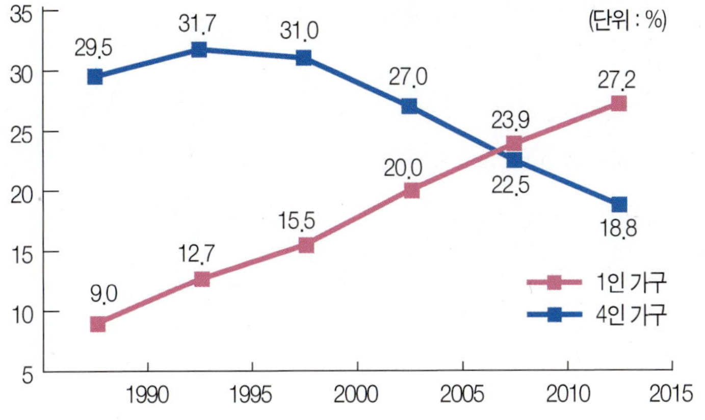

그림 1-1 가구 형태의 변화(1인 가구와 4인 가구)

자료 : 통계청(2016)

생애주기에 따라 건강을 위한 적절한 식생활 교육이 수반되어야 한다. 가정 식생활의 주체인 가족공동체를 대상으로 한 영양교육은 이러한 관점에서 실시되어야 효과적일 수 있다. 그러나 우리나라는 빠르게 진행된 산업화로 인해 여러 분야에서 사회 변화가 나타나고 있으며, 그중에서 가구의 형태가 다양화되는 추세가 주목되고 있다. 전통적인 가구 형태인 대가족 중심에서 핵가족 위주로의 변화가 일어났으며, 최근에는 1인 가구의 증가 현상이 두드러지게 나타나고 있다(그림 1-1). 따라서 가족공동체로서 같이 식사하고 대화하는 생활이 줄어들면서 식생활에 대한 가치관도 변화되고 있다. 이에 따라 가족구성원인 개개인은 일상생활의 주 장소인 직장 등 외부에서 단체급식이나 외식으로 식사를 하는 비율이 증가하고 있다. 특히 1인 가구는 노인이나 가정에서 독립한 미혼 청년층이 많으며, 대체로 혼자 식사하기 때문에 불충분한 식사를 하는 경우가 많아 영양상태가 불량한 비율이 높아 문제가 되고 있다.

2) 인구사회학적 변화

우리나라 사람들의 평균수명이 길어지면서 노인 인구와 만성질환자가 크게 증가하고 있다. 특히 2017년에는 65세 이상의 인구비율이 14%에 달하는 고령사회로 진입하여 OECD 국가 중에서 가장 빠른 속도로 고령화가 진행되고 있다(그림 1-2). 인구 고령화로 인해 가구주의 연령이 65세 이상인 고령가구 수도 점차 증가하고 있

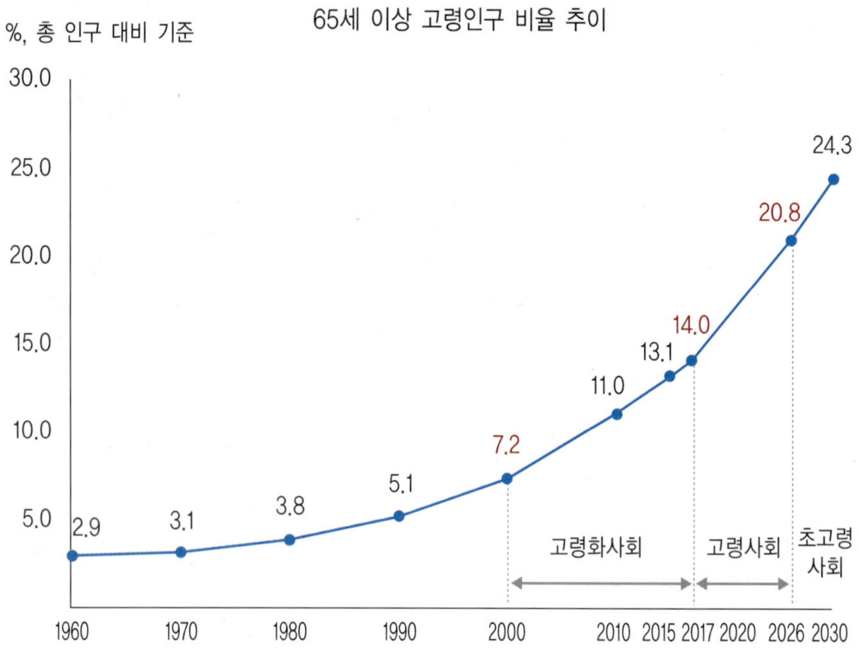

그림 1-2 **인구 고령화 추이**

자료 : 통계청, 고령자통계 (2017)

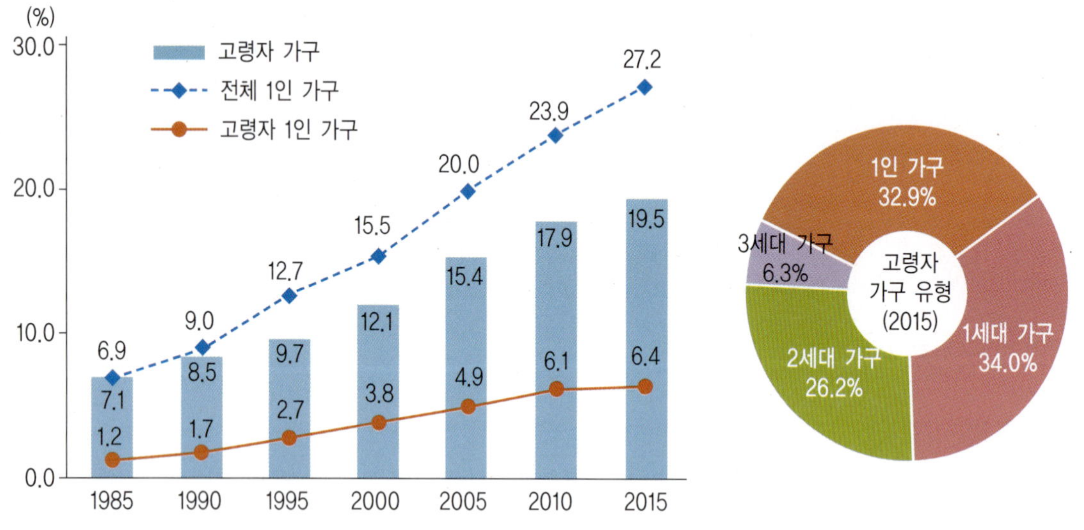

그림 1-3 **고령자 가구 추이**

자료 : 통계청, 고령자 통계(2017)

으며 홀로 사는 노인 수도 빠르게 증가하는 추세이다(그림 1-3). 노인은 식사 준비나 식사를 같이 섭취하는 가족구성원에 따라 영양섭취에 유의한 차이를 보이며, 독거 가구는 부부 가구나 가족 동거 가구에 비해 식품 섭취의 다양성이 낮고, 영양위험에 노출되는 경우가 많다. 따라서 질병이나 영양적으로 취약한 노인을 대상으로 건강수명을 증가시키기 위한 영양교육의 필요성이 강조되고 있다.

맞벌이 부부, 한부모 가정, 1인 가구 등이 증가하면서 주부의 취업이 늘고 가사는 주부 전담에서 점차 가족구성원의 분담으로 변화되고 있다. 따라서 식생활에 대한 편의성, 경제성을 추구하면서 가정식이 줄어들고 급식과 외식, 배달음식, 조리음식, 즉석음식의 소비가 증가되고 있다. 이러한 고령화와 저출산의 문제, 주부 취업에 따른 식생활 패턴의 변화로 식생활의 사회화 현상이 가속화되고 있으므로 가족구성원 모두가 적절한 영양교육을 통해 건강한 식생활을 실천하기 위한 능력과 기술을 익혀야 한다.

3) 질병 구조의 변화

경제수준의 향상에 따른 식생활 양식의 변화와 의료기술의 발달로 우리나라의 질병 구조가 변화되면서 식생활과 관련되는 만성질환의 발생률이 크게 증가하여 사망의 주요 원인이 되고 있다(그림 1-4). 이러한 만성질환은 생활습관, 특히 식생활과 밀접한 관계가 있으므로 영양교육을 통해 질병 예방이나 조기치료를 기대할 수 있다.

만성질환 발생이 증가하면서 이로 인한 경제적 비용이 급증하고 있으며, 평균수명이 증가함에 따라 노인 대상 진료비가 증가하여 사회의료 비용에 큰 비중을 차지하고 있다. 노인 의료비의 증가는 건강보험이나 복지에 큰 부담이 되므로 노인을 포함한 국민 모두에게 질병 예방과 영양개선을 위한 영양교육을 실시함으로써 건강수명을 증가시켜 의료비 절감에 기여해야 할 것이다.

4) 식생활 환경의 변화

식품의 선택은 영양소 섭취와 건강상태에 영향을 미치는 요인으로 다양한 사회·경제적 환경의 영향을 받는다. 더욱이 과학기술의 발달과 4차 산업혁명은 식품 생산, 음식 소비, 소비한 후의 처리에 이르기까지 식생활 체계 전반에 크게 영향

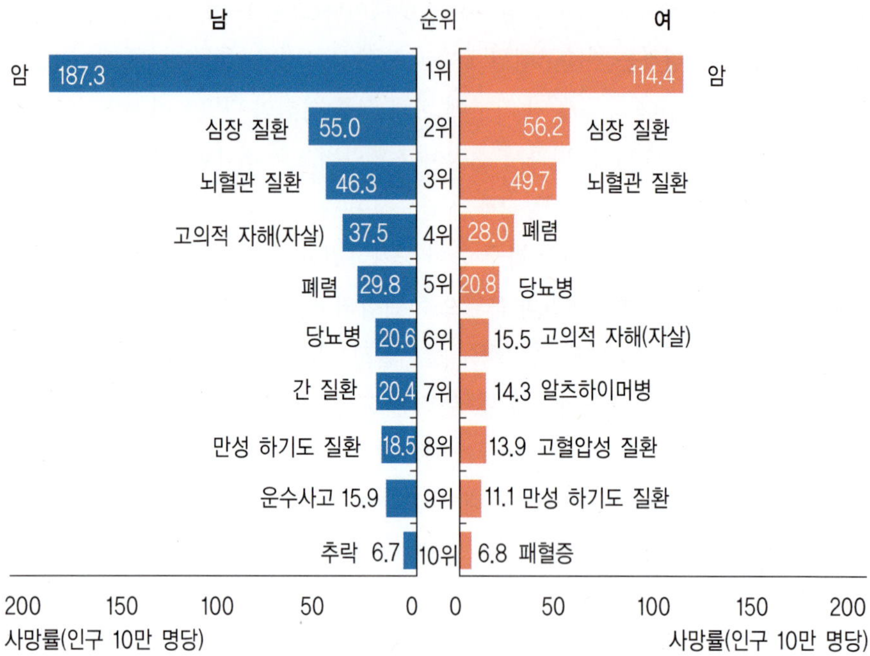

그림 1-4 **우리나라 국민의 주요 사망원인**

자료 : 통계청. 사망원인 통계(2015)

영양교육과 질병 예방

건강증진과 질병 예방단계에서, 또 2차 예방 차원에서 해당되는 만성질환과 생활습관병 등은 평생건강관리의 주요 대상이며 삶의 질 향상을 위한 건강증진과도 밀접하다. 따라서 이들을 위한 영양교육과 상담이 중요하다.

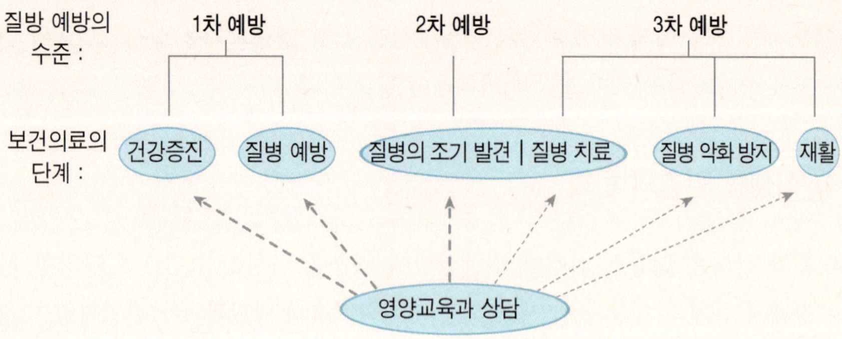

을 미치고 있다. 최근 우리나라는 식품기술의 발달에 따라 가공식품, 편의식품, 건강기능성식품, 그리고 다양한 형태의 식품점, 국제화된 외식산업 등으로 식생활 환경이 크게 변화되고 있다. 식품산업과 외식산업의 발전은 각종 인스턴트식품, 가공식품 등의 생산을 증대시켰으며 편의성이라는 강점 때문에 소비가 급증하고 있다. 그러나 이러한 식품들은 영양적으로 질이 낮은 경우가 많으며 각종 식품첨가물의 사용, 식재료의 질 저하 등으로 소비자들에게 식품안전성을 보장할 수 없는 경향이 있다. 또한 WTO 체제 등 세계화의 물결 속에서 다양한 외국 식품과 세계 음식을 접하게 되면서 음식문화에 대한 이해와 영양교육이 더욱 필요해지고 있다. 따라서 영양표시, 음식문화 등에 대한 이해를 통해 식품 선택을 현명하게 할 수 있는 능력과 정보를 갖춘 소비자가 될 수 있도록 교육해야 한다.

또한 1인 가구 형태가 증가하면서 식품산업에도 많은 변화를 가져왔는데 1인 가구의 식생활은 대부분 직접 재료를 구입하여 준비하는 식사보다는 가공식품, 인스턴트식품, 외식 등을 이용하는 식생활을 특징으로 하고 있어서 관련 산업이 더욱 활성화되고 있다. 가정에서 조리시간을 최소화시키거나 번거로움을 피하기 위해 외식을 선호하는 경향을 나타내고 있다. 이러한 식생활은 1인 가구의 증가와 함께 매우 빠른 속도로 증가하고 있으며, 외식산업이 발달되고 일반화되면서 구매가 간편하고 조리과정을 최소화할 수 있는 편이성과 간편화에 기반한 가정식 대체식품(Home Meal Replacement, HMR)의 수요가 크게 증가하고 있다.

정보전달의 방법이 변화하고 있는 것도 식생활에 많은 영향을 미치게 되었는데 신문·방송, 텔레비전에서 주로 건강과 식생활에 관한 정보를 접하던 시대에서 이제는 이러한 대중매체 외에도 인터넷을 통한 정보가 급속히 증가하는 시대로 변화되었다. 더욱이 SNS(social networking service) 체계의 발달로 스마트폰 등의 보급이 많아지면서 정보의 흐름이 개인화되는 경향이 가속화되고 왜곡된 정보의 확산 현상도 많아지게 되었다. 대중매체와 인터넷의 정보는 확산력이 크므로 과학적이고 신뢰성이 있어야 하는데 만약 이러한 정보가 허위나 과장된 내용이라면 심각한 문제를 초래할 수 있다. 따라서 일반인들이 식생활과 식품 선택에 관한 올바른 정보를 구별할 수 있는 능력을 갖도록 교육할 필요성이 커지고 있다.

5) 국가 영양정책 개발

우리나라에서는 1990년대를 기점으로 국민 건강증진에 관한 관심이 증가하고 질병 예방 중심의 정책들이 다양하게 개발되었다. 보건소에서는 지역사회 기반의 영양사업을 포함한 건강증진사업을 활발하게 수행하고 또한 2005년부터는 저소득층 임산부 및 영유아를 위한 보충영양관리사업인 영양플러스사업이 실시되면서 영양 취약계층의 영양 개선에 큰 효과를 거두게 되었다.

2006년부터는 초·중등교육법에 영양교사 관련 법안이 신설되어 일선학교에 영양교사를 배치하는 근거가 마련되면서 학교 영양교육이 활성화되는 기반이 마련되

구분				
비전	온 국민의 영양관리로 건강사회 구현			
목표	건강식생활 실천인구 증가 • 적정 수준의 지방 적정 섭취 인구비율 증가(2015년 44.2% → 2021년 50%) • 나트륨 2,000mg/일 이하 섭취 인구비율 증가(2015년 19.6% → 2021년 31%) • 적정 수준의 당 섭취 인구비율 증가(2015년 64.6% → 2021년 80%) • 과일·채소 500g/일 이상 섭취 인구비율 증가(2015년 38.5% → 2021년 42%) • 가공식품 선택 시 영양표시 이용 인구비율 증가(2015년 26.4% → 2021년 30%) • 아침결식률 감소(2015년 26.1% → 2021년 18%)			
전략	건강식생활 실천 국민 인식 제고	건강식생활 실천환경 조성	건강식생활 실천 기반 강화	맞춤형 영양관리서비스 지원 강화
추진 과제	• 건강식생활 실천 운동 전개 • 건강식생활 실천 참여형 홍보활동 강화	• 신뢰성 있는 영양 정보 제공 • 건강한 식품 선택권 보장 • 개인의 영양관리능력 향상 및 실천을 위한 영양관리서비스 산업 활성화	• 국민 식생활·영양 모니터링 강화 • 식생활·영양관리 기준의 체계적 재·개정 및 보급 • 식생활·영양 관련 체계적 DB 구축·관리 • 관련 제도·인력·재정적 기반 강화	• 영유아·임산부 영양관리 지원 강화 • 아동·청소년의 영양관리능력 향상 • 성인 만성질환 예방을 위한 영양관리 강화 • 노인 영양관리 강화 • 지역사회 특화 영양사업 개발

그림 1-5 국민영양관리 기본계획

자료 : 보건복지부. 국민영양관리 기본계획(2017-2021)

었다. 또한, 어린이식생활안전관리특별법이 제정되면서 어린이의 바른 식생활을 위한 정보 제공이 강화되었고, 어린이급식관리지원센터의 설치가 전국으로 확산되면서 어린이의 영양관리에 관한 관심이 증대되는 계기가 되었다. 2010년에는 국민영양관리법이 제정됨으로써 국민영양관리계획의 수립과 시행(그림 1-5), 생애주기별 및 영양취약군의 영양관리사업, 시설이나 단체에서의 영양관리사업, 임상영양사제도 등의 기반이 마련되었고 이에 따른 영양교육이 더욱 강화되었다.

4. 우리나라 영양교육과 상담

1) 변천과정

우리나라 영양사업의 시초는 1967년 국제아동기금(UNICEF), 국제식량농업기구(FAO), 세계보건기구(WHO)가 공동으로 한국의 영양사업 추진에 관한 협약을 맺고 1968년 농촌진흥청에서 식생활 개선, 영양식품의 생산 증가, 국민의 체위 향상과 식량자급 모색 등의 응용영양사업을 착수한 것을 들 수 있다.

1995년에 제정된 국민건강증진법은 영양교육 활동이 활성화되는 분기점이 되었다. 국민건강증진법에 근거하여 매년 조성된 국민건강증진기금을 바탕으로 국민영양개선사업 등을 지원하면서 국민건강생활 실천사업 확산이 추진되기 시작하였다. 건강생활 실천은 금연, 절주, 운동과 영양사업이 주된 내용이어서 전국 보건소를 중심으로 영양교육 활동이 활성화되었다. 일부 중앙과 지역 행정조직에 영양담당부서가 생기고, 시 · 도에서는 영양지도의 기획 · 분석 · 평가 및 상담, 보건소의 영양업무 지도, 집단급식시설에 대한 급식업무 지도, 영양조사 및 효과 측정, 홍보 및 영양교육, 기타 식생활 개선에 관한 사항 등을 담당하였다. 2004년부터는 국민건강증진종합계획을 수립하고 주요 만성질환 관리사업을 시행하여, 광역자치단체와 보건소를 중심으로 지역사회 주민 중 고혈압이나 당뇨병 위험요인을 가진 사람들과 환자를 대상으로 전문가 및 관련단체와의 협력을 통한 고혈압과 당뇨병 관리사업을 추진하였다.

1981년 제정된 학교급식법에 근거하여 급식학교에 배치되던 영양사는 2006년 초 · 중등교육법 및 학교급식법 개정에 따라 영양교사로 교사 자격을 갖게 되어 급식과 연계한 영양교육을 할 수 있는 근거가 마련되었고 이를 통해 학교 영양교육과

그림 1-6 균형식 가이드

상담이 활성화되었다.

농림수산식품부는 2009년에 식생활교육지원법을 제정하여 가정, 학교, 지역사회 등에서의 식생활교육을 활성화시키고자 하였다. 또한 2010년 보건복지가족부는 국민영양관리법 등을 제정하고 5년마다 국민영양관리 기본계획과 시행계획을 수립, 시행하는 것을 골자로 영양 및 식생활교육과 상담 업무가 포함되도록 하였다. 국민영양관리법에 의거하여 국가 임상영양사제도가 마련되면서 병원 등 임상 현장에서 영양교육과 상담이 보다 체계적으로 이루어질 수 있게 되었다.

그러나 이제까지 우리나라의 영양정책은 대체로 양적인 식품 공급에만 치중되었고, 유사한 정책에 대해서도 영양 관련 부서 간에 유기적인 연계가 부족하였다. 또한 전담부서가 미비하여 비전문인이 영양정책을 담당하는 경우가 많아 체계적인 영양 행정조직이 마련되지 못하고 있다. 더욱이 영양정책에 투입되는 예산도 부족하여 국가 영양정책이 효과적으로 수행되지 못하고 있는 실정이다.

2) 앞으로의 전망

우리나라 정부기관에서는 질병 발생 이후의 치료보다는 질병 예방과 건강증진을 중심으로 하는 예방 중심의 건강정책을 적극적으로 추진하게 되면서 영양교육이 더욱 강조되고 있다. 앞으로 사회환경의 변화에 따라 요구되는 영양교육의 바람직한 방향에 대해 요약하면 다음과 같다.

첫째, 생애주기별 다양한 맞춤형 영양교육이다. 생애주기별 특성을 고려한 전문화된 영양교육을 실시해야 효과를 거둘 수 있다.

둘째, 질병 예방과 관련된 영양교육과 상담이다. 병원에서 입원환자와 외래환자, 특정 연령층을 위한 질병이나 만성질환의 예방과 관리에 관한 영양교실을 운영하고 영양상담도 활성화되어야 한다.

셋째, 영양취약계층을 위한 영양교육의 강화이다. 저소득층, 노인, 임신부, 사회복지시설 등의 영양문제에 취약한 사람들을 대상으로 영양문제 해결을 위한 다각적인 영양교육이 전개되어야 한다.

넷째, 식품 소비자 및 생산자와 관련된 영양교육이다. 예를 들면 영양표시제도의 활용 및 보급과 관련하여 소비자 및 식품 생산자를 대상으로 한 영양교육이 요구된다.

다섯째, 유익하고 흥미로운 교육 매체의 개발과 활용을 통한 영양교육이다. 영양교육이 활성화되고 교육 효과를 거두기 위해서는 교육대상자가 흥미를 가지고 교육에 참여할 수 있도록 대상자의 수준에 적합한 다양한 교육 매체를 개발해서 활용해야 한다.

주요 영양정책

- **영양사제도** : 우리나라에서는 1962년 1월 식품위생법 제정과 더불어 영양사 면허제도가 처음으로 법제화되었고, 1963년 보건사회부령으로 영양사에 관한 규칙이 공포되면서 영양사의 자격조건이 규정되었으며, 이에 의거하여 1964년부터 영양사면허증이 발급되었다. 또한 1978년부터 영양사제도가 국가자격시험제도로 변경되었다. 학교에서는 1981년 학교급식법의 제정으로 급식을 실시하는 초 · 중등학교에 영양사가 임용되기 시작하였다. 초 · 중등교육법 및 학교급식법이 개정되면서 영양교사를 배치하여 급식과 연계한 영

양교육을 실시하도록 하고 2007년부터 시행하게 되었다. 2010년에는 국민영양관리법이 제정되면서 영양사에 관한 내용을 국민영양관리법에서 다루게 되었고 국가 자격의 임상양사를 배출할 수 있는 임상영양사제도가 실시되는 계기가 마련되었다.

- **국민건강 · 영양조사** : 국민건강 · 영양조사는 현재 정부 차원에서 이루어지는 대규모의 조사사업 중에서 유일하게 국민의 영양실태를 조사하여 영양 개선을 위한 기초자료를 확보할 수 있는 조사사업이다. 1969년부터 식품위생법과 국민영양개선령에 의해 매년 국민영양조사를 실시하였으나 1998년부터 국민건강증진법에 의해 3년마다 국민건강 · 영양조사를 실시하다가 2007년부터는 매년 조사를 실시하게 되었다. 그러나 2010년 국민영양관리법이 제정되면서 국민건강 · 영양조사는 국민영양관리법에 근거하는 사업으로 변경되었다. 조사 내용은 건강면접, 보건의식 행태, 검진 및 신체 계측, 식품 섭취의 네 분야를 포함하는 조사이며 보건복지부가 총괄하여 수행하고 있다.
- **식생활지침** : 보건사회부는 1984년 '국민건강생활지침' 을 제정하였으며, 그 후 1970~80년의 급격한 경제 성장에 따라 식생활 패턴이 바뀌게 되면서 만성질환의 발생이 증가하자 1990년에 5개항의 '국민식생활지침' 을 제정하였다. 보건복지부는 2003년 우리나라 국민의 질병 양상과 식생활 특성에 맞추어 '한국인을 위한 식생활목표' 를 제정하고 구체적인 행동 실천 내용인 '한국인을 위한 식생활지침'을 생애주기별로 제시하였다. 그 후 2016년 4월 보건복지부, 농림축산식품부, 식품의약품안전처가 공동으로 균형 있는 영양소 섭취, 올바른 식습관, 한국형 식생활, 식생활 안전들을 종합적으로 고려하여 '국민 공통 식생횔지침'을 제정하여 국민의 바람직한 식생활 실천을 위한 기본적인 아홉 가지 수칙을 제시하였다.
- **영양소 섭취기준** : 1962년에 한국인영양권장량이 국제연합 식량농업기구(FAO) 한국협회의 사업으로 처음 제정되었고 그 후 지속적으로 개정되어 왔다. 2005년의 개정은 그동안의 체제를 변경하여 영양소의 종류에 따라 평균필요량, 충분섭취량, 권장섭취량, 상한섭취량 등으로 세분화한 영양섭취기준을 제시하여 과다한 영양 섭취의 위험을 줄이도록 개정하였다. 2010년 개정에서는 식사모형으로 식품구성자전거를 제시하여 권장식사패턴을 기준으로 한 균형 잡힌 식사와 수분 섭취, 적절한 운동의 중요성을 강조하였다. 2015년에는 국민의 건강증진과 질환 예방을 목적으로 한국인 영양소 섭취기준을 개정하였다. 한국인 영양소 섭취기준은 그동안 학회 등 민간 차원에서 추진해 왔으나 국민영양관리법 제정 이후 법률에 근거하여 국가 차원에서 제정 작업이 이루어진 것은 이번이 처음이다.
- **영양표시제도** : 영양표시제도는 가공식품의 영양적 특성을 일정한 기준과 방법에 따라 표시하여 소비자가 제품을 선택할 때 이러한 정보를 활용할 수 있도록 돕는 제도이다. 우리나라에서 가공식품의 영양표시제도는 1995년에 도입되었다. 영양표시제도는 가공식품이 가진 영양성분의 양과 비율을 표시하는 영양성분표와 제품이 가진 영양성분의 양을 정해진 기준에 따라 특정 용어를 사용하여 표시하는 영양강조표시가 있다. 정부는 영양표시 대상 식품을 점차적으로 확대하고 기준을 선진화하면서 동시에 소비자가 영양표시를 현명하게 활용할 수 있도록 다양한 교육 프로그램을 제공하고 있다.

CHAPTER 2

영양교육 이론

영양교육의 궁극적인 목표는 올바른 영양지식을 대상자에게 제공하고, 대상자로 하여금 습득한 영양지식을 실천에 옮기게 하고 그 행동변화를 영구적으로 안정화하는 것이다. 영양교육을 효과적으로 실시하기 위해서는 인간에 대한 이해가 필요한데 교육학, 사회과학, 행동과학, 커뮤니케이션 등 여러 학문 분야에서 이미 구축해 놓은 인간이 어떻게 지식을 습득하며 행동변화를 일으키는가에 대한 이론이나 모형을 응용하는 것이 도움이 된다.

이론이란 "사물이나 현상을 일정한 원리와 법칙에 따라 통일적으로 설명할 수 있는 보편적 지시체계"이다. 즉, 이론은 관계되는 개념, 정의, 명제들로 구성되며 상황을 설명하거나 예측하기 위하여 구성요소들 간의 관계를 특정함으로써 그 상황에 대한 체계적인 시각을 제공한다. 효과적인 영양교육이나 상담은 변화시키고자 하는 식행동 자체뿐만 아니라 그 행동을 실천하는 인간과 행동이 일어나는 환경에 대한 이해를 필요로 한다. 이론은 사람들이 바람직하지 않은 식행동을 하는 원인에 대해 알려줄 수 있고, 그 바람직하지 않은 식행동을 변화시키려면 어떻게 접근해야 하는지, 무엇을 해야 하는지에 대한 방향을 설정해 줄 수 있다. 결론적으로 이론은 효과적인 영양교육과 상담에 필요한 인간, 식행동, 환경에 대한 이해를 체계적으로 만들며 돕기 때문에 유용하다 하겠다. 또한, 이론에 기초하여 개발된 영양교육 프로그램은 그 교육적 효과가 왜, 그리고 어떻게 일어났는지 설명할 수 있으며 프로그램을 지속적으로 재현할 수도 있다.

그러나 어떤 이론도 모든 행동, 현상 등을 전부 설명하지는 못한다. 그러므로 각 이론의 장점과 제한점을 잘 이해하여 적합한 이론을 선택하여 사용하여야 한다. 적합한 이론을 선택할 때는 영양교육과 상담의 목표, 담당자나 대상자, 프로그램 내용, 방법, 장소 등 여러 가지 요인들을 고려해야 한다. 한 가지 이론을 사용하기도 하고, 필요하면 여러 이론에서 필요한 개념들을 뽑아서 함께 응용하기도 한다. 여기서는 영양교육과 상담에 자주 사용되는 기본적인 이론들을 소개한다.

1. 건강신념모델

1) 개념

건강신념모델(health belief model)은 현재 건강 분야에서 쓰이고 있는 이론 중 가장 오래된 이론이다. 오래되었으나 꾸준하게 사용됨으로써 그 유용함을 증명하고 있다. 이 이론은 1950년대에 미국에서 결핵 예방을 위해 가슴 엑스레이 촬영이 가능한 차량을 지역에 보내 무료 서비스를 제공하였으나 지역주민의 참여율이 너무 낮아서 그 이유를 찾아내기 위해 개발되었다.

건강신념모델(그림 2-1)은 교육이나 상담을 통해 변화시키고자 하는 식행동을 대상자가 실천할 가능성(바람직한 건강행동을 할 가능성)에 영향을 미치는 요소를 크게 두 가지로 설명하였다. 첫 번째는 바람직한 식행동이 일어나지 않으면 걸릴 수 있는 질병을 스스로에게 위험하다고 느끼는 정도(질병 위협에 대한 인식)이다. 예를 들어 대장암이 스스로에게 위험한 질병이라고 생각하는 사람이 그렇지 않은 사람에 비하여 채소를 많이 섭취하려고 노력할 가능성이 높다는 것이다. 이 이론은 '질병 위협에 대한 인식'이 세 가지 요인에 의해 영향받는다고 설명하며 ① 질병에 걸릴 수 있다는 가능성과 그 질병의 심각성에 대한 인식, ② 행동의 계기, ③ 인구통계학적, 사회심리적, 구조적 변인을 세 가지 요인으로 본다. 아버지가 대장암으로 60세에 사망한 60세 남성은 가족력이라는 질병에 걸릴 수 있다는 가능성과 나이라는 인구통계학적 요인으로 말미암아 질병 위협에 대해 높은 수준의 인식 정도를 보일 것이다. 즉, 스스로가 대장암에 걸릴 가능성이 있다고 느낄 것이며 그 질병이 얼

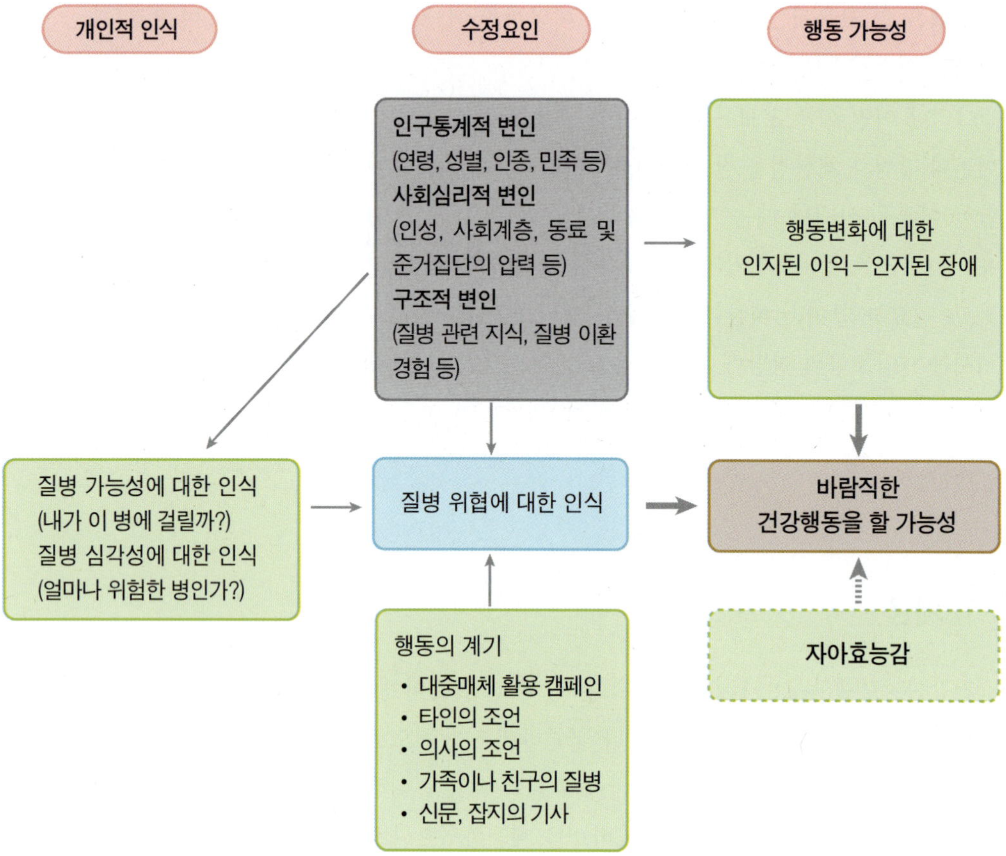

그림 2-1 건강신념모델

마나 심각한지도 인식하고 있을 것이다. 그러므로 '질병 위협에 대한 인식'이 높아 바람직한 행동을 할 가능성도 높을 것이다. 대중매체를 통한 캠페인, 영양사의 조언 등 적절한 '행동의 계기'가 '질병 위협에 대한 인식'을 높일 수 있다.

'바람직한 건강행동을 할 가능성'에 영향을 미치는 또 다른 요소는 '행동변화에 대한 인지된 이익과 장애의 차이'이다. 즉, 행동변화를 통하여 얻는 이익이 행동변화가 수반하는 어려움보다 클 때 건강행동이 일어날 가능성도 크다. 전통적인 건강신념모델에는 없었으나 근래에는 '자아효능감'도 '바람직한 건강행동을 할 가능성'에 영향을 미치는 요소로 넣기도 한다. 자아효능감은 스스로 그 행동을 할 수 있다고 믿는 자신감이므로 자아효능감이 높으면 바람직한 건강행동을 할 가능성도 높아진다. 건강신념모델의 구성요소는 표 2-1에 정리하였다.

표 2-1 건강신념모델의 구성요소

구성요소	정의	활용 예시
질병 가능성에 대한 인식 (Perceived susceptibility)	스스로 생각하는 그 질병에 걸릴 가능성의 정도	• 다루고자 하는 질병에 대해 취약집단을 파악하여 그 가능성에 대한 정보 제공 • 성인 남성의 혈관계 질환 발생 현황과 식생활과 관련된 문제점을 제시
질병 심각성에 대한 인식 (Perceived severity)	질병, 그리고 질병이 가져올 수 있는 결과의 심각성에 대한 인식	• 질병과 그 질병으로 인해 일어날 수 있는 결과를 알림 • 혈관계 질환으로 인한 신체적 · 정신적 · 사회적 어려움을 사례를 통해 제사하여 심각성을 인식하게 함
행동변화에 대한 인지된 이익 (Perceived benefits)	행동변화가 질병에 대한 위험도, 심각성을 낮출 것이라는 믿음	• 어떤 긍정적 변화를 기대할 수 있는지 설명 • 혈관계 질환 예방 식생활을 하였을 때 나타나는 건강상의 이로운 점을 구체적으로 제시
행동변화에 대한 인지된 장애 (Perceived barriers)	행동변화가 가져올 물질적, 심리적 비용에 대한 믿음	• 행동변화에 어려운 점을 파악하여 도움 제공 • 직장에서 회식 시 혈관계 질환 예방 식생활 실천이 어려움을 공감하고 대처법을 제시
행동의 계기 (Cues to action)	변화를 촉발시키는 계기	• 인식 전환을 위한 캠페인이나 행동변화를 유발할 수 있는 제도 마련 • 직장에서 건강한 회식 캠페인을 전개
자아효능감 (Self-efficacy)	행동에 옮길 수 있다는 스스로에 대한 자신감	• 행동변화를 실천해 볼 수 있는 훈련 제공 • 직장에서 회식할 때 건강 메뉴를 선택할 수 있게 도움

자료 : Theory at a glance, NCI(2005)

2) 적용

이 이론은 질병이나 건강문제와 비교적 직접적으로 연결된 식행동을 다루는 교육이나 상담에서 유용하게 쓸 수 있다. 따라서 대상자들이 그 질병이나 건강문제에 대해 어떻게 느끼고 있는지, 교육이나 상담에서 제시하는 식행동 변화가 그 질병이나 건강문제의 심각성을 낮출 수 있다고 느끼는지 등의 문제에 잘 이해하고 활용해야 한다. 다음 사례는 건강신념모델을 적용하여 영양교육을 실시한 예이다.

건강신념모델 적용 사례

다음 사례는 고혈압 영양교육 프로그램을 개발하기 위하여 고혈압 환자이거나 전단계 고혈압 환자로 확인된 50~60세 남녀 총 23명을 대상으로 포커스그룹 인터뷰를 진행한 결과이다. 인터뷰는 7~8명으로 구성된 3개 그룹을 대상으로 진행되었으며 그중 8명과 함께 2차 포커스그룹 인터뷰를 하였다. 질문지는 건강신념모델을 근거로 하여 작성하였는데, 질문은 ① 질병가능성에 대한 인식, ② 질병심각성에 대한 인식, ③ 행동변화에 대한 인지된 이익, ④ 행동변화에 대한 인지된 장애, ⑤ 행동의 계기, ⑥ 자아효능감, ⑦ 고혈압 영양교육 프로그램에 대한 요구도로 나누어 구성하였다. 이러한 포커스그룹 인터뷰를 통해 발견한 사항은 다음과 같다.

구분	내용
질병가능성에 대한 인식 (인지된 민감성)	가족력, 건강상태, 짠 음식 선호와 국/찌개 섭취, 몸이 붓는 증상
질병심각성에 대한 인식 (인지된 심각성)	합병증에 대한 염려, 고혈압 약 복용에 대한 부담과 거부감, 고혈압을 예방하지 않거나 관리하지 않을 때의 의료비 부담
행동변화에 대한 인지된 이익	식습관 개선과 함께 전반적 건강 향상, 가족들도 건강관리 시작, 운동을 통한 체중 감소, 약을 먹지 않게 되었고 정상혈압을 찾음에 따른 안도감, 약값 절감으로 인한 경제적 이익
행동변화에 대한 인지된 장애	저나트륨 식사는 맛이 없음, 국물을 선호하는 것을 바꾸기 어려움, 편의성 위주의 식습관, 균형식 실천의 어려움, 한정적인 외식 메뉴가 주는 선택의 제한, 사회적 교제 방해, 생과일보다 주스 선호, 채소 반찬 조리의 번거로움, 우유 소화 장애
행동의 계기	의사 등 전문인 및 가족 권유, 본인 스스로 자각, 높은 혈압, TV 등의 매체
자아효능감	혈압관리를 시작하여 혈압이 내려갔고 자신감을 얻어 지속적으로 노력
고혈압 영양교육 프로그램에 대한 요구도	고혈압 관리 장애요인, 구체적인 지식이나 실천 방법 등

저자들은 위 결과를 바탕으로 고혈압 영양교육 프로그램을 개발하였다. 프로그램은 '건강신념 모델에 근거한 프로그램 설계', '실천적 변화 유도', '식행동 변화와 유지를 위한 관리', '표준화된 영양교육을 위한 교재와 매뉴얼 개발'에 중점을 두었다. 이렇게 만들어진 총 6주차 교육에는 미각검사, 조리 레시피 리플릿 제공, 건강일지 작성과 영양사 개인별 피드백 등이 포함되었다.

자료 : 박서연 · 권종숙 · 김초일 · 이윤나 · 김혜경(2012).

2. 계획적 행동이론

1) 개념

계획적 행동이론(theory of planned behavior)은 '행동'이 일어나려면 그 행동을 하고자 하는 '행동의도'가 먼저 생겨야 하기 때문에 이 행동의도가 어떻게 결정되는지를 설명한다(그림 2-2). 행동의도는 세 가지 요소의 영향을 받는데 '행동에 대한 태도', '주관적 규범', '인지된 행동통제력'이 바로 그것이다. '행동에 대한 태도'는 그 행동에 대한 옳다, 그르다, 좋다, 나쁘다 등 개인적 신념과 그 행동을 실행했을 때 결과에 대한 평가(행동 결과 평가)에 영향받는다. 예를 들어 무지방우유를 마시는 것이 본인 건강에 도움이 되리라 믿는 '행동신념'과 건강에 도움이 되는 것은 좋은 것이라는 '행동 결과' 평가가 만나서 무지방우유 섭취에 대한 긍정적인 '행동에 대한 태도'를 만들어낸다. '주관적 규범'은 대상자에게 중요한 주변인들이 이 행동에 대해 어떻게 생각하는지(규범적 신념), 그리고 그 주변인들의 의견에 얼마나 잘 따르고자 하는지(순응동기)에 따라 결정된다. 부모님은 채소를 많이 먹으라고 권하지만 또래 친구가 채소 먹는 것에 대해 부정적인 경우와 같이 주변인들이 식행동에 대해 서로 다른 태도를 보이면 대상자는 대상자가 더 추종하는 주변인, 즉 순응동기가 더 높은 집단의 의견을 따르게 된다. 마지막으로 '인지된 행동통제력'은

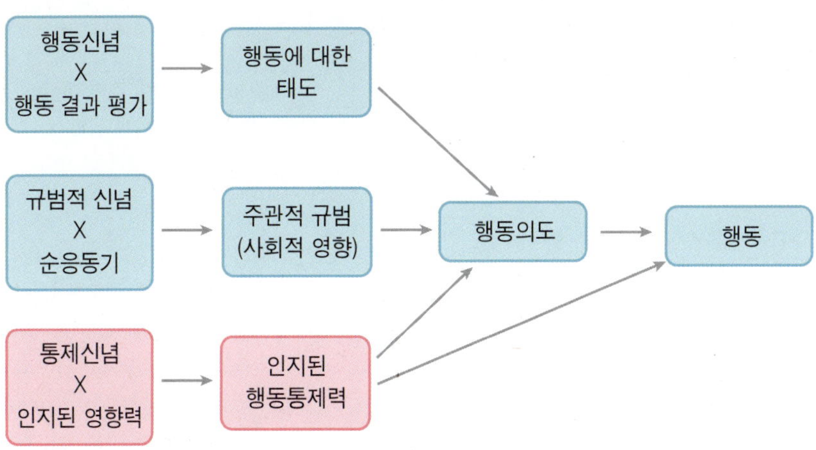

그림 2-2 계획적 행동이론

※ 파란색 부분은 합리적 행동이론이며, 붉은색 부분을 포함하여 계획적 행동이론이 된다.

계획적 행동이론이 합리적 행동이론(theory of reasoned action)에서 확장되면서 개인이 통제할 수 없는 요소에 의해 행동이 결정되는 경우를 설명하기 위해 추가된 요소이다. 인지된 행동통제력은 반두라(Bandura)가 처음 제시한 자아효능감을 가져온 것으로 어떠한 행동을 해낼 수 있다는 스스로에 대한 믿음이라고 할 수 있다. 이는 해당 행동을 할 수 있게 도와주는 요소나 방해하는 요소들에 대한 믿음(통제신념)과 각 요소들의 영향력에 대한 주관적 판단(인지된 영향력)에 따라 결정된다. 예를 들면 채소 섭취를 방해하는 요소(통제신념)들로 비싼 가격과 준비의 어려움을 꼽았다면 그 두 가지가 얼마나 큰 문제인지에 따라 채소를 섭취할 수 있다고 하는 인지된 행동통제력이 달라질 것이다. 소득이 높고 요리에 능숙한 사람일수록 인지된 행동통제력은 높고 채소를 섭취하고자 하는 행동의도도 높아 채소 섭취량도 높을 것이다. 인지된 행동통제력에서 계획적 행동이론의 구성요소는 표 2-2에 제시하였다.

표 2-2 계획적 행동이론의 구성요소

구성요소	정의	활용 예시
행동의도 (Behavioral intention)	스스로 판단한 행동변화의 가능성	"저지방 식이를 실천하시겠습니까?" 라는 질문으로 의도 판단
행동에 대한 태도 (Attitude)	행동에 대한 개인적 평가	저지방 식이에 대해 긍정적인 태도를 갖도록 저지방 식이의 이로운 점에 대한 정보 제공
주관적 규범 (Subjective norm)	본인에게 중요한 사람들이 그 행동변화에 대해 긍정적 혹은 부정적으로 생각하는지에 대한 믿음과 그 믿음에 부응하고자 하는 정도	대상자에게 중요한 주변인들을 파악하고 도움을 청함
인지된 행동통제력 (Perceived behavioral control)	행동을 실천하는 데 본인이 통제할 수 있다고 생각하는 범위	스스로 통제할 수 없다고 느끼는 이유를 파악하고, 해결할 수 있도록 도움

자료 : Theory at a glance, NCI(2005)

2) 적용

계획적 행동이론은 체중 조절, 금연, 모유수유, 패스트푸드 이용 등에서의 행동을 예측하고 다양한 행동을 설명하는 데 적용된다. 특히 주변인의 영향을 많이 받는 청소년들을 대상으로 많이 이용되고 있다.

계획적 행동이론 적용 사례

중학생들의 패스트푸드 섭취행동을 이해하기 위하여 계획적 행동이론을 적용해 보았다. 중학생 354명을 대상으로 설문조사를 하여 패스트푸드 섭취행동과 계획적 행동이론 요소들에 대하여 알아본 것이다.

패스트푸드 섭취행동은 **행동의도**와 밀접한 관계가 있었으며, 행동의도는 **주관적 규범**과 **인지된 행동통제력**의 영향을 받았다. 패스트푸드 섭취 행동에 관해서 가족이나 선생님은 부정적으로 생각하고 있었으나 친구들은 긍정적으로 생각하고 있었다. 그런데 중학생들은 패스트푸드 섭취행동에 대해서는 가족이나 선생님보다는 친구들의 의견을 더 중요하게 생각하고 이것이 그들에게 더 큰 영향을 미치는 것으로 나타났다. 반면 **행동에 대한 태도**는 행동의도와 유의한 관계를 보이지 않았다. 즉, 이 연구에 참여한 중학생들이 패스트푸드에 대하여 가진 태도는 실제 섭취행동에 중요한 요소가 아니었다.

저자들은 패스트푸드 섭취를 적정선에서 유지하도록 하는 영양교육이나 상담에 대해 다음과 같이 제안하였다. 패스트푸드 섭취에 대한 '나'의 태도는 행동의도와 관련이 없는 반면 '내'가 느끼는 '또래 친구들'의 생각은 관련이 있었다. 그러므로 중학생들이 패스트푸드를 주로 섭취하게 되는 생일 축하 등 친구들과 어울리면서 할 수 있는 건강한 대안을 개발 · 제시하여 또래집단의 '압력'에서 벗어나 건강한 대안을 선택할 수 있는 대상자가 인지된 행동통제력을 높이도록 하는 것이 좋을 것이다.

자료 : Seo HS, Lee SK, Nam SY(2011).

3. 변화단계모델

1) 개념

변화단계모델(stages of change model, transtheoretical model)에서는 행동변화가 갑자기 시작되고 완성되는 것이 아니라 일정한 과정을 거친다고 설명한다. 이

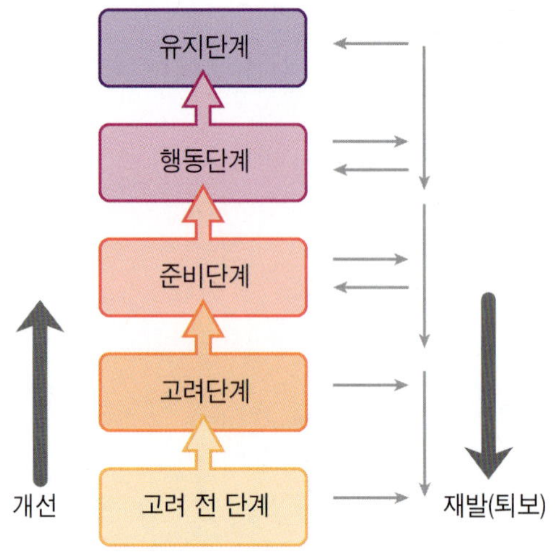

그림 2-3 행동변화의 다섯 단계

모델은 그 과정을 다섯 단계로 나누고, 각 단계에 속한 대상자는 행동의도, 동기, 행동상태 등이 다르므로 교육과 상담에서 각각 맞는 전략을 사용해야 한다고 말한다. 행동변화는 그림 2-3과 같이 '고려 전 단계', '고려단계', '준비단계', '행동단계', '유지단계'로 나누어진다. 중요한 것은 각 단계에 맞는 내용을 진행하여야 효과적인 교육과 상담이 된다는 것이고, 교육자는 이 단계가 결코 일직선으로 진행되지 않으며 원형을 이루며 계속 도는 과정임을 이해해야 한다. 즉, 교육자가 만나게 되는 모든 대상자는 모두 고려 전 단계에서 시작하는 것이 아니라 다섯 단계 어디에나 속해 있을 수 있다. 영양교육과 상담의 목표는 식행동변화를 유도하여 안정화시키는 것이겠지만, 유지단계에 있는 대상자도 언제든 앞의 네 단계 어디로나 돌아갈 수 있다는 점을 유념하여야 한다.

(1) 고려 전 단계

스스로의 식행동에 문제가 있다고 인식하지 못하는 단계이며 행동변화에 대해 생각해 본 적이 없거나 관심이 없는 상태이다. 문제에 대한 자각이 없거나 부인하는 경우도 있지만, 과거 행동변화에 실패한 경험이 있어서 다시 시도할 의사나 자신이 없는 경우도 있다. 대상자 각각에게 맞는 교육이나 상담을 제공하여 행동변화가 필요하다는 생각의 전환, 그 시작점을 만드는 것이 중요하다.

(2) 고려단계

문제를 인식하고 행동변화가 필요하다는 것은 인정하였으나 행동의지는 확고하지 않은 상태이다. 대체로 6개월 안에 행동변화를 고려하고 있는 대상자를 고려단계로 분류한다. 행동변화가 필요하다는 것을 인지하고 납득하였으나 무엇을 어떻게 해야 할지 막막해 하는 경우라고 하겠다. 또는 식행동변화가 가져오는 결과들, 예를 들어 좋아하는 음식을 먹지 못하게 된다거나 높아질 식비 등 방해요소로 작용하여 대상자를 고려단계에 머물게 한다. 실제로 많은 사람이 이 단계에 속한다. 준비단계로 넘어가기 위해 행동변화를 실천하기 위한 구체적인 도움이 필요한 단계라 하겠다.

(3) 준비단계

이 단계의 대상자는 행동변화에 대한 의지가 확고하며 변화를 1개월 이내에 실천하려고 한다. 스스로 행동변화에 대한 정보를 찾기도 하고 시도하는 단계이다. 대상자의 시도가 긍정적인 결과를 가져올 수 있도록 필요한 정보를 제공하고 바람직한 목표 설정과 계획을 제시하는 것이 좋다.

(4) 행동단계

행동변화를 시작했으나 아직 6개월이 안 되어서 안정화되지 않은 단계이다. 행동변화를 실천하면서 부딪히는 어려움을 해결할 수 있는 방안을 제시하면서 격려하

표 2-3 변화단계모델의 구성요소

구성요소	정의	활용 예시
고려 전 단계 (Pre-contemplation)	향후 6개월 안에 행동변화를 실천할 예정 없음	• 행동변화 필요성에 대한 인식 고취를 위하여 행동변화로 인한 이익과 그렇지 않을 경우의 위험에 대한 정보 제공 • 보건소에서 중년 폐경기 여성의 골다공증 발병률과 사례를 알리는 강좌 개최
고려단계 (Contemplation)	향후 6개월 안에 행동변화를 고려하고 있음	• 효과적인 동기를 부여하고 구체적인 계획을 세우도록 격려 • 칼슘 급원식품에 대한 자료를 제공하고 건강한 식품 선택방법을 연습하게 함
준비단계 (Prepration)	향후 1개월 안에 행동변화를 실천할 의도가 있고, 시작하고 있음	• 구체적 실행방안을 함께 짜고, 점진적으로 목표를 설정하도록 도움 • 고칼슘 음식 조리법을 제시하고 함께 실습
행동단계 (Action)	행동변화를 시작한지 6개월 이내임	• 일어난 행동변화를 지지하고 격려하며 어려움에 봉착했을 때 문제해결을 도움 • 개인 상담을 통해 식사일지를 평가하고 칼슘 섭취량 계산 등을 통해 행동변화를 지지하고 격려
유지단계 (Maintenance)	6개월 이상 변화된 행동을 실천하고 있음	• 유지단계에서 일어날 수 있는 일시적인 퇴보가 고착되지 않도록 고위험 상황(high risk situation)에 대한 대처법 제공 • 보건소 뼈 건강교실에서 동료들과 사례 발표 등을 통하여 장애요인과 극복법을 이야기함

자료 : Theory at a glance, NCI(2005)

고, 다양한 방면에서 지지하여 시작된 행동변화가 지속될 수 있도록 하는 것이 중요하다.

(5) 유지단계

변화된 행동을 6개월 이상 지속하여 유지하고 있는 단계이다. 이 단계에 도달했더라도 지속적인 노력이 없다면 심지어 고려 전 단계로도 돌아갈 수 있으므로 바람직한 식행동을 지속적으로 강화하는 방법을 제공하는 것이 중요하다. 또한 변화된 행동을 지속하다가 어려운 상황에서 과거의 행동으로 돌아갔더라도 곧바로 다시 변화된 행동으로 돌아와서 유지할 수 있도록 도와 주어야 한다. 예를 들어 체중 감량을 위해 식이 조절을 6개월간 잘 실천하였지만 직장에서의 회식과 같이 어쩔 수 없이 과식을 하게 되는 경우가 있다. 이때 많은 대상자가 식이 조절을 포기하고 싶은 충동을 느끼는데 영양교육이나 상담을 통해 이를 유지하도록 도울 수 있다.

변화단계모델 적용 사례

대학생들의 채소 섭취 행동변화단계를 알아보고 그에 따라 채소 섭취 정도, 채소 섭취에 대한 인식과 자아효능감, 식행동 등을 알아보고자 총 229명 대학생을 대상으로 설문조사를 진행하였다.

준비단계인 대학생이 33.7%로 가장 많았고, **고려 전 단계** 23.2%, **고려단계** 18.9%, **행동단계** 7.4%, **행동유지단계**가 16.8%로 나타났다. 즉, 채소를 충분히 섭취하고 있는 대학생이 24.2%로 낮은 수준이었다. 채소 섭취 횟수도 행동/행동유지단계군이 그 외 단계군보다 높게 나타났으며 채소 섭취에 대한 인식도 더 긍정적으로 나타났다. 채소 섭취에 대한 자아효능감은 40점 만점에 27.2점으로 다소 낮았고 행동/행동유지단계군이 다른 군에 비하여 높았다.

저자들은 행동변화단계에 맞는 교육 전략 수립을 제안하였다. 고려 전/고려단계군에게는 채소 섭취 단점이나 장애요인을 줄이고 채소섭취 행동에 대한 자신감을 높이는 교육을 제안하였다. 행동/행동유지단계군에게는 다양한 식행동 실천방법 제시, 행동 강화와 지지교육을 권하였다.

자료 : 안윤 · 김경원(2012).

2) 적용

이 이론은 금연 행동에서 시작된 초기의 이론을 식생활 행동이론에 적용한 것으로, 맞춤식 교육이 가능해 큰 효과를 볼 수 있다고 하여 주목받고 있다. 영양교육이나 상담에서 다양한 식행동(저지방 식이, 당뇨식, 채소 섭취 등)을 개선하기 위해 이 이론을 적용하고 성과를 거두고 있다. 이 이론을 적용할 때는 대상자의 변화단계와 그에 맞는 교육이나 상담 내용을 설정하는 것이 중요하다.

4. 사회인지론

1) 개념

사회인지론(social cognitive theory)은 인간의 행동, 개인적 요인, 환경적 요인은 끊임없이 상호작용하며 서로에게 영향을 주는 과정을 설명한다. 이러한 상호작용을 '상호결정론'이라고 한다(그림 2-4). 앞에서 알아본 이론들은 주로 대상자 개인 수준에서 행동변화를 유도하고자 하였으나 사회인지론은 인식이나 기술 정도 같은 개인적 요인과 더불어 그 개인이 속한 사회적 · 물리적 환경과 바꾸고자 하는 행동 자체를 고려한다는 점에서 차이가 있다. 그래서 앞의 이론을 개인 수준(individual level) 이론, 사회인지론을 개인 간 수준(interpersonal level) 이론으로 분류하기도 한다.

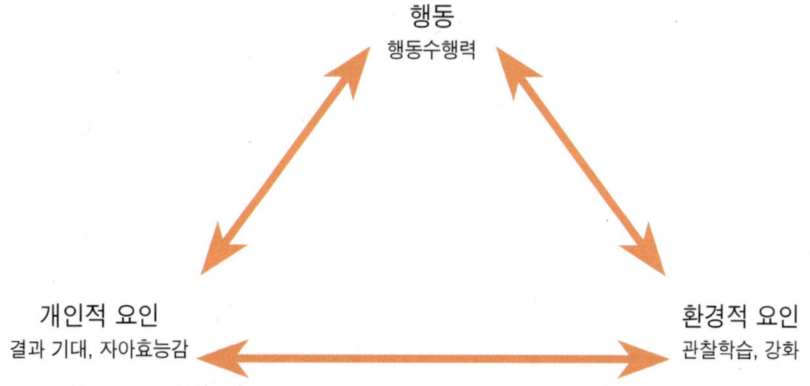

그림 2-4 사회인지론의 상호결정론

사회인지론의 모태인 사회학습론(Social learning theory)에서는 사람이 스스로의 경험뿐만 아니라 타인의 행동과 그 행동의 결과를 관찰함으로써 학습한다고 설명한다. 여기에 반두라(Bandura)는 '자아효능감'을 더하여 사회인지론을 만들었다. 사회인지론은 다양한 모델과 이론의 개념들을 포함하여 매우 많은 구성요소를 가지고 있다. 그중 주요한 구성요소를 표 2-4에 정리하였다. 자아효능감은 앞에서도 설명한 바와 같이 행동을 실천할 수 있다는 스스로에 대한 자신감으로 사회인지론뿐만 아니라 다른 이론에서도 중요하게 생각하는 구성요소이다. 자아효능감을 높일 수 있는 방법으로는 작은 행동변화 목표부터 시작하여 점진적으로 높이는 방법, 행동변화 계약서 작성, 스스로의 행동변화 모니터와 강화 등이 제시된다. '행동수

표 2-4 사회인지론의 구성요소

구성요소	정의	활용 예시
상호결정론 (Reciprocal determinism)	사람, 행동, 행동이 일어나는 환경 간의 활발한 상호작용	• 행동변화를 유도하기 위하여 사람, 행동, 환경을 함께 고려한 다양한 방법을 제공함
행동수행력 (Behavioral capability)	특정 행동을 실천하는 데 필요한 지식과 기술	• 필요한 지식 전달과 기술습득을 도움 • 염도를 낮추는 조리법 실습을 제공하여 저염식을 할 수 있는 기술 습득을 도움
결과기대 (Expectation)	행동 후 기대하는 결과	• 건강에 이로운 행동을 함으로써 얻을 수 있는 긍정적 결과 제시 • 저염식을 하면 혈압 조절뿐만 아니라 부기를 빼 주어 체중 조절에도 도움이 될 수 있음을 제시
자아효능감 (Self-efficacy)	장애물을 극복하고 행동을 실천할 수 있을 것이라는 스스로에 대한 자신감	• 명확하고 구체적인 행동변화를 제시하고, 점진적인 목표를 설정 • 식탁에서 소금 사용 안 하기와 같은 실천하기 쉬운 구체적인 행동변화부터 시도하도록 도움
관찰학습 (observational learning)	다른 사람의 행동과 그 결과를 관찰하면서 그 행동을 습득하게 됨	• 대상자가 동질감을 느낄 수 있는 긍정적인 역할모델 제공 • 드라마 중 식사하는 장면에서 또래의 연기자가 국에 소금을 더 넣는 것을 거절함
강화 (Reinforcement)	개인의 행동변화에 보이는 반응으로, 이에 따라 행동변화 실천 지속가능성이 달라짐	• 스스로가 주는 상이나 인센티브를 설정 • 행동변화를 하나씩 성공할 때마다 대상자가 정하는 상을 스스로에게 주기로 설정

자료 : Theory at a glance, NCI(2005)

사회인지이론 적용 사례

사회인지이론 구조를 기반으로 하여 효과적인 나트륨 섭취 줄이기 프로그램을 개발하였다. 나트륨 섭취 감소와 관련된 질문 목록은 사회인지이론을 기반으로 마련하여 주부 15명, 학부모 15명을 대상으로 포커스그룹 인터뷰를 실시하였다. 다음은 결과를 정리한 것이다.

구분		내용
개인적 (인지적) 요인	긍정적 결과기대	혈압 감소나 체중 조절, 만성질병 개선에 도움이 될 것
	부정적 결과기대	저나트륨식 준비 어려움이나 제한적 요리법, 맛 선호도 감소
	자아효능감	• 촉진적 자아효능감 : 대중매체에서 보도된 짜게 먹는 식습관 부정적 효과, 가족 중 질병이 있거나 의사나 주변인의 권유 • 장애적 자아효능감 : 짜게 먹는 식습관 변화 어려움, 가족들의 낮은 호응, 직장생활에 따른 잦은 외식이나 회식, 연령이 높아지면 미각이 둔해져 강한 맛 선호
환경적 요인	주변환경에 대한 인식	저나트륨식에 대하여 텔레비전이나 뉴스 보도, 라디오 방송들을 접한 경험 많음, 영양표시 제도 확대 및 홍보 필요, 가정통신문을 통한 영양교육, 등하교길 먹거리 단속, 영화 관람 전 공익광고 등
	영양교육경험, 관찰학습	대상자 긍적적인 반응 보임. 학교/직장인 대상 교육과 홍보 필요성
	사회적 지원	식품회사의 참여 유도 등 '사회적 지원' 확대 희망
행동적 요인	행동수행력	• 실천하고 있는 행동 : 식품 구매 시 영양표시 확인, 저나트륨 식품이나 생과일/생채소 구입 우선, 조리 시 소금은 적게 쓰도록 노력, 식사나 외식 시 신경을 씀 • 행동수행력 저해 요인 : 제한적 저나트륨 조리법, 직장생활

이러한 연구 결과를 바탕으로 개발한 나트륨 섭취 줄이기 영양교육 프로그램의 초반부 초점은 긍정적인 결과기대와 행동 결과의 가치 상승이었다. 중반부는 행동적 요인과 환경적 요인에, 후반부에는 자아효능감 상승과 가치 조절기술에 중점을 두었다.

자료 : 안소현 · 김혜경 · 김경민 · 윤진숙 · 권종숙(2014).

행력'은 특정 행동을 실행에 옮길 수 있는 지식과 기술을 말한다. '결과기대'는 어떠한 행동을 하였을 때 기대되는 결과이며 '강화'는 행동실천 가능성에 영향을 주는 행동에 대한 반응이다. 긍정적 강화는 행동실천 가능성을 높이고 부정적 강화는 낮춘다. '관찰학습'은 다른 사람의 행동과 그로 인한 결과를 관찰하면서 배우고 습득하는 것이다. 예를 들어 자녀의 바람직한 식습관 형성을 위해서는 부모가 먼저 바람직한 식행동을 보여 좋은 관찰학습 대상이 되어야 한다. 보다 자세한 예시는 표 2-4에 정리하였다.

2) 적용

사회인지이론은 개인의 식행동변화에 영향을 주는 다양한 요인들을 파악하여 행동수정방법을 제시할 수 있어 영양교육과 상담에 널리 활용되고 있다. 이 이론은 워낙 방대하여 이론 전체를 활용하는 경우보다 구성요소 일부만을 활용하는 경우가 많다.

5. 기타 이론 및 모형

앞에서 설명한 이론 외에도 많은 이론, 모델, 접근법들이 영양교육과 상담에 활용되고 있고, 여기서 설명한 이론들도 끊임없이 변형·확장되고 있다.

여기서는 영양교육과 상담에서 활용도가 비교적 크다고 생각되는 개념과 이론인 사회적 지지와 개혁확산 모형을 간단히 소개하고자 한다. 관련 내용에 관심 있는 학생들은 지역사회 수준의 교육에 활용도가 더 높아 여기서는 소개하지 않은 사회마케팅(social marketing)에 대해 찾아보는 것도 도움이 될 것이다.

1) 사회적 지지

사회적 지지(social support)는 이론이나 모델이라기보다는 개념(concept)에 가깝지만 식행동을 포함한 다양한 건강행동과 건강에 영향을 미치기 때문에 간단하게 언급하고자 한다. 사회적 지지는 다른 사람들로부터 도움을 받을 수 있고 중요하게 생각되고 있다고 느끼는 감정을 가리키기도 하고, 실제로 타인에게 받는 도움을 일컫기도 한다. 사회적 지지는 그 내용에 따라 분류하기도 하는데 '정보적 지지(informative support)'는 정보, 조언, 해결방법 제시 등을 통해 도와 주는 경우를 말한다. '감정적 지지(emotional support)'는 대상자가 심정적으로 지원받고 있다는 느낌과 안정감을 느끼도록 한다. '실질적 지지(practical support)'는 행동변화에 필요한 도구를 빌려 준다든지 함께 요리를 해 본다는지 하는 경우이며, 'social companionship'은 대상자가 어떤 집단이나 계층에 귀속감을 느끼며 인정받고 있다고 느끼는 경우이다.

인간은 사회적 동물이기에 행동변화에 대한 노력이 가족이나 직장 동료들에게 지지받고 있다고 느끼면 훨씬 안정적으로 노력을 지속할 수 있다. 사회적 지지를 얻으면 행동변화가 보다 수월해지기도 한다. 예를 들어 건강검진 결과, 혈중 콜레스테롤 수치가 높아서 동물성 지방 섭취를 피하고 있다는 것을 직장 동료에게 알리면 점심이나 회식 등 음식을 선택하는 상황에서 도움을 받을 수 있다. 이는 행동변화의 시작과 지속에 있어 중요한 부분으로 대부분의 영양교육과 상담에서 포함시키는 내용이다.

2) 개혁확산 모형

개혁의 확산(diffusion of innovations)이란 "새롭다고 여겨지는 아이디어나 기술이 일정한 경로를 통하여 사회의 구성원에게 전달되는 과정"을 의미한다. 개혁의 확산은 채택과정(adoption)과 확산과정(diffusion)이라는 두 가지 사회적 과정을 거치게 된다. 채택과정은 개인이 새로운 지식이나 아이디어를 접하고 그에 대한 긍정적 태도를 갖게 되면서 개혁을 받아들이는 과정이다. 개혁을 받아들여 행동에 옮기고 그 행동을 지속시킬 수 있는 강화요인을 찾는 확인과정을 거치면서 채택과정이 완료되는 것이다. 확산과정은 개혁이 사회구성원에게 어떻게 확산되어 가는지를 나타내는 것이다. 많이 사용되는 '얼리 어답터(early adopter)'라는 말도 이 이론에서 나온 말로 사회구성원이 개혁을 받아들이는 양상은 전통적인 정규분포를 따르며 'innovators', 'early adopters', 'early majority adopters', 'late majority adopters', 'laggards'로 나누어지기도 한다.

빠르게 채택되고 확산되고 있는 '개혁'에는 몇 가지 특성이 있다. 기존의 행동이나 아이디어보다 더 좋은 비교우위(relative advantage)가 있어야 하며, 대상자에게 적합(compatibility)하고 사용이 쉬워야(complexity) 한다. 채택 후 확실한 결과

(observability)를 볼 수 있으면 바람직하다. 또한 채택을 결정하기 전에 시험(trialability)해 볼 수 있으면 채택될 가능성이 높아진다. 식품회사가 신제품 시식회를 통하여 잠재고객에게 제품을 먹어 보게 하면서 그 제품의 장점과 사용의 용이함 등을 설명하는 것을 생각하면 이해가 쉬울 것이다. 개혁의 확산이론은 영양교육과 상담을 통해 행동변화를 일으키기 위해 대상자에게 어떻게 접근하고 어떻게 새로운 행동을 제시해야 하는지를 잘 알려 준다.

3) PRECEDE-PROCEED 모델

이 모델은 개인이 아닌 지역사회를 대상으로 적용하기에 적합하다. 생태학적이고 교육적인 접근법으로 지역사회의 특성을 잘 이해하여 가장 필요한 건강증진 프로그램을 개발하고 실행 및 평가하는 데 있어 가이드 역할을 한다(그림 2-5). 이 모델은 총 8단계로 이루어져 있는데 1단계부터 4단계까지는 계획에 해당하고 5단계는 실행, 6단계부터 8단계까지는 평가에 대한 요소들로 이루어져 있다. 'CHAPTER 3 영양교육의 과정'의 내용을 이 모델을 대입해 보면 도움이 될 것이다.

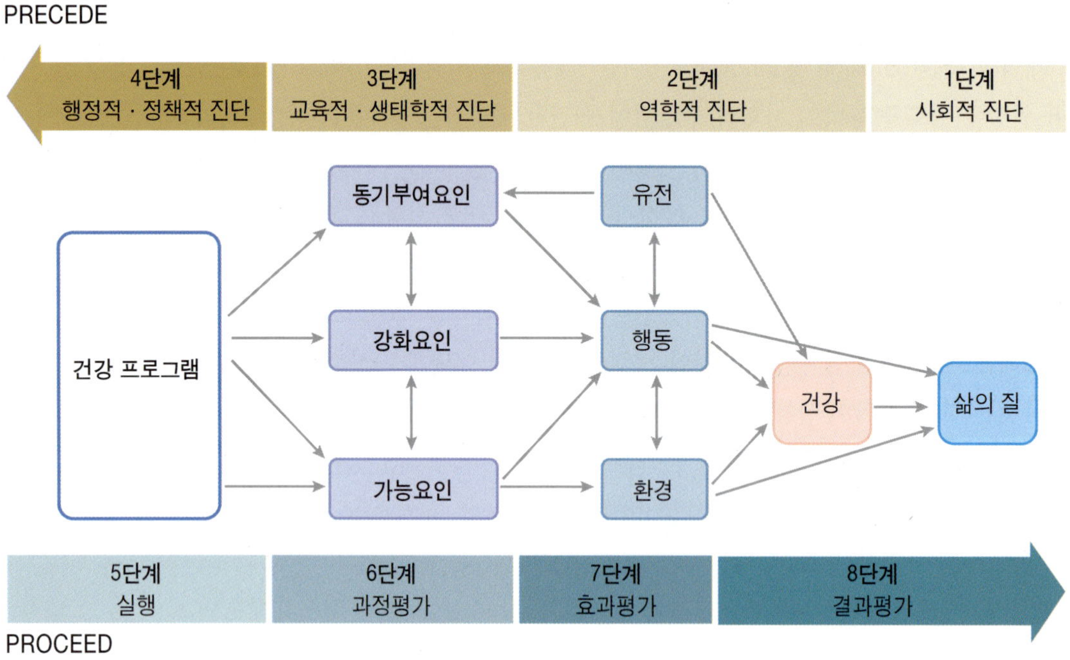

그림 2-5 PRECED-PROCEED 모델

자료: Green, Kreuter(2005).

CHAPTER 3 영양교육의 과정

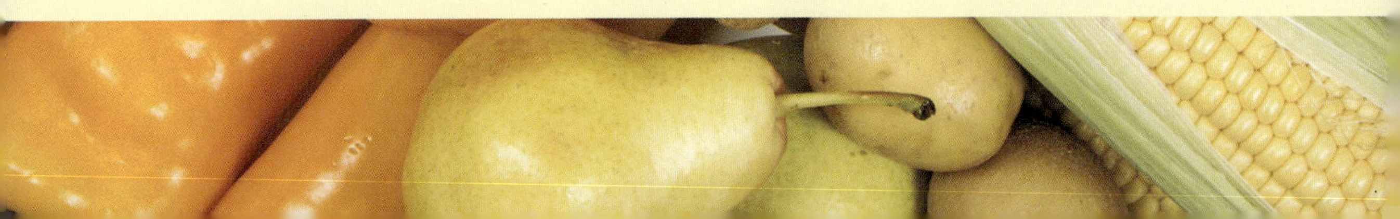

영양교육은 지역사회에서 영양상태가 취약한 집단을 대상으로 이들의 영양문제나 요구를 해결하는 영양 서비스의 한 방법이다. 영양교육은 일련의 체계를 세워서 실시할 때 큰 효과를 얻을 수 있다. 영양교육과정은 그림 3-1과 같이 대상의 진단(assessment), 계획(plan), 실행(do), 평가(see)의 네 단계를 거치는 반복 순환과정으로, 평가의 결과를 계획에 반영하여 반복 실행하면 그 효과가 커진다.

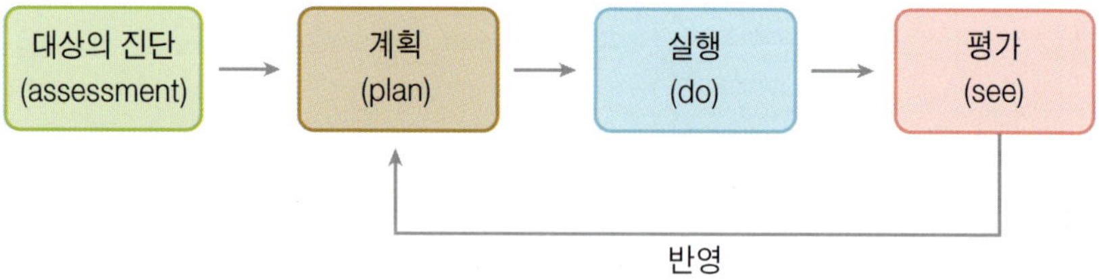

그림 3-1 **영양교육과정의 일반원칙**

1. 대상의 진단

영양교육을 계획하기 전에 대상에 대한 진단이 선행되어야 한다. 지역사회의 영양평가를 통해서 영양문제를 파악하고 이러한 문제를 해결하지 못한 특별한 집단을 그 지역 내에서 찾아내어 영양교육의 대상으로 한다. 대상은 학교 · 직장 · 병원 내의 개인이나 집단이 될 수도 있고 보건소에서의 지역주민, 나아가 지역사회나 국가가 될 수도 있다.

대상을 진단하기 위해서는 다음과 같은 질문에 대한 정보를 수집하도록 한다.

- 대상의 영양문제는 무엇인가?
- 영양문제의 원인과 관련요인은 무엇인가?
- 대상의 요구는 무엇인가?

1) 영양문제 발견

대상집단의 영양문제는 그 집단이 속해 있는 지역사회에 대한 전반적인 평가를 통해 알아낼 수 있지만 그 집단만의 국한된 평가를 통하여 보다 정확한 영양문제를 발견할 수 있다. 대상집단에 대한 식품섭취실태조사, 신체계측, 생화학적 조사 및 임상진단의 기존자료를 수집하고 검토하는 과정을 통하여, 또는 새로운 표본조사에 의한 보다 현실적이고 질적인 자료수집과 분석을 통하여 대상집단의 영양문제나 요구를 정확히 알아내도록 한다.

모든 지역사회의 집단은 많은 영양문제를 가진다. 영양문제로는 이미 안고 있는 현존하는 문제와 어떤 유발요인이 계속 진행되어 앞으로 나타날 수 있는 잠재적인 영양문제가 있으므로 이들을 모두 파악해야 한다. 예를 들어, 대상지역의 40~60세 성인의 15%가 비만으로 이들은 심장병, 고혈압, 당뇨병 등(현재의 영양문제)을 가지고 있으며 이 지역 어린이들의 대부분은 포화지방산과 설탕을 다량 섭취(유발요인)하고 있어서 앞으로 심혈관계 질환과 충치(잠재적인 영양문제)의 위험이 크다고 평가할 수 있다. 이와 같이 대상집단의 과거부터 현재까지의 영양실태조사 자료를 집약하는 것은 현재의 영양문제를 알아낼 뿐만 아니라 앞으로의 영양문제 예측을 위해서도 필요하므로 관련 문헌과 자료를 모으거나 필요하다면 새로운 표본조사를 통하여 새로운 자료를 분석함으로써 최대의 정보를 수집해야 한다.

2) 영양문제의 원인과 관련요인 분석

영양문제를 근본적으로 해결하기 위해서는 영양문제 그 자체의 단편적인 해결보다는 그 원인과 관련요인의 분석이 필요하다. 영양문제에는 그 원인과 관련된 한 가지 요인이 독립적으로 영향을 미치는 것이 아니라 여러 요인이 복합적으로 얽혀 영양상태에 영향을 미친다. 예를 들어, 대상집단의 영양문제가 철 결핍성 빈혈이라면 이는 '철 섭취량 부족'이라는 한 가지 원인으로만 유발되는 것이 아니라 성, 연령, 종교, 영양지식수준, 식행동, 경제사정, 주거환경, 식품영양정책 등 여러 요인들

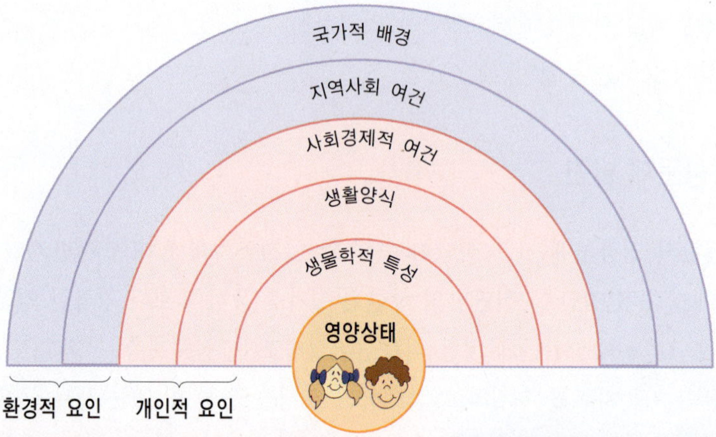

개인적 요인			환경적 요인	
생물학적 특성	생활양식	사회경제적 여건	지역사회 여건	국가적 배경
• 성 • 연령 • 유전 • 질병에 대한 저항력	• 식행동 • 육체적 활동의 종류·수준·시간 • 취미 • 여가시간과 내용 • 스트레스 대처능력 • 약물사용 • 음주, 흡연 • 안전의식 수준 및 행동 • 종교적 행위	• 주거시설 • 학력수준 • 직업 • 수입과 고용 • 사회적 유대관계 (가족, 친구, 동료)	• 주거환경 • 식품환경 • 물의 공급 • 건강과 영양 서비스 • 주요산업과 식품 관련 기술 • 행정부서의 조직 • 의료보건체계 • 오락이나 레저 프로그램	• 정부의 영양정책 • 문화적 특성

그림 3-2 영양상태와 관련된 요인

이 복합적으로 관련되어 나타난다. 따라서 철 섭취량만을 증가시키는 것은 일시적이고 단편적인 해결이며 근본적인 해결책은 되지 못한다. 그러므로 영양문제가 어떻게 발전되어 왔고 여기에 어떤 원인이나 요인이 작용했는지 파악해야 하며 이와 관련된 자료를 수집해야 한다.

대상집단의 영양상태는 그림 3-2와 같이 생물학적 특성, 생활양식, 사회경제적 여건, 지역사회 여건, 국가적 배경의 영향을 받는다. 그림 3-2 아래에는 이들과 관련된 여러 가지 세부 요인들이 제시되어 있다. 이들 요인이 영양상태에 미치는 영향력은 생물학적 특성이 20%, 생활양식과 사회경제적 여건이 50%로 영양상태는 개인적 요인에 의해 70%의 영향을 받는다. 또한 지역사회의 의료보건체계 10%, 그 외 다른 환경요인 20% 등 환경적 요인에 의해 영양상태는 30%의 영향을 받는다. 이들 각 요인을 모두 파악해야 영양문제의 가능한 원인과 관련요인을 밝혀낼 수 있으며, 이러한 정보 없이는 적절한 영양교육을 계획, 실행, 평가할 수 없다.

(1) 생물학적 특성

성, 연령, 유전, 면역력은 개인의 영양상태에 영향을 미치는 요인이다. 그 외 임신연령, 출산율, 출산 형태, 모성사망률, 신생아 체중, 저체중아 출산율, 질병이환율, 연령 · 질환 · 성별 사망률, 사망의 주요 원인, 기대수명 등 생명통계자료는 생물학적 특성과 관련하여 다양한 정보를 제공하므로 영양상태와 관련된 원인이나 관련 요인을 찾아내는 데 유용하다.

(2) 생활양식

① 식행동

식행동은 식품의 선택, 구매, 분배, 가공 및 조리, 소비 형태, 저장 및 폐기방법 등을 조사하여 파악할 수 있다(표 3-1).

식행동은 대상자 본인뿐만 아니라 가족이나 친구 등 주변인의 영양지식, 식태도와 관련되어 나타나고 그 외 가정이나 지역사회 환경 등 대상자의 식행동을 가능하게 하거나 강화시키는 여러 요인과 관련되어 나타나므로 이들에 대한 구체적인 파악이 필요하다. 식행동에 영향을 주는 요인으로는 동기부여요인, 행동가능요인, 행동강화요인이 있다(표 3-2).

표 3-1 식행동에 따른 관련 정보

식행동	관련 정보
식품선택	• 주로 선택되는 식품항목은 무엇인지 • 식품선택의 결정에 주도적인 역할을 하는 사람은 누구인지
식품구매	• 식품구매방법은 무엇인지 • 직접 생산, 직접 구매(단체에 속한 사람들은 급식관리자의 구매에 의존)하는지
식품분배	• 가족구성원들에게 적정량의 식품이 배분되고 있는지 • 특히 성장기 어린이들의 경우, 성장에 필요한 충분량의 식품을 공급받고 있는지
식품가공 및 조리	• 가공식품을 주로 선택하는지(반조리식품이나 완전조리식품을 자주 이용한다면 조리과정보다도 식품선택이 영양상태에 더 큰 영향을 주기도 함) • 조리시설 및 주된 조리과정이나 조리방법은 무엇인지
식품소비 형태	• 주로 섭취하는 식품(core food)의 종류와 소비량(매일 또는 이틀에 한 번 섭취하는 것으로 영양상태에 큰 영향을 주므로 영양교육에서 관심을 가져야 함) • 일주일에 한 번 정도 섭취하는 식품(secondary foods)의 종류와 소비량 • 특별한 날에만 이용하는 식품(ceremonial foods)의 종류와 소비량 • 외식의 종류와 외식비 등
식품저장 및 폐기	• 식품의 저장방법, 저장공간, 저장시설, 저장기간 및 식품폐기방법

② 육체적 활동과 여가활동

육체적 활동의 종류, 수준, 시간도 영양상태를 결정하는 중요한 요인이 된다. 육체적 활동이 왕성한 사람들은 주로 앉아서 생활하는 사람들보다 혈중 콜레스테롤 농도가 낮고 심혈관계 질환의 발생빈도도 낮다. 또한 여가활동이나 취미활동을 할 때 스트레스에 잘 대처할 수 있어서 질병 이환율이 감소한다.

③ 기타

음주 · 흡연 · 약물 사용의 여부, 사고를 예방하기 위한 안전의식 및 행동, 종교적인 의식이나 행위 등도 영양상태와 관련된 요인들이다.

표 3-2 식행동에 영향을 주는 요인

요인	내용
동기부여요인 식행동을 변화시키고자 하는 동기를 주는 요인	• 본인이나 가족, 친구 등 주변인들의 영양지식, 영양이나 건강 관련 인식이나 신념, 이들의 식태도 및 본인의 자아효능감(자신감) 등 • 동기가 부여되면 식행동 변화로 이어지지만 동기부여요인만으로 식행동 변화는 어려우므로 행동가능요인과 행동강화요인에 대한 파악 필요
행동가능요인 식행동의 변화가 가능하도록 하는 요인	• 건전한 식행동을 할 수 있는 능력과 기술 : 건강에 좋은 식품을 선택할 수 있는 식품구매 능력과 기술, 올바른 조리기술, 식품영양표시 읽는 능력, 식사계획 등 식행동 수행능력 • 식행동 변화가 가능하도록 하는 자원 : 가정 · 학교 등 급식소에서 건강한 음식 제공 가능성, 보건소 · 병원 · 학교에서 영양정보 유용성, 인터넷의 건전한 영양정보 이용성 • 식행동 변화가 가능하도록 하는 주변 환경 : 주변이나 지역사회에서의 건강한 음식 접근의 용이성(식품점의 수, 위치, 식품가격 등), 그 외 사회경제적 여건(주거시설, 수입 등), 지역사회 여건(주거환경, 식품환경, 건강과 영양 서비스), 국가적 배경(영양정책 등)
행동강화요인 변화가 지속될 수 있도록 강화하는 요인	• 대상자의 식행동 변화에 대한 가족이나 친구, 주변인들의 칭찬이나 지지, 협조

(3) 사회경제적 여건

① 주거시설

주택의 구조와 방의 수, 급 · 배수시설, 냉 · 난방시설, 주방시설 등이 생활에 편리하게 배치되어 있고 건강한 식생활을 위하여 잘 설비되어 있다면 영양상태에 좋은 영향을 줄 것이다.

② 학력 · 직업 · 수입

교육수준이 낮거나 전문지식과 기술이 부족한 사람들, 또는 경제적으로 어려운 사람들은 교육수준이 높거나 전문가들, 또는 수입이 많은 사람보다 영양문제가 많다. 실업률이 높고 수입이 적다면 충분한 영양섭취나 다른 요구도 만족시킬 수 없어서 영양상태는 나빠진다. 고소득 가정의 식품소비는 저소득 가정보다 식품가격에 영향을 덜 받는다. 고소득 가정에서는 다소 비싸더라도 어육류나 가금류 등 손질이 되어 있는 편리한 제품을 구입할 수 있지만, 저소득 가정에서는 식품섭취에 많은 관심과 노력이 없다면 영양섭취량에 차이가 나타날 수밖에 없다. 특히, 어린이들에게는 다른 요인보다도 가난, 즉 가정의 수입이 영양상태와 밀접한 관련이 있다.

가정의 수입과 함께 실업률, 절대 빈곤층의 비율, 생활보호 대상자의 비율 등도 그 지역사회의 경제적 수준과 함께 영양상태를 간접적으로 나타낸다. 사회경제적 수준이 낮은 경우에는 스트레스 정도가 크고 만성질환의 예방이나 치료를 위한 의료적인 혜택도 많이 누리지 못하므로 만성질환 이환율이 높고 치료 결과도 좋지 못하다.

③ 사회적 유대관계

대상자의 식품선택은 그들이 속해 있는 가정이나 사회적 집단의 영향을 강하게 받는다. 가정에서는 가족구성원, 가족 수, 결혼 여부와 이혼율, 미혼모 수, 동거부부 가족비율, 한부모 비율 등이 영양상태를 결정하는 요인이 될 수 있다.

대부분의 대상자들은 영양지식, 태도, 행동에 대하여 가족이나 친구, 직장동료 등 주위 사람들로부터 많이 배우고 서로 공유하게 된다. 그러므로 개인의 영양상태에 큰 영향을 미치는 집단은 가족, 친구, 직장 동료들이 된다. 이 중 가족은 개인이 속한 첫 사회적 집단이면서 가장 오랜 기간 머무는 곳으로 그 영향력은 절대적이다. 가족구성원의 식품에 대한 가치관, 태도, 습관, 전통 등이 개인의 식품선택과 영양상태에 크고도 지속적인 영향을 미치며, 특히 어린이와 10대 청소년들에게는 그 영향력이 더욱 크다.

(4) 지역사회 여건

① 주거환경

대상집단이 거주하고 있는 환경이 영양문제의 원인이 되기도 하므로 그 지역의 시장이나 마트, 또는 식품점의 규모 · 형태 · 수, 지리적 접근성 및 교통수단, 식당의 위치와 형태, 식품의 종류와 가격 및 유통과정 등을 파악한다. 대도시의 빈민지역이나 농어촌의 외진 지역에 사는 사람들은 이용할 수 있는 식품점과 식품 가격으로 인해 소비식품의 종류와 양이 제한되고 의료 서비스 혜택에서도 소외될 수 있다. 또한 운동시설의 거리적 위치와 수 및 운동시설의 내용도 지역주민의 건강에 영향을 미치는 요인이 된다.

② 식품환경

대상집단의 식품환경으로서 식품 유용도, 수용도, 안전성 등을 파악한다. 이와 관련된 정보는 다음과 같다(표 3-3).

표 3-3 식품환경에 따른 관련 정보

식품환경	관련 정보
식품의 유용도 (availability)	• 대상집단 내에서 이용될 수 있는 식품의 종류와 양 • 지역사회에서 생산되는 식품의 종류 · 생산기간 · 생산량 · 수입식품의 종류, 식품의 저장 · 유통 · 분배체계, 식품점의 수 · 위치 · 형태, 식품의 생산 · 가공시설 및 환경 등에 의하여 영향을 받으므로 이러한 요인들에 대한 파악이 필요
식품의 수용도 (acceptability)	• 대상집단 내에서 식품으로 섭취할 수 있다고 인정되는 식품 항목 • 대상집단의 특성(연령, 성 등)이나 지역에 따라 많은 차이가 남
식품의 안전성	• 식품의 저장 및 유통체계, 식품의 유통기한, 식중독 발생 등을 알아봄
식품 영양소의 질적인 측면	• 대상집단이 섭취한 영양소의 주된 급원식품이나 영양보충제 등을 파악 • 지역의 철 섭취에 주로 기여하는 식품의 종류를 알아봄(예 : 육류인가, 녹색채소류인가, 아니면 철 영양제인가 등)

③ 건강과 영양 서비스

지역사회에서 진행되는 건강과 영양 관련 서비스의 종류와 이용률 등을 파악하도록 한다. 또한 병원이나 보건소 등의 건강관리시설이나 운동시설의 수와 이용도, 의사 · 영양사 · 간호사 등의 전문 인력의 수와 이들과 접하고 있는 대상자의 수와 접촉빈도, 보건소나 교육기관의 영양교육 프로그램의 양과 내용 등을 파악한다.

④ 식품 관련 기술

기술 혁신은 식품의 생산과 공급 및 생활양식에 빠른 변화를 가져올 수 있으므로 영양상태에 대한 식품 관련 기술의 영향을 평가한다. 예를 들어, 식품가공기술의 혁신으로 완전 조리된 냉동식품이나 저지방 냉동후식 등 새로운 식품의 생산과 인스턴트식품 등이 그 지역주민들의 영양상태에 어떠한 영향을 미치는지를 알아야 한다.

⑤ 행정부서의 조직, 지역사회의 건강 관련 단체나 기구

지역사회에서 건강과 영양에 관련된 행정부서의 구조와 체계, 담당부서의 책임

자, 그의 관심사와 역할, 지역사회가 움직이는 방향과 절차 등을 파악한다. 또 지역사회에서 건강과 관련된 단체나 기구의 역할, 예를 들어 부녀회의 건강식단 요리에 대한 홍보활동, 구청의 정기적인 등반대회 등 이러한 조직이나 기구의 역할이 건강에 영향을 주는 요인이 될 수 있다.

⑥ 오락, 레저 프로그램

컴퓨터 게임은 운동량을 감소시켜 비만 유발요인이 되기도 하므로 운동량을 증가시키면서 즐길 수 있는 오락 프로그램 등의 여부가 영양상태에 영향을 주는 요인이 된다.

(5) 국가적 배경

① 영양정책

정부나 지역사회 공공기관의 결정은 그 지역의 영양문제에 크게 영향을 미치므로 건강과 영양에 관련된 법이나 규제의 영향 및 정책적인 지원의 목적과 방향을 파악하도록 한다. 또한 지역사회에서와 마찬가지로 정부의 건강과 영양정책 담당부서, 책임자의 역할과 관심사 등을 파악한다.

② 문화적 특성

대상자의 건강과 영양에 관련된 가치관 · 인식 · 신념 등을 파악한다. 예를 들어, 지역주민들이 비만상태를 올바르게 인식하고 대처하고 있는지, 또는 부모들이 어린이의 성장발달을 위해서 균형식 외에 영양보충제가 꼭 필요하다고 인식하는지 등 식행동이나 영양상태에 영향을 미치는 가치관이나 인식을 파악할 필요가 있다.

3) 대상의 요구 진단

대상의 요구를 진단하기 위해서 기존의 영양서비스를 평가하고 현재 대상자들이 원하는 영양서비스는 무엇인지 관련 정보를 파악해야 한다(표 3-4).

표 3-4 대상의 요구 진단에 따른 관련 정보

대상의 요구진단	관련 정보
기존의 영양 서비스 평가	• 대상집단의 영양문제를 다룬 기존의 영양 서비스가 있는가? → 있다면, 그 내용은 무엇이고 어떻게 진행되었으며 이를 통해 대상자들의 영양문제가 해결되었는가? → 문제해결에 성공하였다면 장점은 무엇이고 실패하였다면 그 원인은 무엇인가? • 앞으로 실시하고자 하는 영양 서비스가 기존의 것과 중복되지 않는가? → 중복된다면 : – 기존의 영양 서비스를 계속 실시할 것인지 – 기존 영양서비스를 변화시켜 영양문제를 더욱 효과적으로 다룰 것인지 – 아니면 새로운 영양 서비스를 개발할 것인지 • 다른 영양 서비스와 연계하여 협력할 수 있는가?
현재 요구되는 영양 서비스 파악	• 대상집단의 건강과 영양에 대한 주관적인 관심사와 요구는 무엇인가? → 이를 영양문제 해결과 관련되도록 하기 위해 영양문제의 원인 및 관련 요인을 대상자들에게 알려서 영양문제에 대한 관심과 요구를 가지도록 유도함

2. 계획

대상의 진단이 이루어진 다음에는 영양문제를 해결하기 위한 영양교육 활동계획을 수립해야 한다. 통합된 영양개선활동의 일부로서의 영양교육은 다른 영양중재활동과도 연관되므로 영양교육 담당자의 활동은 다른 영양사업의 활동과 밀접한 관련이 있어야 한다. 계획을 수립할 때에도 영양교육 담당자, 연계된 영양개선활동 담당자, 지역사회정책 담당자, 정부 관련 부처의 담당자, 대상집단의 대표가 가능한 한 모두 모여 협력하여 계획하는 것이 좋다. 특히, 대상자들이 참여한 계획 수립은 영양문제에 대한 대상자들의 인식을 더욱 절실하게 하고 문제를 해결하고자 하는 욕구와 동기를 강하게 하여 능동적이고 성공적인 영양교육의 가능성을 높인다.

영양교육 활동의 계획 수립은 다음 단계를 거친다.

- 첫째, 여러 영양문제 중에서 가장 시급한 문제를 선정한다.
- 둘째, 영양문제 해결을 위한 목적(objective)과 목표(goal)를 설정한다.

- 셋째, 목적과 목표에 적절한 영양중재방법을 선택한다.
- 넷째, 영양교육활동과정을 설계한다.
- 다섯째, 영양교육 홍보전략을 개발한다.
- 여섯째, 영양교육활동에 대한 평가를 계획한다.

1) 영양문제 선정

모든 지역사회의 집단들은 많은 영양문제를 가진다. 이러한 모든 영양문제는 단 하나의 영양중재로 해결하거나 다룰 수 없다. 계획의 첫 단계에서는 여러 영양문제의 우선순위를 정하여 가장 시급한 문제를 선정한다. 이 단계에서 영양교육으로 해결할 수 있는 문제를 선정해야 하는데, 개인의 영양상태에 영향을 주는 요인 가운데 영양교육으로 변화될 수 있는 것은 주로 식행동 등 생활양식이다.

영양문제의 우선순위를 정하는 방법은 공정하고 객관적이어야 하며 다음의 내용을 고려하여 선정하는 것이 좋다(표 3-5).

이러한 선정기준을 적용하여 여러 영양문제를 각각 평가하고 차별 점수화하여 영양문제 해결의 우선순위를 정할 수 있다. 그러나 때로는 그 지역사회의 책임자나 담당자가 영양문제 선정에 도움을 주기도 하는데, 이런 영양문제의 우선순위 결정은 그 지역의 정책, 정부의 공중보건정책 및 담당자의 관심사와 신념 등에 영향받는 경우가 많다.

표 3-5 영양문제 선정기준

선정기준	내용
영양문제의 크기	대상자들에게 많이 나타나는 영양문제, 공통적으로 흔한 영양문제, 발생빈도가 증가되고 있는 문제 등 이환율이 가장 큰 문제
영양문제의 심각성	아무런 중재조치를 취하지 않았을 때의 상황, 즉 문제의 긴급성, 심각성, 경제적인 손실 등 건강에 대한 영향이 가장 큰 문제
영양교육의 효과성	영양교육으로 예방하거나 개선할 가능성이 많은 문제, 즉 효과가 가장 큰 문제
정책적인 지원	정부나 공공기관, 지역단체나 조직들의 정책적인 지원이나 법규, 그의 타당성, 경제성, 수용성, 자원의 이용도 등 고려

2) 목적 및 목표 설정

(1) 목적 설정

영양문제를 해결하기 위한 목적을 설정한다. 여기서 목적이란 영양문제 내에서 이루고자 하는 변화의 일반적인 설정으로서 포괄적이고 광범위한 장기계획이다. 이러한 목적을 달성하기 위해서는 구체적이고 세부적인 단기계획이 필요한데, 이를 목표라고 한다. 각 영양문제는 그 문제의 해결 내지는 개선이라는 포괄적인 하나의 목적을 갖지만 각 목적은 여러 개의 단계적인 작은 목표를 가지며 이들 목표의 달성을 통하여 목적을 이룰 수 있다.

(2) 목표 설정

영양중재활동을 위한 구체적인 목표를 설정한다. 목표는 영양중재의 결과로서 특별한 시간 내에 대상집단에서 예상되는 변화를 통해 측정될 수 있다. 따라서 누구에게, 언제, 어떠한 변화가 얼마나 일어나리라는 것을 예측해야 한다. 일반적으로 영양문제의 원인이나 관련요인의 변화, 식행동 및 건강상태의 변화를 예측하는데, 여기에는 여러 단계의 목표를 설정한다(표 3-6). 이 가운데 가까운 목표는 영양문제의 원인이나 관련요인의 변화를 예측하는 것으로 영양교육 실행 후 곧, 가까운 시일 내에 달성할 수 있는 목표이다. 영양과 관련된 지식 · 태도와 같은 동기부여요인의 변화, 식행동 변화에 영향을 주는 행동가능요인과 행동강화요인의 변화, 이를 통한 식행동의 변화까지도 포함한다. 먼 목표는 영양문제의 원인이나 관련요인이 변화됨으로써 나타나는 건강상의 변화, 즉 영양문제의 해결을 예측한 것으로 영양교육 실행 후 어느 정도의 시간을 요하는 목표이다. 식행동의 변화가 생활 중에 정착하여 식습관으로 확립되고 이를 통해 영양문제가 해결되는 것을 포함한다.

대상자들은 흔히 행동변화를 거부하는 마음이 있으므로 일상생활에서 식행동이 자연스럽게 변화되도록 동기를 유발해야 하고 이러한 행동 변화가 유지 · 지속되도록 해야 한다. 따라서 대상자들의 영양문제를 해결하기 위해서는 단기간 달성할 수 있는 작은 목표의 단계들을 거쳐야 한다(그림 3-3). 이러한 작은 목표의 단계들을 거칠 때 하나의 커다란 목적을 달성할 수 있다. 식행동은 대상자들의 영양지식 · 식태도 등의 동기부여요인과 식행동을 가능하게 하거나 강화시키는 여러 요인들에 관련되어 나타난다. 동기부여요인만으로는 식행동의 변화를 보장하지 못하고 식행

표 3-6 영양문제의 원인과 여러 단계의 목표

영양문제	내용
여중생들의 지나친 체중 감소로 인한 저체중	**원인** : 체중 조절에 대한 지식부족으로 인한 부적절한 태도와 행동 **가까운 목표** • 저체중으로 인한 건강상 해로운 점을 인식한다(지식). • 본인의 신장에 알맞은 적정체중 범위를 산출한다(지식). • 본인 실제체중의 적정 여부를 판정한다(지식). • 적정체중을 위한 식품구성과 섭취량을 안다(지식). • 적정체중으로 올리려고 생각한다(태도). • 적절한 양의 균형식을 실천한다(행동). **먼 목표** • 저체중인 학생수를 50% 이상 줄인다(영양문제 감소).
청소년들의 패스트푸드 섭취량 과잉	**원인** : 청소년과 가족들의 패스트푸드에 대한 잘못된 인식 균형식, 건강한 외식에 대한 지식부족으로 인한 부적절한 태도와 행동 **가까운 목표** • 패스트푸드의 단점을 인식한다(지식). • 건강한 외식이나 간식의 종류를 안다(지식). • 균형식, 건강한 외식의 장점을 안다(지식). • 패스트푸드의 섭취횟수를 줄이려고 결심한다(태도). • 식품구매 시 영양표시를 읽고 정보를 얻는다(기술). • 패스트푸드 대신 건강한 간식이나 외식을 선택한다(행동). • 가정에서 패스트푸드 대신 건강한 간식을 선택하고 권한다(환경). **먼 목표** • 패스트푸드 섭취횟수와 섭취량을 30% 이상 줄인다(영양문제 감소).

동이 변화되었더라도 식행동의 건전한 변화를 지속시키는 것이 어려우므로 영양교육을 할 때에는 동기부여요인과 함께 행동가능요인과 행동강화요인을 구체적으로 파악하여 이에 대한 교육을 고루 포함시킨다.

3) 영양중재방법 선택

목적과 목표가 설정되면 이를 달성하기 위한 영양중재방법을 선택해야 한다. 영양중재란 영양문제를 유발하는 원인이나 요인을 시정하여 영양문제를 해결하고자 하는 시도로서 영양교육뿐 아니라 다른 방법으로 강화식품 생산, 보충식품 제공, 대중매체를 이용한 홍보, 캠페인, 음식점 · 슈퍼마켓 · 학교급식소에서 건강한 음식 제공, 식품 선택의 폭을 넓히는 환경 변화 등 여러 방법을 포함한다.

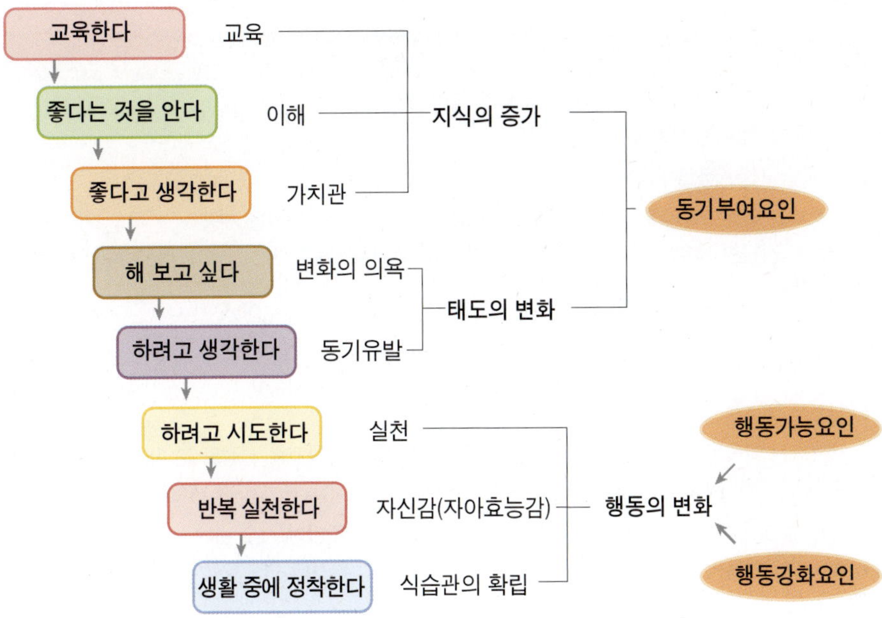

그림 3-3 영양교육에서 행동변화의 단계

대상자들의 영양문제 원인이 식행동이고 관련요인이 그들의 지식, 태도 등 동기유발요인이라면 영양중재로서 영양교육이 적절한 방법이 될 수 있다. 식행동의 변화는 일련의 여러 단계를 통하여 이루어지므로 각 단계에 적합한 영양교육방법을 선택하고, 대상자의 식행동에 영향을 주는 행동가능요인이나 행동강화요인의 시정이 필요하다면 이를 위한 다양한 방법을 적용하도록 한다.

4) 영양교육 활동과정 설계

영양교육의 목적과 목표달성을 위한 활동과정을 설계한다. 영양교육 내용과 방법, 교육자료의 선택 및 개발, 예비실시 및 사전평가, 교안 수정 및 완성을 포함하는 일체의 교육과정을 구체적으로 설계한다. 또한 이러한 단계마다 영양교육을 진행하는 기준으로서 누가 · 언제 · 무엇을 · 언제까지 할 것인가 등 구체적인 지침이 필요하다. 교육시기와 시간, 교육장소, 인력과 예산 등 교육 실행에 사용될 자원에 대한 계획도 세운다(표 3-7).

표 3-7 영양교육 활동과정

활동과정	활동과정 설계 시 주의할 점
1. 영양교육내용 수집 및 분석	영양교육의 목적과 목표에 맞는 내용을 수집하고 분석 · 정리한 다음, 영양교육 전문가의 자문을 받아 내용의 정확성, 신뢰성, 최신성 확인
2. 영양교육내용 체계화	• 수집 분석된 내용을 대상자의 특성 및 교육목표에 맞게 분류하고 순서화 • 대상자의 이해도와 수용능력은 한계가 있으므로 적절한 양의 내용을 제공 • 내용은 간단한 것부터 복잡한 것으로, 일반적인 것부터 전문적인 것으로 논리적이고 단계적으로 전달
3. 영양교육방법 선택	교육목적과 목표, 교육내용 및 대상자의 특성에 적합한 영양교육방법 선택(CHAPTER 4 참조)
4. 영양교육자료 선정 및 개발	• 교육에 활용될 시청각 자료 수집 및 개발(CHAPTER 5 참조) • 세분화된 교육목표에 따라 실천해야 할 행동이 정해지면 교육자료 선정도 분명해짐 • 기존의 교육매체를 선정하여 이용할 것인가, 아니면 직접 개발할 것인가 결정
5. 예비 실시 및 사전평가	• 실제 교육에 앞서 일부 대상자에게 사전교육을 실시하여 미비한 점을 발견 • 특히 영양교육방법, 매체의 종류와 활용방법이 대상자의 특성에 적합한지 확인
6. 교안 수정 및 완성	• 교안(교수 · 학습과정안)은 교육활동의 기반이 되는 지도안으로 교육활동의 목표, 단계, 내용, 방법, 매체의 활용 등을 기록하여 놓은 것 • 교육자는 교안을 완성함으로써 교육내용을 빠짐없이 가르칠 수 있고 교육활동의 일관성을 유지할 수 있음
7. 그 밖의 고려사항	**대상자 수와 교육시기** • 대상자 수는 교육장소, 방법과 교육자료의 종류를 결정하는 중요한 변수이므로 교육에 참석하는 예상인원수를 고려해야 함 • 영양교육에 참여하기 편한 교육시기와 시간을 정함(공휴일, 휴가기간, 동일 대상자에게 다른 프로그램이 진행되는 날은 피하고 오후보다는 오전이 피로도가 덜하므로 좋음) **교육시간과 교육장소** • 대상자들이 흥미를 잃지 않고 집중할 수 있으면서 교육목표에 도달할 수 있는 시간을 미리 예측하여 교육시간을 정하도록 함(도입 15%, 전개 80%, 종결 5%가 되도록 배정) • 교육장소는 대상자들이 지리적으로 쉽게 접근할 수 있는 곳으로서 교육활동에 편리하고 대상자들에게는 안락한 곳이어야 함 **교육에 필요한 자원** • 인적 자원 : 영양교육에 참가하는 영양사 · 의사 등 전문가의 수, 보조인력 확인 • 물적 자원 : 인건비, 사무실 임대료, 교육활동 과정별 필요한 비용 확인 • 외부의 지원 가능한 자금을 찾아내어 지원을 따낼 계획서 준비 및 제출

5) 영양교육 홍보전략 개발

영양교육 프로그램을 널리 홍보하여 참여도를 높일 수 있는 홍보전략을 세운다.

영양교육 홍보 대상자

- 영양교육 프로그램에 직접 참여하는 교육대상자
- 프로그램을 대상자에게 소개하고 참석하도록 도와주는 가족, 의사, 영양사, 지역사회관계자 등
- 전에 이러한 프로그램에 참석해 본 사람들

영양교육 홍보방법과 내용

- 방법 : 영양 스크리닝이나 검진, 식사진단, 식단전시회 등의 이벤트나 지역방송 이용
- 내용 : 영양교육 프로그램의 유익한 점, 실시장소와 시간, 참석방법 등 포함

대상자들이 영양교육에 참여한 이유는 재미로, 친구나 가족과 함께하려고, 새로운 것을 배우기 위하여, 지원받으려고, 영양문제를 해결하려고 등 다양하므로 이를 고려하여 동기부여를 하는 것이 좋다. 참석동기가 영양교육 본래의 목표인 영양문제 해결이면 좋겠지만 대상자에 따라서는 티셔츠나 요리책 같은 선물을 얻으려고 오기도 하므로 영양교육활동의 특성을 나타내는 슬로건이나 로고, 또는 중요한 정보를 담은 짧은 메시지를 선물 등에 새겨서 독창적이고 확실한 인상을 주도록 한다. 이들은 영양교육 참여에 필요한 시간, 경비, 노력에 비해 영양교육에서 얻은 이로운 점이 클 때 참여를 지속한다.

6) 영양교육 평가계획

평가란 영양교육의 목적과 목표의 성취 여부를 확인하는 것으로 평가 결과는 다음 계획 수립에 반영되므로 중요하다. 평가를 위해서는 영양교육 실행 중 또는 후에 여러 종류의 정보를 수집해야 하는데, 어떠한 정보를 어떻게 수집하여 분석할 것인지 미리 계획한다.

평가계획에 흔히 이용되는 세 가지 유형의 평가는 다음과 같다.

- 교육에 사용된 자원에 대한 평가

- 교육과정에 대한 평가
- 교육효과에 대한 평가

영양교육이 실행되는 동안 사용된 자원이나 영양교육과정이 계획과 일치하는지 평가할 수 있는 정보를 수집하도록 계획하고 영양교육이 끝난 후에 영양문제의 해결 내지는 영양상태 개선 여부, 즉 효과를 평가하기 위한 계획도 미리 구체적으로 세우도록 한다. 평가에 대한 자세한 내용은 이후 내용에 제시하였으므로 참고하도록 한다.

3. 실행

영양교육활동의 모든 과정을 계획한 후에는 영양교육의 본격적인 활동인 실행으로 들어간다. 실행(do, implementation)은 계획을 행동으로 실천하는 것으로 계획에 충실하게 따르는 것이 목표이다. 교육이 실행되는 동안에는 영양교육에 사용된 자원이 계획과 일치하는지, 영양교육과정이 계획대로 잘 진행되는지 평가한다.

그러나 영양교육이 효과적으로 실행되기 위해서는 융통성과 적절한 관리능력이 요구된다. 영양교육을 포함한 영양개선사업은 아무리 잘된 계획이라도 계획대로 실행되기는 어려우며 또 예상치 못한 상황이 발생하거나 교육기간 동안 대상집단의 요구가 변하기도 하므로 이에 대한 융통성을 발휘해야 한다. 영양교육과정에 일부 수정이 필요하거나 경우에 따라 근본적인 점검이 필요한 경우도 발생한다. 또한 성공적인 교육 실행을 위해서는 적절한 관리능력이 중요한데, 영양교육자는 예산과 인력 등 영양교육 실행에 사용되는 모든 자원을 조정하고 평가정보를 수집하는 데 능숙하여야 한다.

4. 평가

1) 평가의 의의

영양교육의 평가(see, evaluation)는 계획단계에서부터 실행단계에 이르는 모든 과정에 걸쳐 이루어진다. 각 단계마다 교육의 진행과정과 결과를 수시로 점검하고 확인하여 즉각 반영하도록 한다. 평가를 통해 프로그램의 약점이 무엇인가, 프로그램의 어떤 부분에 보완·수정이 필요한가, 계획대로 영양교육이 효과적으로 진행되었는가, 목적과 목표가 달성되었는가 등을 알 수 있다.

평가는 보다 만족스러운 교육활동을 위해 꼭 필요한 절차이다. 또한, 영양교육 성공에 필수적인 대상자의 협력을 얻는 데 유용하다. 대상자들에게 평가 결과를 알려 자신의 변화 정도를 통한 교육효과를 깨닫게 하면 교육에 대한 적극적인 협력을 유도할 수 있다.

2) 평가의 종류와 내용

영양교육 평가에는 사용된 자원에 대한 평가, 교육과정에 대한 평가, 교육효과에 대한 평가가 있다. 자원평가와 과정평가는 영양교육 실행 중에 수시로 이루어지고 효과평가는 전반적인 평가와 함께 교육이 실행된 후에 이루어진다.

(1) 사용자원평가

교육에 사용된 인적·물적 자원에 대한 정보를 영양교육이 실행되는 동안에 수집하여 계획에서 예상한 내용과 일치하는지 평가한다. 이를 통해 인적·물적 자원의 효율성을 파악할 수 있는데, 효율성이란 영양교육의 효과가 어느 정도의 자원을 들여서 나타났느냐를 뜻하는 것으로 영양교육의 효과 정도를 교육에 사용된 시간, 노력, 비용 등의 자원으로 나눈 것이다.

(2) 과정평가

영양교육이 실행되는 과정에 대한 평가로 영양교육이 실행되는 동안에 계획대로 순조롭게 잘 진행되고 있는가에 대한 정보를 수집한다. 일반적으로 영양교육의 실행과정에서 평가하는 내용은 다음과 같다.

① 교육내용에 대한 평가

- 목적과 목표 달성에 적합한가
- 대상자들의 특성에 적합한가
- 대상자들의 가치관에 맞고 실천가능한 것인가

- 대상자들이 이해 또는 수용하지 못하는 부분이 있는가
- 교육내용과 교육과정이 효율적으로 체계화되었는가
- 교육자료의 적절성, 이해도, 흥미도, 기술적인 질은 어떠한가

② 교육방법에 대한 평가

- 교육방법이 적절하였는가
- 충분한 설득력이 있었는가
- 교육자의 역할이 적절하였는가
- 교육자는 교육에 열의를 가지고 임했는가

③ 교육 참여에 대한 평가

- 교육자의 참여태도는 어떠한가
- 교육시기와 방법에 따른 참여도는 어느 정도인가
- 교육에 참여하지 않았거나 중도에 포기한 이유는 무엇인가
- 교육에 참여하지 않았거나 중도에 포기한 대상자 비율은 어느 정도인가

④ 기타

- 홍보가 적절하였는가
- 인력의 배치는 적절하였는가
- 다른 조직이나 단체들과 협동이 잘되었는가
- 교육진행팀의 수행능력 및 그들의 의견은 어떠한가
- 교육시기와 시간이 대상자에게 적합하고 편하였는가
- 교육장소, 시설과 설비, 지리적 위치 등 물리적인 여건이 어떠하였는가

이와 함께 영양교육이 실행되는 동안에 교육자와 대상자 간의 의사소통, 토의의 원활성 등 교육자는 대상자들의 반응을 직접 관찰하면서 평가하는 관찰평가도 포함한다.

(3) 효과평가

효과평가란 영양교육의 목표와 목적이 달성되었는가에 대한 평가로서 영양문제의 원인과 관련요인의 개선 여부, 이를 통한 식행동과 식습관의 개선 여부, 그리고

영양문제의 해결 내지는 영양상태 개선 여부를 평가하는 것이다.

효과평가의 내용은 다음과 같다.

- 영양문제와 관련된 건강 · 영양 관련 지식 · 인식, 식태도 등의 동기부여요인의 개선 여부
- 대상자의 식행동 변화가 가능하고 지속 · 유지되는 데 영향을 주는 관련 요인들의 개선 여부
- 이를 통한 식행동 변화와 식습관 개선 여부
- 대상자의 영양문제의 해결 여부, 영양상태 개선 여부

효과평가의 항목은 영양교육의 첫 단계인 대상의 진단과정에서 영양문제를 찾아내고자 이루어졌던 조사항목과 같다. 이와 같이 영양교육 실행 후 또는 일정한 기간이 지난 후에 대상을 재진단하여 영양교육 실행 전후의 변화 정도를 파악함으로써 영양교육의 효과를 평가한다. 이러한 방법은 효과평가에 흔히 사용되지만, 영양문제는 여러 요인이 관련되어 복합적으로 나타나고 또한 영양교육을 받은 대상 집단과 비교할 수 있는 대조군이 없는 경우에는 교육 전후의 변화를 오로지 영양교육의 효과라고 단정하기에는 어려운 면이 있다. 따라서 영양교육 대상 집단과 같은 특성(개인적 요인, 환경적 요인 등)을 가진 대조군이 있을 때, 영양교육 실행 후 두 집단 간의 관련 요인의 차이를 교육효과로 평가할 수 있다. 효과평가의 시기와 평가내용은 표 3-8과 같다.

또한 영양교육활동에 대한 대상자들의 전반적인 평가도 함께 이루어지도록 한다.

표 3-8 효과평가 시기별 평가 내용

효과평가 시기	효과평가 내용
영양교육이 시작되기 전	• 대상자의 영양문제의 원인과 관련된 요인의 출발점 상태, 예를 들어 대상자의 영양지식 · 식태도 등에 대한 사전검사
영양교육이 끝난 후	• 영양문제와 관련된 지식 · 태도의 수준을 재검사하여 사전검사 수준과 비교함으로써 교육 실행에 의한 변화 정도 파악
영양교육이 끝나고 교육내용을 실천에 옮길 수 있는 일정한 기간이 지난 후	• 대상자의 식행동과 건강상태를 조사하여 사전검사 수준과 비교함으로써 영양지식과 태도가 실생활에 실천되어 식행동에 변화를 일으켰는가 • 식습관화되어서 영양문제가 해결되었는가, 즉 영양교육의 효과를 최종적으로 평가

전반적인 평가는 영양교육활동의 모든 면, 즉 영양교육의 주제, 교육내용 및 방법, 교육자료, 홍보 등 영양교육의 전반적인 면과 대상자가 계속해서 교육받기를 원하는지, 다른 사람에게 권하고 싶은지에 대한 대상자들의 반응을 알아보는 것이다.

만약 영양교육을 통하여 영양문제가 해결되지 않았다면, 즉 영양교육의 목적이나 목표가 달성되지 않았다면 영양교육활동과정의 문제점을 파악하고 목적이나 목표의 적절성에 대해서도 평가해야 한다.

3) 평가방법과 도구

대상집단에 대한 설문지 조사나 개인면접을 통하여 평가하며 표 3-9와 같은 평가도구를 이용한다.

표 3-9 영양교육 효과평가 도구의 예

변화의 유형	효과평가 도구의 예
식행동 변화의 동기부여요인	**건강과 영양에 관련된 지식 증가 여부 측정** 예 : 칼슘의 좋은 급원식품은 어느 것인가? ① 우유 ② 쌀밥 ③ 사과 ④ 달걀 아침식사는 건강유지에 매우 중요하다. (예, 아니오)
	건강과 영양에 관련된 태도 개선 여부 측정 예 : 우유는 매일 1컵 이상 마시려고 생각한다. (예, 아니오) 아침식사는 결식하지 않고 매일 할 생각이다. (예, 아니오)
식행동 변화의 행동가능요인	**건전한 식행동을 가능하게 하는 식품환경 개선 여부 측정** 예 : 가정의 냉장고 안에는 항상 우유가 있다. (예, 아니오) 학교에서는 급식 시간에 우유를 제공한다. (예, 아니오) 학교 자판기에서 우유를 살 수 있다. (예, 아니오)
식행동 변화의 행동강화요인	**건전한 식행동을 지속하기 위한 가족, 친구 등의 지원, 칭찬 여부 측정** 예 : 부모님은 대상자가 우유를 잘 마시니 키가 크겠다고 칭찬한다. (예, 아니오)
식행동 변화	**건전한 식행동 실천 여부 측정** 예 : 식사조사(24시간 회상법으로 식사조사, 카페테리아에서 음식선택 관찰)
건강 · 영양상태 개선	**건강 · 영양상태조사(신체계측, 생화학적 조사, 임상진단)를 실시하여 영양문제 해결, 개선 여부 측정** 예 : 혈중 콜레스테롤 수준이 정상범위로 저하 정상체중 범위로 체중 조절, 철결핍성 빈혈 증상완화

4) 평가 결과의 활용

평가 결과는 여러 용도로 이용할 수 있다.

- 영양교육활동의 담당자에 의하여 영양교육 진행에 즉각적으로 반영할 수 있다.
- 영양문제가 발생한 지역사회나 관련 부처 담당자는 평가 결과를 토대로 영양 정책을 수립할 수 있고 이러한 영양교육활동의 지속, 확대 또는 중단 등 재정립에 이용할 수 있다.
- 다른 지역에서 이와 비슷한 영양교육활동을 계획할 때 성공이나 실패의 요인을 미리 파악하여 시간과 경비를 절감할 수 있다.

따라서 평가 결과는 여러 매체를 통해 관련자들이 서로 공유해야 한다. 평가 결과를 서로 공유하지 않고 보관만 한다면 영양교육활동의 실패가 거듭되고 이로 인한 노력과 경비의 손실은 계속된다. 평가 결과를 서로 공유하기 위해서는 이를 유용한 시간 내에 잘 이용할 수 있는 관련자들에게 알려야 한다. 영양교육 활동의 담당자는 평가 결과를 조직 책임자에게 곧바로 보고하고 지역사회에 보고서 형식으로 보낸다. 또 대중매체를 통하여 알리고 주요 내용을 자신의 조직 웹사이트에 올려 가능한 한 많은 사람과 공유하도록 한다.

NUTRITION EDUCATION & COUNSELING

CHAPTER 4 영양교육의 방법

1 교육방법의 유형

2 개인지도

3 가정지도

4 집단지도

영양교육의 내용과 대상자의 특성에 따라 영양교육방법이 달라진다. 영양교육의 목적과 목표가 설정되면 이를 달성하기 위하여 한 가지 교육방법이 아니라 여러 가지 다양한 교육방법을 함께 사용하는 것이 효과적이다. 똑같은 교육방법으로는 효과를 거두기 어려우므로 영양교육자는 교육방법의 특성을 잘 파악하여 적절하고 다양한 교육방법을 선택하도록 한다.

1. 교육방법의 유형

영양교육은 교육자와 대상자 사이에 서로 교류해서 공감대를 형성하는 일종의 커뮤니케이션 과정이다. 교육방법은 커뮤니케이션 유형에 따라 다섯 가지로 분류된다(그림 4-1).

개인형, 강의형, 토의형, 실험형, 독립형 교육방법의 특징과 단점 및 유의할 점을 살펴보면 표 4-1과 같다. 이들 교육방법은 모두 장단점을 가지고 있으므로 대상자에게 적절한 교육방법을 선택하도록 하되 한 가지 교육방법에만 의존할 것이 아니라 다양한 교육방법을 적절히 혼합하여 서로 보완되도록 하는 것이 효과적이다.

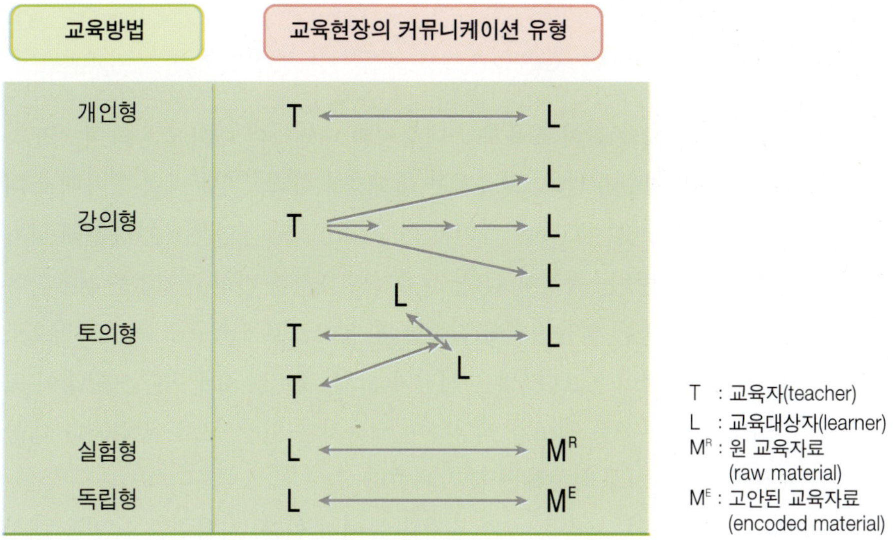

그림 4-1 커뮤니케이션 유형에 따른 교육방법

표 4-1 커뮤니케이션 유형에 따른 특징

유형	특징	단점 및 유의할 점
개인형	• 교육자와 대상자는 1 : 1 접촉으로 긴밀한 상호작용 • 개인 특성을 고려하여 개별 영양문제에 집중 • 대상자의 식행동 개선 촉진	• 많은 시간과 인원 필요 • 교육자의 전문적 상담기술 필요
강의형	• 공통적 영양문제에 대하여 다수의 대상자들에게 동시에 정보 전달	• 대상자 개개인의 능력이나 지식수준 등 특성을 고려하지 않은 일방적 정보 전달 • 주의집중이 어렵고 식행동 개선도 기대하기 어려움
토의형	• 대상자 간, 혹은 교육자와 대상자 간의 상호작용 활발 • 정보와 의견을 교환하여 협동적으로 결론 도출 • 충분한 토의를 통한 결론이므로 식행동 개선 기대 • 교육자는 유익한 정보를 제공하고 토의가 주제에서 벗어나지 않도록 상호작용 조정	• 시간이 많이 걸리고 번거로움 • 토론이 부진하면 결론에 도달하지 못할 가능성 • 대상자의 능동적 참여가 중요
실험형	• 대상자가 원 교육자료(전시자료, 시뮬레이션, 견학, 역할놀이, 인형극, 동물실험 등)를 토대로 스스로 학습 • 교육자는 교육목적과 목표에 맞는 교육자료 제공 • 대체로 흥미로워서 대상자의 호기심과 동기유발 용이	• 대상자의 능동적 참여가 있을 때만 효과적 • 자칫하면 흥미에 그칠 수 있음. • 준비에 많은 시간과 노력 필요
독립형	• 대상자가 고안된 교육자료(대상자가 전문가와 상호작용할 수 있도록 개발된 컴퓨터 프로그램 등)를 통해 스스로 학습	• 대상자의 능동적 참여가 있을 때만 효과적 • 활용되는 프로그램의 선정이 중요

2. 개인지도

개인지도는 그림 4-2와 같이 교육자가 대상자와 대면하여 대화를 통하여 지도하는 방법으로 상담인 경우가 많다. 교육자는 대상자와 함께 영양문제를 찾아내고 대상자의 특성과 수준에 맞는 교육을 하면서 대상자 스스로 영양문제를 해결해 나가도록 도와주고 이끌어 주는 특징이 있다. 교육자와 대상자 간의 끊임없는 상호작용을 통하여 개인의 특별한 영양문제에 집중할 수 있으므로 교육목표를 효과적으로 달성할 수 있다는 장점이 있으나, 많은 시간과 노력, 경비가 요구된다는 단점이 있다. 개인지도는 1회에 30분 정도가 적당하며 교육자가 일방적으로 말하거나 대상자가 교육자에게 지나치게 의존하는 것은 피한다.

개인지도는 주로 병원, 보건소, 노인복지관 등에서 환자, 지역주민, 노인을 대상으로 이루어지고 가정방문을 통해서도 가능하며 학교에서는 개인지도와 집단지도를 함께 이용한다면 효과적인 교육이 될 수 있다. 교육자와 대상자 사이에 대면 교육이 어려운 경우에는 전화 상담, 이메일 등의 인터넷 상담, 또는 화상채팅, 원격교육을 통해서도 개인지도가 이루어질 수 있다.

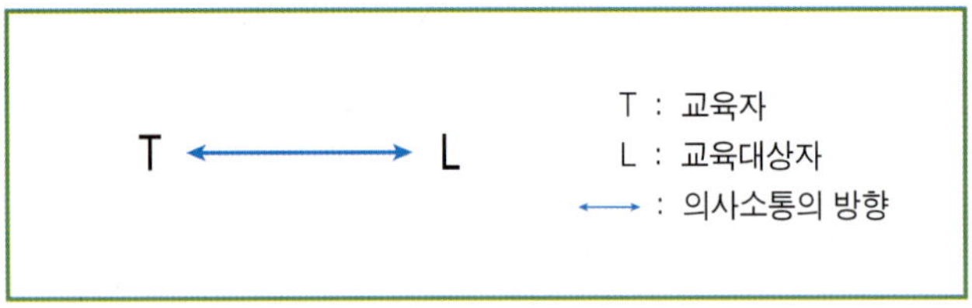

그림 4-2 개인지도방법

개인지도과정은 두 가지 단계, 즉 면접과 상담으로 이루어진다. 면접은 대상자의 영양문제를 확인하기 위해 정보를 수집하는 단계이고, 상담은 발견된 영양문제 해결을 위하여 실제 교육이 이루어지는 단계로서 면접은 상담에 앞선다. 즉, 면접을 통해 교육자와 대상자는 영양문제를 함께 발견하고 분석함으로써 문제해결에 대한 공동인식을 통해 동기유발이 강해질 수 있으며, 상담을 통해 교육자는 대상자의 생각이나 태도, 행동에 변화를 유도하여 영양문제를 해결한다. 따라서 면접을 통해서 더욱 효율적인 상담이 가능해진다. 이와 같이 영양교육에서 면접과 상담은 서로 분리되어 이루어질 수 없으며 일반적으로 영양상담과정에는 면접이 포함된다(CHAPTER 6 참조).

(1) 가정 방문

교육자가 대상자의 가정을 방문하여 가족의 공통된 영양문제나 가족구성원 개개인의 특별한 영양문제에 대하여 주로 주부를 대상으로 상담이 이루어진다. 교육자는 개인의 생활환경을 직접 보고 파악할 수 있어서 개인의 특성과 요구에 맞는 개인지도가 가능하지만 시간, 경비, 노력이 많이 요구되므로 지역사회의 모든 가정을 방문하기는 어렵고 접근이 가능한 지역에만 제한된다는 단점이 있다.

(2) 병원, 보건소 방문

환자나 대상자가 병원이나 보건소를 직접 방문하여 의사나 영양사로부터 주로 질병의 치료 및 예방에 대한 영양상담을 받는다.

(3) 상담소 방문

영양전문기관이나 단체에 설치된 상담소를 이용하여 개인의 전반적인 영양문제에 대하여 상담을 받는다. 병원이나 보건소 또는 전문상담소 방문에서는 자신의 영양문제 해결에 적극적인 의욕이 있는 사람만이 대상자가 되므로 대상에 제한이 따르지만 교육자가 직접 방문하는 가정 방문보다 시간, 경비, 노력이 덜 든다는 장점이 있다.

(4) 전화 상담

가정 방문이나 병원 또는 보건소 방문이 어려울 때 이용할 수 있어서 편리하고 능률적이지만 교육자와 대상자가 대면하여 이루어지는 교육이 아니어서 간단한 정보 교환만 가능하므로 효과는 다소 떨어진다.

(5) 인터넷 상담

병원, 보건소 및 영양관련학회, 영양사협회 등의 전문기구나 단체에 개설된 홈페이지를 방문하거나 전자메일을 이용하여 상담을 받을 수 있다. 영양교육자는 교육내용을 사전에 준비할 수 있고 시간과 경비가 절약되는 장점이 있지만 교육자와 대상자가 얼굴을 맞대고 이루어지는 직접교육이 아니므로 효과는 적다. 요즈음에는 너무나 많은 영양 관련 정보를 흔히 접할 수 있는데, 신뢰할 수 있는 영양전문조직

영양교육자가 갖추어야 할 자질

영양교육자는 영양교육의 목표 달성을 위하여 개인이나 집단의 식행동에 영향을 줄 수 있는 지도력을 갖추어야 한다. 영양교육자의 인성과 태도에 따라 교육효과가 크게 달라지므로 항상 깨끗하고 단정한 용모로 미소를 띠며 좋은 인상을 갖도록 한다.

- 선천적으로 영양개선활동에 적성이 맞고 흥미와 열의가 있어야 한다.
- 인내력을 가지고 추진하는 노력이 있어야 한다.
- 남의 어려운 일을 내 일같이 생각하고 진심으로 남을 도울 수 있어야 한다.
- 누구나 따를 수 있도록 유머감각이 있는 명랑하고 쾌활한 성격이어야 한다.
- 모든 일에 신중하면서 어려운 일에 닥쳤을 때 낙관할 수 있는 마음의 여유가 있어야 한다.
- 타인의 실수를 용서하는 아량과 편견 없는 마음을 가지고 실수나 좌절을 극복할 수 있는 원숙한 성품이어야 한다.
- 책임과 의무를 다하되 자신의 행동의 결과를 받아들이고 신속한 결단을 내리는 의지가 필요하다.
- 감정의 변화가 너무 심해서는 안 되고 지성과 이성, 냉철한 판단력을 가지고 지도하는 모범을 보여야 한다.
- 상대방이 믿고 따를 수 있도록 인자한 모습과 원만한 성품을 갖도록 노력해야 한다.

이나 기구로부터 전문가의 의견을 따르는 것이 영양문제 해결에 도움이 된다.

3. 가정지도

가정지도는 가정이라는 집단을 대상으로 영양지도를 하는 것이므로 집단지도라고 할 수 있으나 그 내용으로 볼 때 다수의 대상자들에게 공통된 영양문제를 일률적으로 다루는 집단지도와는 다르다. 가정지도에서는 소집단인 가족구성원 개개인의 특별한 요구에 맞는 영양문제를 다룰 수 있으며 가족구성원의 공통된 영양문제를 다루더라도 주로 주부를 대상으로 지도하는 것이 보통이므로 일종의 개인지도로 볼 수 있다.

4. 집단지도

집단 내의 공통적인 영양문제에 대하여 관심이 많은 사람을 대상으로 교육하는 방법을 집단지도라고 한다. 재정이나 인력이 부족할 때 가장 많이 이용하는 방법으로 다수의 사람들에게 교육내용을 동시에 전달할 수 있어서 시간적으로 능률적이고, 개인지도에서는 볼 수 없는 체면이나 참여의식 등 군중심리를 이용할 수 있다는 장점이 있다. 그러나 개인지도에 비해 충분한 지도가 어려워 교육효과가 다소 떨어지는 단점도 있으므로 가능한 한 지속적으로 반복지도를 실시하도록 한다.

집단지도가 영양교육에서 차지하는 비중은 크지만 집단지도만으로는 영양교육의 목적을 달성하기 어려우므로 여기에 다른 교육방법을 보완하는 것이 효과적이다. 예를 들어, 개인 혼자서는 치료를 지속하기 힘든 성인병의 경우, 개인지도와 더불어 환자들과 가족들 간의 공감대에 의한 교류로서 집단지도가 병행된다면 정신적으로 힘이 될 뿐만 아니라 환자들 사이의 경쟁의식을 통하여 치료효과가 커질 수 있다. 이와 같이 집단지도의 장점을 이용하면서 동시에 개인지도의 배려가 포함되도록 한다.

집단지도에는 강의(강연), 집단토의, 실험형 지도, 캠페인 등 여러 교육방법이 있으므로 장점과 단점을 잘 파악하여 대상자에게 적합한 방법을 선택하도록 한다(그림 4-3).

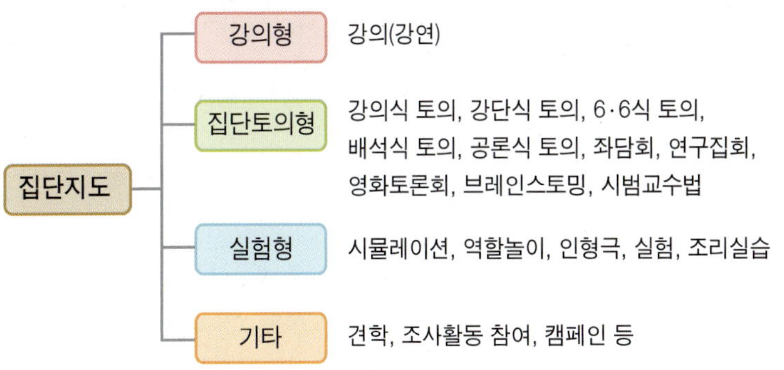

그림 4-3 집단지도의 방법

1) 강의(강연)

강의(lecture) 또는 강연은 교육자 1명이 다수의 대상자들에게 정보를 일방적으로 전달하는 교육방법으로 보편적으로 많이 이용된다(그림 4-4). 대상자 수는 70~200명이 적당하고 강의시간은 2시간 정도로 하되 25~40분 정도 지난 후에 질문을 하거나 휴식시간을 갖는 것이 좋다.

강의의 장점

- 단시간에 많은 양의 지식과 정보를 전달하므로 경제적이다.
- 복잡하고 다양한 내용보다는 간단하고 단순한 내용 전달에 효과적이다.

강의의 단점

- 자세한 내용보다는 개략적인 설명으로 내용의 수준이 낮아진다.
- 교육효과는 교육자의 지식, 전달력, 자질, 품성 등에 많이 의존한다.
- 대상자는 소극적, 수동적이 되어 교육자와 상호작용이 활발하지 않다.
- 대상자 개인의 특성을 고려하지 않은 일방적인 교육으로 쉽게 흥미를 잃는다.
- 주의집중이 어려워 교육내용을 쉽게 잊어버리므로 대상자의 행동 변화가 어렵다.

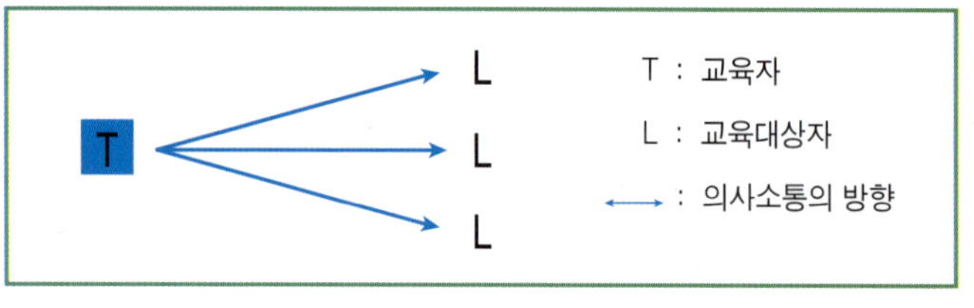

그림 4-4
강의형 교육방법

강의에서 교육자의 유의사항

- 강의의 목적과 목표를 구체적으로 이해시킨 후 주제를 간결하게 설명한다.
- 교육내용은 쉽고 간단한 것부터 복잡하고 어려운 순서로 구성한다.
- 강의 도중에 대상자들의 이해도를 측정하기 위해 질문을 하되 답변을 강요하지 않는다.
- 강의 분위기가 지루하지 않도록 내용과 관련된 비유를 하고 파워포인트 자료, 동영상, 실물 모형 등 시청각 자료를 이용한다.
- 목소리의 크기와 말하는 속도를 조절하여 지루함이 없도록 하고 강조하는 부분에서는 목소리를 크고 높게 하여 주의를 끌도록 한다.

- 대상자와 눈을 맞추어 그들의 반응이나 이해도를 파악하여 교육진행에 반영하고 어떤 특정인이나 특정 장소만을 응시하지 않도록 한다.
- 강의가 끝난 후에는 대상자들에게 질문할 기회를 주어 교육의 관심도를 높이고 강의내용을 다시 한 번 요약 정리하여 결론을 내린다.

2) 집단토의

토의는 강의나 강연과 같이 일방적으로 가르치는 것이 아니라 그림 4-5와 같이 교육자와 대상자 등 모든 참가자 간의 상호작용을 통하여 공통의 문제에 대한 깊은 연구와 논의를 하고 서로의 의견을 제시 · 통합하여 함께 문제를 해결하는 방법이다. 좋은 토의는 참가자들이 토의 목적을 분명히 인식하고 토의과정에 능동적으로 참여할 때 이루어진다.

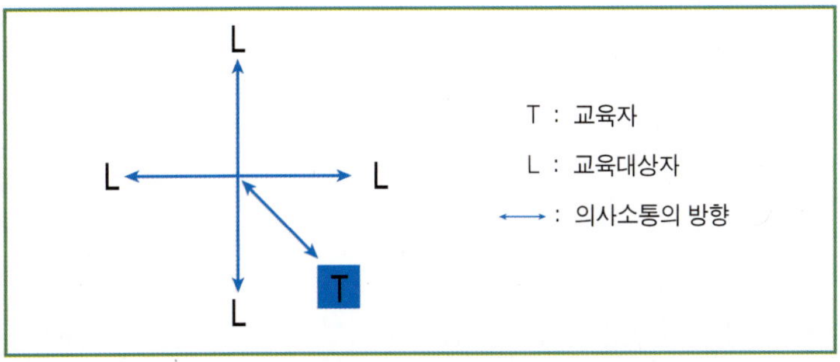

그림 4-5
토의형 교육방법

토의의 장점

- 참가자의 동기를 유발하여 능동적인 참여의욕을 불러일으킨다.
- 참가자의 생각과 태도의 변화가 행동 변화로 이어져 강의보다 효과가 크다.
- 참가자 각자의 적극적인 의견 제시와 함께 다른 사람의 의견과 비교하는 등 계속된 상호작용을 통해 협조성과 이해도가 커진다.

토의의 단점

- 다양하고 많은 양의 내용을 다루기에는 부적절하다.
- 교육자는 참가자들의 능동적 참여를 유도하는 등 토의를 조절하고 관리하기가 어려워 강의에 비해 시간과 노력이 많이 요구된다.

토의의 전개순서

시작

- 참가자들에게 토의의 목적, 주제, 진행과정을 설명한다. 즉, 토의를 통하여 문제해결 방안을 찾아낸다는 언급을 한다.
- 참가자들의 공통된 관심이나 경험을 제시한 후 당면한 영양문제들을 나열하고 근본적인 원인을 설명한다.

진행

- 좌장은 참가자들이 문제해결에 대한 목표를 설정하도록 하여 참가자들의 적극적인 참여를 유도한다.
- 관련 내용에 대한 비슷한 사례를 소개하고 정보를 제공한다.
- 문제해결을 위한 여러 가지 아이디어 및 대책을 제시하고 토의한다.
- 제시된 대책들의 결과를 예측하고 그것이 토의의 목적에 적합한지 평가하여 가장 적절한 대책을 선택한다.

마무리

- 좌장은 토의내용을 종합하여 나온 결론과 문제 해결책을 재확인한다.
- 참가자들과 함께 실천할 것을 다짐한다.
- 토의의 전체내용, 방법, 과정 등을 평가하고 반성한다.

(1) 강의식 토의

강의식 토의(lecture forum)는 집단토의 중에서 가장 많이 이용되는 방법으로, 단순한 강의나 강연과 다른 점은 교육자만이 일방적으로 말하는 것이 아니라 강의 사이나 강의 끝난 후 주제를 중심으로 대상자들과 질의응답 및 토론을 한다는 것이다. 교육자와 대상자들은 토의를 통하여 문제해결을 위한 여러 가지 의견과 방법을 교환하면서 문제의 해결책을 찾는다.

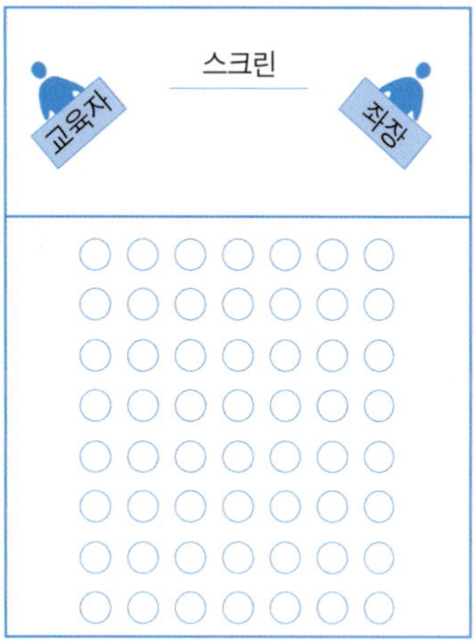

그림 4-6 강의식 토의

교육자는 1~2명으로 대상자 100명 이상에서도 가능하나 토의를 위해서는 50~60명 정도가 좋고 강의시간은 30분 정도로 한다. 그러나 소집단 토의에서와 같이 깊이 있는 토의는 어렵고 참가의욕도 다소 떨어진다. 영화나 동영상, 파워포인트 자료, 실물모형 등 시청각매체를 함께 이용하면 효과는 커진다.

강의식 토의의 예

주제 : 체중 조절의 식사요법
교육자의 강연(주제에 관한 내용)
→ 대상자의 질문(단식이 왜 나쁜가요?)
→ 교육자의 답변(단식의 특징 및 단점에 대한 설명)
→ 대상자의 질문(공복에 좋은 음식은 무엇인가요?)
→ 교육자의 답변(공복감 해소하는 저에너지 식품 소개)
→ 교육자와 참가자 사이에 질의응답 반복
→ 좌장(토의내용 정리)

(2) 강단식 토의

강단식 토의(symposium)는 공통적인 주제에 대하여 전문경험이 많은 4~5명의 교육자가 서로 다른 측면에서 참가자들에게 도움이 되는 자신들의 경험과 의견을 발표한 후 대상자들과 질의 응답을 하는 방법이다. 이 토론에서는 교육자와 주제의 선택이 중요한데, 교육자는 같은 주제에 대하여 입장과 체험이 다른 사람들로 구성되어야 하며 참가자 중에서도 교육자를 선정할 수 있다.

교육자 한 사람당 보통 15~20분 정도 발표하되 교육자 상호간에는 토의하지 않는 것을 원칙으로 한다. 한 사람이 15분 정도라고 하면 4명의 교육자들인 경우에는 1시간 정도 자신들의 경험과 의견을 토대로 교육하고 이어서 사회자의 진행으로 교육자들과 참가자들 사이에 질의토의를 실시한다. 예를 들어, '당뇨병 환자의 치료'에 대한 심포지엄이라면 전문가는 의사, 영양사, 간호사, 환자 가족 대표 등 네 명이 될 수 있으며 의사는 당뇨병의 병리와 의료적 측면에서, 영양사는 당뇨병의 영양관리 측면에서, 또한 간호사와 환자 가족 대표는 각각 인슐린 주사를 놓는 방법이나 가정에서의 환자관리에 대한 각자의 경험과 의견을 발표한다.

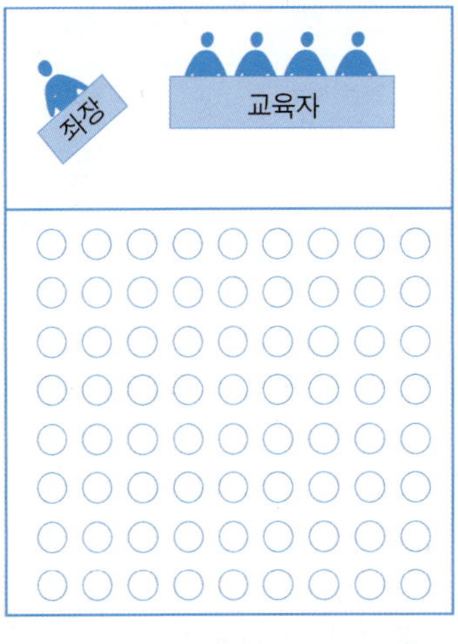

그림 4-7 강단식 토의(심포지엄)

좌장은 교육자의 발언내용을 요약하여 참석자들이 잘 이해하도록 돕고 교육자 간 발언내용의 중복을 피하도록 조정하며 참가자들의 질문이 특정 교육자에게만 집중되지 않도록 유도한다. 교육자가 바뀌고 내용에 변화가 있기 때문에 지루하지 않으나 교육시간이 길어지면 분위기가 산만해지고 질의토론 시간은 짧아지므로

강단식 토의의 예

주제 : 당뇨병 환자의 치료
교육자(의사, 영양사, 간호사와 환자 가족 대표 등 4명으로 구성)
→ 교육자는 주제에 관한 각자의 경험과 의견 발표
의사 : 당뇨병의 병리와 의료　　영양사 : 당뇨병의 영양관리
간호사 : 인슐린 주사　　환자 가족 : 가정에서의 환자관리
→ 교육자와 참가자 사이에 질의응답 및 토의 반복
→ 좌장(토의내용 정리)

효과를 기대할 수 없다. 토론의 주제를 깊이 있게 다루어야 하는 경우에는 중간에 휴식시간을 가지면서 하루 종일 토의할 수도 있으며 참가자들도 주제에 대하여 어느 정도 사전지식을 가지고 있는 것이 좋다. 사전준비가 되어 있으면 토론을 통해 더욱 깊이 있고 폭넓은 정보를 얻을 수 있어 태도의 변화를 기대할 수 있다.

(3) 6 · 6식 토의(분단토의)

6 · 6식 토의(six-six method)는 교육에 참가하는 인원이 많고 다루고자 하는 문제가 크고 다양한 경우에 많이 이용하는 방법이다. 참가자가 많아서 제한된 시간에 전체 의견을 통합하기 어려울 때 참가자를 소집단 또는 분단으로 나누어서 분단들이 각각 다양한 작은 주제를 택하여 토의하고 다시 분단 대표가 주제 발표과정을 거쳐 전체토의를 한다. 이러한 과정을 거쳐서 참가자 전체 의견을 통합하여 문제해결책을 찾아내는 방법이다.

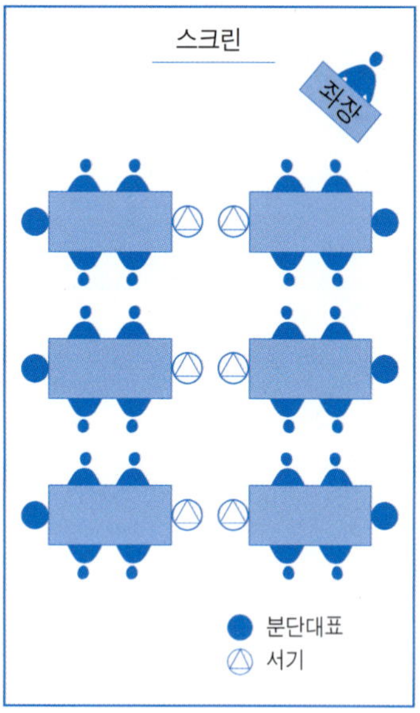

그림 4-8 6 · 6식 토의(분단토의)

그림 4-8과 같이 보통 6~8명씩 분단으로 나누고 한 사람이 1분씩 6분간 토의를 한다고 하여 6 · 6식이라고 부르지만 꼭 6명씩 6분간 하도록 제한되어 있는 것은 아니며 6~8명 정도가 10분간 토의해도 상관없다. 참가자 전원의 의견을 들을 수 있기에 조금 소란스럽기도 하여 벌이 웅웅거린다는 의미의 'buzz session'이라고도 하며 의견이 분분하다고 해서 분분식 토의라고도 한다.

이 방법을 사용하면 참가자가 많은 집회라도 진행이 잘되며 참가자 전원이 의견을 교환할 수 있어 적은 인원수의 좌담회와 똑같

6 · 6식 토의의 예

주제 : 초등학교 급식 개선
참가자(영양사 60명)를 1분단당 6명씩 전체 10분단으로 나눔
→ 분단 주제 정함(식단 개선, 급식시설 개선, 위생관리 등 10개의 작은 주제)
→ 분단토의(각 분단에 속한 6명 모두가 분단좌장 사회 아래 주제에 관한 의견 제시)
→ 분단별 발표(분단의 좌장 10명이 분단별 주제에 관한 토의내용 발표)
→ 전체토의(발표내용을 소재로 전체 토의)
→ 좌장(분단토의를 조정하고 전체 토의내용을 최종 정리)

은 효과를 얻을 수 있다. 진행에 있어서는 각 분단의 토의를 전체적으로 조정하는 좌장의 확실한 방향제시가 중요하고 또한 각 분단 대표의 역할과 분단토의 진행에서 서기의 역할도 중요하다. 진행이 잘되지 않으면 소란한 분위기에서 참가자 전원의 참여가 불가능해지고 시간 제한으로 참가자 전원이 심사숙고하여 의견을 제시하기보다는 분단 구성원 중 한두 사람의 의견이 분단의 의견을 지배할 수 있으므로 유의한다.

좌장은 큰 문제를 단시간에 토의할 수 있도록 요점을 소구분해서 각 분단에서 다룰 주제의 내용을 미리 준비하고, 분단 대표는 좌장으로부터 토의자료를 받아서 토의를 진행시키며 서기는 토의내용을 요점 정리하도록 한다. 좌장은 필요에 따라 또는 분단 대표의 요청에 의해 각 분단을 순회지도할 수 있다.

(4) 배석식 토의(패널 토의)

배석식 토의(panel discussion)는 외부에서 초빙한 전문가 혹은 참가자들 가운데 뽑힌 4~8명의 패널이 특정 주제에 관하여 자유롭게 토의한 후 토의내용을 소재로 참가자들과 질의토론을 하는 방법이다. 전문가들 간의 대화가 중심이 된다는 점이 심포지엄과 다르다.

먼저 좌장이 참가자들에게 토의의 주제와 진행방법을 설명하고 전문가들을 소개한다. 그다음에 전문가들이 20~30분 정도 토의한 후 참가자들이 10분 정도 질의토론하는 것을 반복하여 전체 토의시간이 1시간 30분에서 2시간 정도가 되도록 한다.

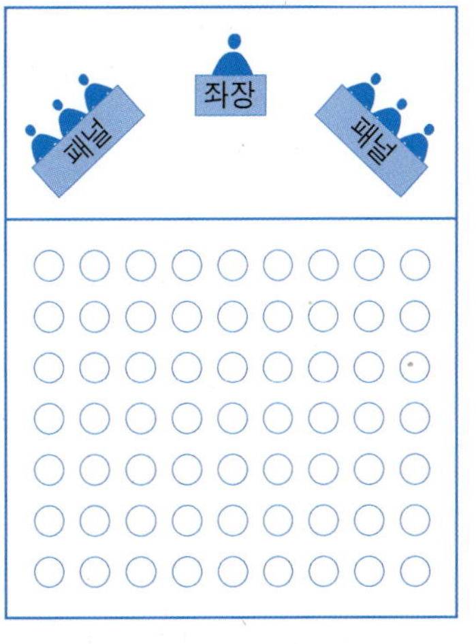

그림 4-9 배석식 토의(패널토의)

배석식 토의의 예

주제 : 어린이집 어린이 편식 교정

패널구성(영양사, 유아원 교사, 유아교육전문가, 편식 교정에 성공한 학부모, 편식 교정에 실패한 학부모 등 5명으로 구성)

→ 패널토의(참가자들 앞에서 편식 교정에 대한 경험과 효과적인 편식 교정방법 등을 서로 제시하면서 토의)

→ 참가자 질문(가정에서 편식 교정의 어려움 호소 및 해결방법 질문)

→ 패널 응답 후 토의 반복 → 좌장(토의내용 정리)

참가자들은 토의 중간 여러 시점에서 참여할 수 있으며 패널 중재자에게 질문을 써서 전달하거나 직접 질문할 수도 있다. 패널토의에서는 좌장의 역할이 중요한데, 단상에서 전문가들 간에 일종의 좌담회를 하고 이를 토의재료로 삼기 때문에 좌장의 역할이 좌담회의 좌장과 매우 비슷하다. 좌장은 토의 종료 전 15분 동안 짧은 요약으로 토의를 마무리하고 강사들에게 토의내용에서 중요한 요점을 언급할 기회를 준 다음 전체적으로 종합하여 정리하는 것이 바람직하다. '심야토론', '100분 토론' 등이 배석식 토의의 좋은 예이다.

(5) 공론식 토의

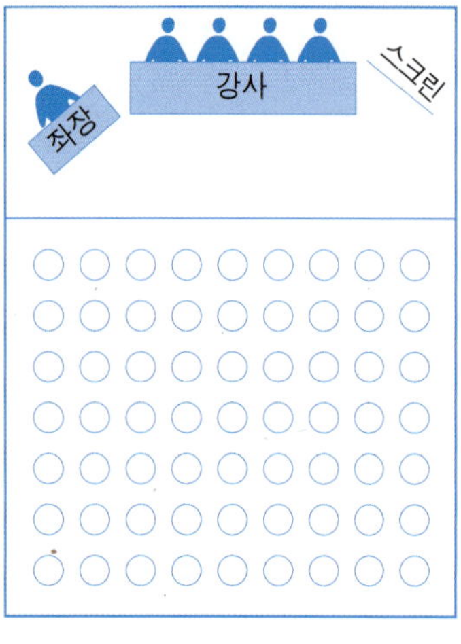

그림 4-10 공론식 토의

공론식 토의(debate forum)는 일종의 공청회와 같은 토의 형식으로 한 가지 주제에 대하여 의견이 다른 3~4명의 전문가들이 자기들의 의견을 먼저 발표한 다음, 참가자들의 질문을 받고 이에 대하여 다시 간추린 토의를 하는 방법이다.

이 방법을 사용하면 전문가들의 의견을 충분히 들을 수 있으나 서로의 의견이 달라서 일정한 결론을 내리기 어려운 단점이 있으므로 좌장의 능력과 역할이 매우 중요하다. 좌장은 의견이 서로 다른 전문가들의 발표내용을 요약해서 최종적인 결론을 내려야 한다.

공론식 토의의 예

주제 : 고등학교 급식 직영화
토의 참가자 구성(찬성 : 영양사, 학부모 / 반대 : 학교의 장, 위탁급식업체 직원)
→ 찬반토의(직영과 위탁급식의 특징 및 장단점 제시 등 주제에 대한 토의)
→ 참가자와 토론자 사이의 질의응답 및 토의 반복
(직영과 위탁급식의 차이점은? 영양 공급 측면에서 좋은 급식 형태는?)
→ 좌장(토의내용 정리)

(6) 좌담회(원탁식 토의)

토의의 기본 형식으로 그림 4-11a와 같이 참가자들이 원탁에 둘러앉아 토의를 한다고 해서 원탁식 토의(round table discussion)라고도 한다. 참가자들은 비슷한 수준의 동격자로 10~20명 정도로 구성되는 것이 좋다. 좌장의 사회로 참가자 전원이 토의 주제에 관련된 각자의 체험이나 의견을 발표한 후 좌장이 전체 의견을 종합하는 방법이다.

참가자 전원이 발언 기회를 가지므로 종합된 의견에 공감대가 형성된다. 좌장은 특정한 사람이 발언을 독점하지 않도록 하고 참가자 전원이 고루 발언할 수 있도록 유도한다. 발언은 그림 4-11b와 같은 순서로 진행하는 것이 좋고 1회 토의시간은

a. 좌담회의 좌석 배치

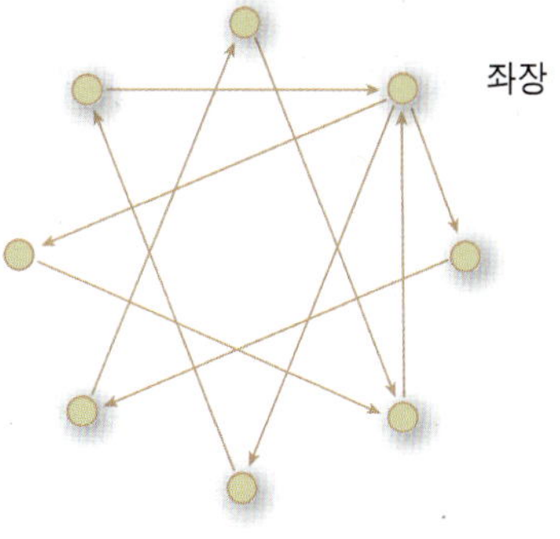

b. 좌담회의 발언순서

그림 4-11 좌담회(원탁식 토의)

좌담회의 예

주제 : 아침식사의 중요성

토의 참가자 구성(같은 수준의 초등학교 5학년 학생들 12명)

→ 원탁토의(내용 : 아침결식의 원인, 개선방법, 아침식사를 하는 이유, 아침식사 형태, 균형식 등)

→ 좌장은 참가자 12명 모두 고루 발표하도록 유도하고 토의 후 내용 정리

2~3시간 정도가 적당하며 그 이상 시간을 끌지 않도록 한다. 토의는 좌장에 의하여 통제되며 서기는 참가자의 발언 요점을 기록하여 순조롭게 진행한다.

(7) 연구집회

연구집회(워크숍, workshop)는 비교적 수준이 높은 전문가들이 모여 특정 주제에 관한 연구나 경험이 많은 연사 2~3명으로부터 연구 결과나 사례 발표를 들은 후 서로 토의함으로써 문제를 해결하는 기술과 방법을 배우는 과정이다. 참석인원은 대개 30명 이하의 소규모로 하되 간단한 논제에 관한 연구집회는 하루 정도로 끝나는 경우가 많고 폭넓은 논제를 깊이 있게 다루는 데는 2~3일 또는 1주일 정도의 긴 시간이 필요하기도 하다.

연구집회의 진행순서

- 먼저 연구집회 운영위원회를 조직하고 논제를 선정한다.
- 논제에 관한 전문성과 경험이 많은 연사 2~3명에게 연구 결과나 사례 발표를 의뢰한다.
- 관련자들에게 홍보하고 집회에 필요한 시설과 장비 및 시청각 자료 등을 준비한다.
- 참가자들도 논제에 대한 자신의 체험이나 연구 자료를 준비하여 집회에 참석한다.
- 개회 시 총회를 열어 논제와 세부논제를 밝히고 연사들의 연구 결과나 사례를 듣는다.
- 참가자들을 소집단으로 나누어 세부논제에 대한 연구 결과나 사례를 중심으로 토의하거나 직접 실행해 보는 활동을 한 후 결과를 분석토의하여 결론을 내린다.
- 전체 회의에서 소집단의 결론을 발표하고 다시 참가자 전원이 토의하여 최종 결론을 내린다.
- 연구집회 운영위원회는 참가자들에게 연구집회의 결과와 결론을 기록한 자료를 배포한다.

연구집회의 예

주제 : 산업체에서의 비만 근로자 대상의 영양상담기법
상담 성공사례가 있는 영양사, 비만 관련 전문가 등 2~3명의 연사가 산업체 영양사들을 대상으로 강연함
→ 산업체 영양사들은 강연을 들은 후, 연사들에게 질의 응답하거나 서로의 상황을 제시하고 의견을 나누는 등의 토의가 이루어짐

(8) 영화토론회

영화토론회(film forum)는 영화를 보면서 문제를 제기하고 그것을 중심으로 질의하고 토의하는 방법이다. 1~2명의 교육자가 필요하고 교육자가 좌장의 역할을 겸하기도 한다. 좌장은 미리 영화의 내용을 충분히 알고 문제를 제기하거나 토의내용을 파악해야 한다. 일반적으로 문제를 제기하고 설명하는 시간을 영상시간에 맞추어 진행하기 어려우므로 영화를 보다가 도중에 중단하고 토의한 후 다시 영화를 계속 보는 경우가 많다.

영화 상영시간은 15~30분 정도가 적당하다. 영화토론회는 대규모의 참가자들에게 정서적인 접근이 가능하고 참가자들과의 질의응답이 빠르게 진행되어 흥미롭지만 문제 제기방법이 체계적이지 못하고 일방통행식 의사소통이 될 가능성이 있다. 따라서 대부분의 경우 참가자들의 질문에 완벽한 대답을 기대하기 어려우므로 즉석에서 명확하게 대답할 수 있도록 하는 사전준비가 필요하다. 좌장의 능력에 따라 토의를 통해 많은 문제를 다룰 수 있다.

영화토론회의 예

〈패스트푸드 네이션(Fast food nation)〉(2006)이라는 영화를 본 후, 패스트푸드의 문제점 및 식생활 개선 방향 등에 대한 토의를 한다.

(9) 브레인스토밍

브레인스토밍(brain storming)은 제기된 문제에 대하여 참가자 전원이 자신의 생각이나 의견을 자유롭게 제시한 후, 충분한 토의를 거쳐 문제해결의 최선책을 찾아

내는 방법으로 조직적이고 집단적인 아이디어 발상의 대표적인 방법이다. 참가자들이 기존의 사고의 틀이나 편견에서 벗어나 두뇌에서 마치 폭풍이 몰아치듯이 생겨나는 다양하고 참신한 아이디어를 모두 내놓는 과정으로 두뇌충격법이라고도 하며, 하나의 아이디어를 기초로 그 위에 더욱 진전된 새로운 아이디어가 나올 수도 있어 단결이 잘되고 실천의욕이 높다.

참가인원수는 보통 10명 정도로 진행시간은 10분에서 20분까지 다양한데, 보통은 2~3번 반복하여 전체 시간을 30분 정도로 진행하는 것이 효과적이다. 좌장은 편안한 분위기에서 참가자들의 적극적 참여를 유도하기 위하여 참가자들을 격려하고 그들이 제시한 아이디어를 평가나 비판하지 않도록 유의한다.

브레인스토밍에서 반드시 지켜야 할 규칙

- 아이디어에 대한 비판은 잠정적으로 보류하라. → 이른 비판은 발표를 꺼리게 만들어 아이디어의 유창성을 저해한다.
- 자유분방함을 권장하라.
- 아이디어의 양을 추구하라. → 아이디어의 양은 질을 높이고 발상이 많을수록 새롭고 유용한 아이디어가 나올 확률이 높아진다.
- 결합과 조합을 통해 개선하라. → 누군가 한 번 제안한 아이디어를 기초로 더 좋은 아이디어를 발전시킬 수 있고 하나의 아이디어가 다른 아이디어를 유도하여 발상의 연쇄작용을 일으킬 수도 있다.

브레인스토밍의 예

주제 : 학예회 준비
토의 참가자 구성(영양교사와 초등학교 3학년 어린이 10명)
→ 토의내용(학예회의 내용, 방법 등을 결정)
→ 어린이들 모두가 자신들의 의견을 자유로이 제시
→ 여러 의견 중 가장 좋은 아이디어를 선정하고 역할 분담
예) 학예회 내용(균형식), 방법(식품가면을 이용한 연극)
→ 영양교사(토의내용 정리)

(10) 시범교수법

시범교수법(demonstration)은 실물을 보여 주거나 경험이나 사례를 들어 방법이나 과정을 설명하면서 시범을 보이는 교육이다. 종류로는 방법시범교수법(method demonstration)과 결과시범교수법(result demonstration)이 있다.

시범교수법을 실시할 때 유의할 점

- 시범 전에 시범의 목적, 내용, 절차에 관하여 간단히 설명하고 시범에 필요한 자료는 순서대로 빠짐없이 정리하여 준비한다.
- 시범을 보이는 내용과 절차는 명확하고 이해하기 쉬워야 하며 시범을 보이는 방법은 가장 최근의 신뢰성 있는 방법이어야 한다.
- 청중 앞에서 시범을 보이기 전에 미리 연습하여 익숙해지도록 하고 시범 대는 청중이 편안한 자세로 앉아서도 잘 볼 수 있는 장소로 마련하며 강조할 점은 시범 도중 반복하여 보여 준다.

① 방법시범교수법

제기된 문제를 해결해 나가는 과정을 단계적으로 천천히 시범을 보이면서 교육하는 방법으로 일종의 시연이라고 할 수 있다. 비교적 적극적인 참가자들이 실천적 교육을 받으므로 실천에 대한 자신감으로 인해 교육효과가 크다. 교육자는 1~3명으로 참가자들의 이해도와 반응을 관찰해 가면서 진행속도를 조절하는데, 보통 참

방법시범교수법의 예

주제 : 어린이들을 위한 채소요리 조리실습
참가자 구성(채소 섭취를 싫어하는 어린이들의 어머니 30명)
→ 조리실습 참가자들을 5명씩 6그룹으로 나눔
→ 교육자는 여러 가지 채소의 종류, 함유 영양소의 기능, 채소의 장점 등을 설명
→ 교육자는 채소의 맛, 질감을 살리면서 어린이들이 좋아하는 다양한 조리과정을 단계적으로 천천히 설명하면서 시범을 보임
→ 참가자들은 시식함으로써 직접 조리하고자 하는 의욕이 높아짐
→ 참가자들이 시범 단계에 따라 직접 조리하고 만든 음식에 대해 자유롭게 토의
→ 교육자는 식품구매, 선택, 식행동 및 식습관 개선 등을 중점적으로 설명

가자들을 한 그룹당 3~5명, 많으면 10명으로 하여 소그룹으로 나누어 시범을 보인다. 예를 들어, 조리실습이라면 먼저 교육자가 여러 가지 식품의 맛과 질감을 변화시키는 다양한 조리과정을 설명하고 시범을 보이면 이에 따라 참가자가 직접 음식을 조리하는 방법으로 참가자들의 관심과 의욕이 많아져 동기부여가 되므로 효과가 매우 큰 방법이다.

② 결과시범교수법

영양교육자나 지역사회 주민들의 활동을 하나의 결과로 놓고 그들이 문제를 해결해 나가는 과정이나 경험 등을 보여 주면서 토의하여 참가자들의 행동방향을 유도하는 방법이다. 일종의 사례연구로 참가자들의 관심과 실천의욕을 높인다.

성공한 사례에 대해서는 참가자들의 문제와 비교해 가면서 그 과정이나 방법을 배우고 실패한 결과에 대해서는 그 원인을 파악하고 단점을 보완한다. 성공사례를 소개할 때는 지나치게 과장하지 말아야 하고 다른 지역의 활동 사례를 토의재료로 삼을 때는 현실적으로 그 집단에 맞는 적당한 사례상황을 선택해야 한다. 그러므로 참가자들의 영양문제, 지식수준, 요구, 태도, 환경 등 특성이 적절한 사례 선택의 기준이 된다. 강연과 함께 그림, 파워포인트 자료, 영화 등 사례상황의 시청각 자료를 보여 주면서 진행하면 참가자들의 주의집중과 흥미를 불러일으켜 더욱 효과적인 교육을 할 수 있다. 방법시범교수법보다 시간, 노력, 비용 면에서 경제적이다.

결과시범교수법의 예

주제 : 학교 직영급식 사례연구

교육자 : 학교 영양사

참가자 : 학교 교직원, 학부모, 학생

방법

- 성공 사례를 소개하면서 장점을 부각하고 설명함 : 학부모와 학생들이 학교 근처 부지에 질 좋은 식품을 직접 재배 · 생산하고 학부모들이 직접 조리하여 저렴한 가격으로 균형식을 제공함
- 영양적으로 질 좋은 급식을 받은 어린이들과 그렇지 못한 어린이들의 성장률, 학습능률, 결석률 등을 비교하는 자료를 통해 학부모들의 관심과 지원을 유도함
- 실패 사례를 소개하면서 실패의 원인이나 보완점을 설명함

→ 참가자들과 질의응답 및 토의

3) 실험형 교육

실험형 교육(experimental education)은 교육대상자가 원 교육자료를 토대로 스스로 배우는 형태의 교육방법이다(그림 4-12). 원 교육자료는 전시되어 있는 자료, 교육내용과 관련된 상황 · 모형 등을 전시한 시뮬레이션이 될 수도 있고 그 외에 역할놀이, 인형극, 그림극, 실험(동물사육실험, 식품안전실험, 채소 재배), 조리실습 등이 포함될 수도 있다.

교육자는 교육목적과 목표에 맞는 원교육자료를 제공해 주고 대상자의 학습과정을 관찰하면서 때때로 격려하거나 조언한다. 대상자가 직접 참여하여 영양지식을 얻고 원리를 터득하는 등 스스로 학습하므로 활기차고 능동적인 교육을 할 수 있으나 대상자의 능력수준에 따라 교육효과가 크게 달라질 수 있고 시간과 비용이 많이 든다. 또한 자칫하면 흥밋거리로 끝날 우려가 있으므로 실험형 지도가 끝난 후에는 이를 토의 재료로 삼아 참가자들 사이에 토의가 이루어지도록 해야 효과적인 교육이 이루어진다. 교육자는 참가자들의 토의에 참여하여 좌장의 역할을 할 수 있다. 이런 경우는 실험형 지도와 토의형 지도가 혼합된 형태가 된다.

(1) 시뮬레이션

시뮬레이션(simmulation)이란 실제의 문제상황을 단순 명료화시킨 모의상황 속에서 이루어지는 교육활동으로 실제상황 중 가장 기본적이고 중요한 부분만을 선택하여 설정한 교육상황 속에서 이루어지는 교육이다. 실생활을 간접적으로 경험하고 이를 통해 문제를 인식하여 생각이나 태도가 변화되는 교육방법이다. 실제상황을 경험할 때 소요되는 경비나 시간, 노력 또는 위험 등을 거치지 않고 모의상황을 통해 필요한 경험을 얻을 수 있다는 장점이 있다.

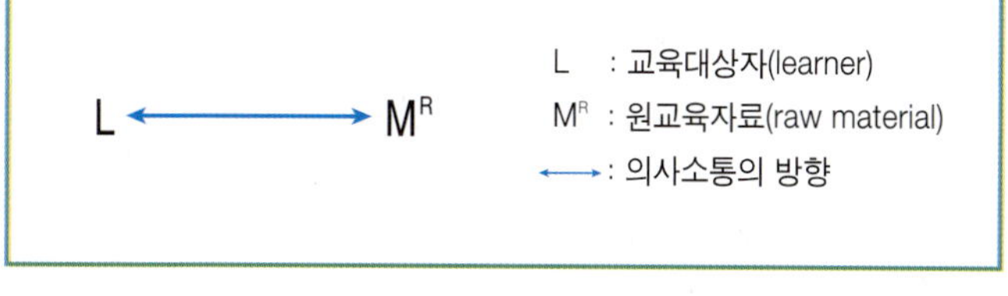

그림 4-12
실험형 지도

(2) 역할놀이

역할놀이(role playing)는 같은 문제나 고민을 가진 사람들이 모여서 그중 몇 사람이 문제와 관련된 상황을 극화하여 역할을 연기하면, 나머지가 연기자들의 연기를 관찰하면서 그들의 입장을 평가하고 토의재료로 삼아 문제의 해결방안을 찾는 교육방법이다. 이 방법은 역할연기법이라고도 하는데, 연기자와 참가자들은 이 과정을 통하여 서로의 감정을 탐색하고 이해하는 등 극 중 문제상황을 실감할 수 있어 강한 인상과 흥미를 느껴 태도 변화를 통해 실천으로 이어지는 경우가 많다.

한 예로, 비만에 대한 영양교육에서 대상자인 비만자와 교육자인 의사나 영양사가 입장을 바꾸어 역할을 연기하는 경우를 들 수 있다. 비만자는 의사나 영양사 역할을 연기하면서 상대인 비만자의 표정, 태도, 언어, 행동 등을 객관적으로 느끼게 되므로 의사나 영양사의 노력을 이해하게 되는 경우가 많다. 또는 편식하는 어린이가 엄마와 역할을 바꾸어 연기하면서 평소 자신의 편식 때문에 속상했던 엄마를 이해하게 되는 경우도 있다. 이와 같이 역할놀이에서는 특별한 상황에서 어떤 감정이나 행위의 결과로 일어난 상황을 실감하고 이해할 수 있기에 식행동을 교정하는 데 좋은 반응이 나타날 수 있다. 강의나 강연 시 역할놀이를 병행하면 지루함이 덜하고 정보 전달에 효과적이다.

역할놀이의 진행순서

- 참가자들에게 토의의 주제와 진행방법을 설명한다.
- 참가자 중에서 연기자를 선정하고 역할을 배정한다.
- 역할연기의 대사 및 보조자료 등을 준비한다. 실제에 가까운 의상이나 상황을 묘사하도록 하면 더욱 효과적이다.
- 문제와 관련된 특정 상황을 연기로 나타낸다.
- 연기자와 참가자들이 주제에 초점을 맞추어 그 상황을 토의하고 분석한다.
- 결론을 내린다. 즉, 문제해결방안을 선택하고 결정한다.

(3) 인형극

인형극(puppet play)은 인형의 특수한 동작과 극적인 대화를 통하여 간단한 내용을 전개해 나가는 교육방법이다. 유아나 초등학교 저학년 어린이들에게 친밀한 인형을 소재로 다양한 내용을 극화함으로써 즐거운 분위기를 만들 수 있고 어린이들의 상상력과 창의력을 개발할 수 있으므로 활용가치가 크다.

어린이들은 인형 제작과 연출과정에도 참여하므로 흥미와 동기유발로 효과는 더욱 커진다. 또한 어린이들을 인형극의 연기자로 참여시켜 연극을 보고 있는 어린이들에게 질문하고 대답하도록 한다면 이해도를 더욱 높일 수 있다. 그러나 인형극은 15분 이상 진행하면 지루하여 효과가 떨어지므로 단막극 형태로 진행하는 것이 좋고 익살스러운 말이나 행동으로 어린이들의 주의를 집중시켜야 한다.

인형극 계획 시 주의할 점은 교육목적이 불분명하고 흥미 위주의 활동이 되지 않도록 하는 것이다. 극이 끝나면 반드시 토의를 거쳐 극의 준비상황, 진행상황, 결과 등에 대하여 평가하고 분석해야 한다.

인형의 종류로는 손가락인형, 손인형, 막대인형, 줄인형, 그림자극 등이 있다. 그 개발 및 활용은 CHAPTER 5에서 다루었다. 그림자극은 반투명 막에 오려낸 그림이나 소품 등에 빛을 비추어 그림자로 나타내면서 이야기를 전개하는 것으로 어린이들을 대상으로 하는 교육에 많이 쓰이는 방법이다.

그림극

그림극(picture play)은 교육내용을 몇 장의 그림으로 만들어 그림을 넘기면서 전개하는 방법이다. 어린이들은 그림 제작과정에 참여할 수 있고 그림 속의 인물을 맡아 그림을 해설할 수도 있다. 표정이나 목소리 등을 인물의 특징에 맞게 익살스럽게 묘사한다면 흥미롭게 진행할 수 있다. 그림극은 움직이지 않는 그림을 소재로 하므로 입체감이 부족하고 사진에 비해 현실감도 떨어지지만 어린이들의 상상력을 자극할 수 있어 추상적인 표현이 가능하다는 장점도 있다. 그러나 하나의 장면 제시로 시간을 끌거나 극이 너무 길면 어린이들이 싫증을 느끼고 주의가 산만해지므로 10~20분 정도로 진행하는 것이 좋다. 그림극은 유아나 초등학교 저학년 어린이들을 대상으로 20~25명 정도의 소규모 인원에 대해서 실행하는 것이 좋다(CHAPTER 5 참조).

(4) 실험

실험(experiment)을 통한 영양교육방법에는 동물사육실험, 식품안전실험, 채소재배실험, 식생활 변화를 통한 인체실험 등이 속하며 관련 교과목과 연계하여 교육을 진행할 수 있다. 동물사육실험은 어린이를 대상으로 동물에게 제공할 식이를 영양소 함량에 차이를 두어 직접 만들게 하고 균형식이와 영양소 결핍식이를 먹은 동물의 성장과 결핍증 등을 비교하면서 과학이나 실과 교과목과 연계하여 발표와 토론으로 진행한다면 식품과 영양소의 기능 및 중요성을 전달하는 효과적인 영양교육이 될 수 있다. 또한 채소를 싫어하는 어린이를 대상으로 채소의 종류별 이름 익히기, 재배와 성장과정 관찰하기, 채소 맛보기 등의 채소재배실험을 채소조리실습과 함께 진행한다면 편식 교정을 위한 효과적인 방법이 될 수 있다. 식품안전실험에서는 식품 포장지의 영양표시 읽는 방법, 안전하고 건강한 식품선택방법 등을 포함할 수 있고 비만 어린이의 식생활 교정을 통한 비만 탈출 등의 인체실험도 좋은 교육이 될 수 있다.

(5) 조리실습

대상자가 직접 조리하는 과정을 통하여 교육이 이루어지는 조리실습은 방법시범교수법을 이용한 실험형 교육이라고 볼 수 있다. 이는 다양한 식재료의 소개와 함께 함유 영양소와 체내 기능 등 영양지식을 전달하면서 영양소 균형을 살리는 식재료들의 조화나 조리방법, 또는 대상자별 영양문제 개선을 위한 식재료 선택과 조리과정을 단계별로 교육하는 방법이다. 조리실습 후에는 만든 음식에 대한 평가와 토의를 진행하여 영양지식과 균형식 및 건강식에 대한 내용을 확실하게 정립하도록 한다. 조리실습을 통하여 대상자가 싫어하는 식품이나 조리법에 대하여 반감을 호감으로 바꿀 수 있고 새로운 식품이나 조리법을 접할 수 있는 기회를 제공함으로써 친밀감을 형성하여 대상자의 기호와 편견을 교정할 수도 있다. 어린이 대상의 채소조리실습, 환자와 보호자 대상의 저염식 · 저지방식 · 당뇨식 등 치료식 조리실습 등 다양한 목적으로 활용할 수 있다.

4) 기타 교육방법

(1) 견학

견학(field trip)은 실제 현장을 방문하여 스스로 관찰하고 학습하게 하는 방법이다. 참가자들은 실제 그대로를 직접적이고 구체적으로 관찰하므로 학습내용을 쉽게 이해할 수 있고 풍부한 경험을 통해 지역사회와의 유대감도 증진되므로 태도를 변화시키기가 쉬워진다.

견학 시 유의할 점

- 견학을 하기 전에 먼저 견학의 목적을 참가자들과 현장 담당자에게 알린다. 참가자들은 견학의 요점을 기억하고 현장 담당자는 참가자들의 관심사나 질문에 대하여 자세히 설명할 수 있도록 준비한다.
- 한 번에 많은 인원이 현장에 들어가면 견학효과가 떨어지므로 참가자들을 소집단으로 나누어 관찰하고 여러 명의 현장 담당자들이 설명하고 질문에 답한다면 이해도를 높일 수 있다.
- 견학 전이나 후에 현장 담당자들로부터 현장의 활동사항이나 정보 등에 관하여 설명을 듣는 것은 견학의 효과를 높인다.
- 견학 장소의 형편으로 전체 견학이 불가능하다면 견학 전에 미리 동영상으로 현장 전체를 보여 주면서 설명하여 이해를 도와야 한다.
- 어린이들에게는 불쾌한 인상을 주는 곳의 견학은 피하도록 한다. 예를 들어, 불결하고 악취가 심한 목장 축사를 견학한 어린이는 목장에서 생산되는 우유도 불결한 것으로 판단하여 우유 마시기를 기피할 우려가 있다.
- 견학 후에는 참가자들이 견학의 목적, 관찰내용, 결과 등을 기록한 보고서를 제출하도록 한다.
- 사후지도는 빠를수록 효과적이므로 견학 후 바로 실시한다.

(2) 조사활동 참여

개인조사나 소규모 집단조사, 혹은 지역사회조사 등 대상자를 조사활동에 참여시켜 그 과정을 통하여 교육하는 방법이다. 개인조사의 예로 환자는 자신의 식생활을 직접 조사하여 질환과 관련된 영양문제를 인지할 수 있다. 소규모 집단조사의 예로는 어린이들이 학교급식의 잔반량 조사나 군것질 조사에 참여하여 이에 대한 문제점을 알아내거나 비만 어린이들과 정상체중 어린이들이 식생활 조사에 참여하여 그 차이를 비교할 수도 있다. 또한 지역사회조사에서는 지역주민들이 조사에 참여하여 그들의 영양이나 건강문제를 알아낼 수 있다. 이와 같이 대상자들을 조사활동에 직접 참여시킴으로써 대상자들은 영양이나 건강문제를 확실하게 인지하여 생각과 태도를 바꿀 수 있고 이에 따라 문제해결에 대한 동기유발이 강하게 일어나 식생활 개선에 적극적인 자세를 보일 수 있다. 중요한 것은 조사 결과의 신뢰성을 위해 모든 조사과정을 계획하고 진행할 때 전문성을 가진 교육자의 조정이 필요하다는 것이다.

(3) 캠페인

캠페인(campaign) 교육은 건강이나 영양에 관련된 특별한 목적을 정하여 비교적 단기간에 교육내용을 집중적으로 반복하고 강조함으로써 많은 사람에게 알리고 실천하도록 유도하는 방법이다. 캠페인 기간은 며칠에서 1개월까지가 보편적이다. 포스터, 유인물, 팸플릿 등 인쇄물의 가두 배포나 라디오, 텔레비전 등 대중매체를 통한 캠페인 표어 모집 공고 등의 전략을 통하여 많은 대상자들의 주의를 환기시키기도 한다.

캠페인의 예

- 식품의약품안전처의 '당 줄이기 운동'
- 서울시의 '행복한 기억 찾기(치매 예방 캠페인)'
- 서울시의 '건강체중 3 · 3 · 3 프로젝트(3개월 동안, 3kg 감량, 3개월 유지)'

NUTRITION EDUCATION & COUNSELING

CHAPTER 5

영양교육 매체의 개발 및 활용

1 시청각교육 이론의 발달

2 매체의 역할

3 매체의 이론적 근거

4 매체의 개발단계

5 매체의 종류 및 활용

6 매체 제작의 실제

영양교육의 목적과 목표 달성에 필요한 교육내용을 구성하고 교육방법을 선택한 후에는 교육에 활용할 매체를 선정하여야 한다. 기존의 교육매체를 선정하여 이용할 수도 있으나 적당한 매체를 선정하기 어려운 경우에는 직접 개발할 수도 있다. 좋은 매체를 활용하면 영양교육의 목적과 목표 달성에 효과적이다.

1. 시청각교육 이론의 발달

1) 시청각교육

1920년대부터 활발히 전개된 시각교육(visual education)운동은 구체적인 시각경험을 제공하는 그림이나 모형 등의 시각자료를 이용하여 추상적인 개념의 교육내용을 구체적으로 표현함으로써 보다 흥미 있고 효과적인 교육을 진행하는 것을 목적으로 하였다.

1930년 말부터는 시각교육에 청각적인 부분이 첨가되어 시청각교육(audiovisual education)의 개념으로 확대 · 변화되었다. 영화, 슬라이드, 녹음기, 라디오, 텔레비전 등의 시청각교재를 교육현장에 활용함으로써 시각교육보다 더욱 효율적인 교육이 이루어지게 되었다.

2) 시청각통신

1950년대에 접어들면서 통신이론이 발달하면서 교육과정을 일종의 통신과정으로 보게 되었다. 시청각통신(audiovisual communication)의 발달은 오늘날 교육에 큰 변화를 가져오고 있다. 통신이란 교육자인 송신자와 교육대상자인 수신자 사이의 의사소통을 말하는데, 여기에는 반드시 서로의 지식, 사상, 태도 등을 공동으로 소유하려는 목적이 존재하게 된다. 통신과정을 정리해 놓은 대표적인 통신이론으로는 벌로(Berlo)의 SMCR 모형이 있다. 이 모형은 그림 5-1과 같이 송신자(sender)로부터 수신자(receiver)에게로 정보(message)가 통로(channel)인 감각기관, 즉 시각, 청각, 촉각, 후각, 미각을 통해 전달되는 통신과정을 분석해 놓은 것이다.

시청각교육은 통신이론의 발달로 1963년에는 시청각통신으로 그 명칭이 바뀌게 되었다. 시청각통신이란 시청각매체를 효과적으로 이용하여 교육대상자가 가지고 있는 능력을 최대한 개발시킬 수 있는 통신과정을 의미한다. 통신과정, 즉 커뮤니케이션 과정이란 일차원적인 정지상태가 아니고 역동적인 과정에 의한 쌍방적인 관계이다(그림 5-2).

시청각통신의 교육과정에서 고려해야 할 요소로는 정보, 매체, 교육자, 방법, 환경 등이 있다. 정보는 전달되는 교육내용이나 개념 등을 말하고 매체는 정보를 전

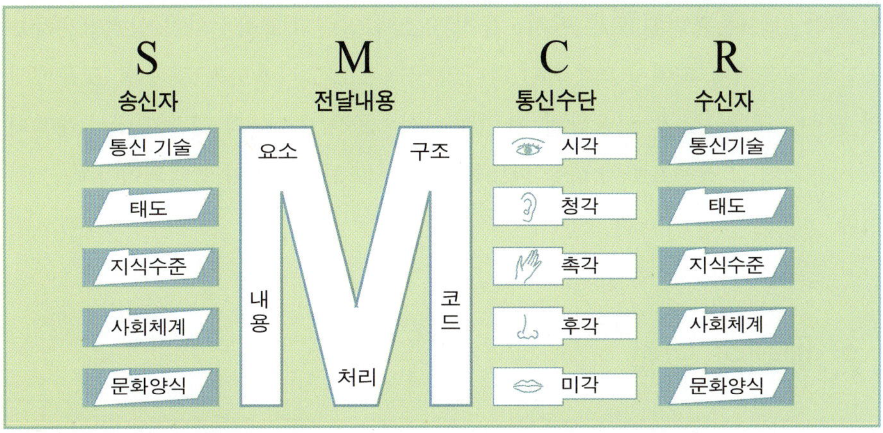

그림 5-1 벌로의 SMCR 모형

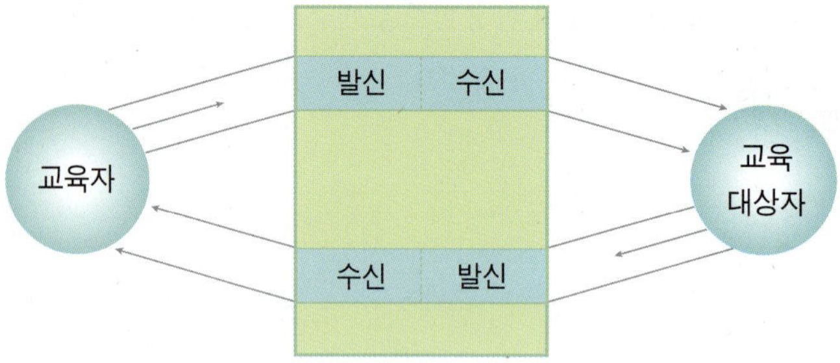

그림 5-2 교육 커뮤니케이션 과정

달하는 도구로서 시청각 교재에 해당된다. 교육자는 정보를 제시하고 매체를 활용하는 등 교육을 실행하는 전문인을 말하고 방법은 효과적인 교육이 실시되는 데 필요한 구체적인 절차를 의미하며 환경은 능률적인 교육에 필요한 교육장소의 시설, 교구, 물리적 요인 등 제반사항을 뜻한다. 시청각통신은 정해진 교육목표를 기초로 하여 교육내용을 체계적으로 전달하고 발전시키는 일을 맡게 된다.

3) 교육공학

1970년 이후 시청각통신 이론은 체제이론과 행동과학적 학습이론이 통합되어 교육공학 이론(educational technology theory)으로 발전하게 되었다.

교육공학은 "인간 학습에 포함된 문제점들을 분석하고 이에 대한 해결책을 고안하며 실행하고 평가·관리하기 위해 교육자, 절차, 아이디어, 교구 및 조직을 포함하는 복합적이고 통합된 과정"으로 정의된다. 즉, 교육매체는 교육통신과정의 일부일 뿐만 아니라 관련된 모든 인적·물적 요소와 일련의 교육절차가 상호작용하는 통합된 교육체제 속에서 역동적인 하나의 구성요소로 작용하는 것이다. 교육매체의 활용은 교육목표 및 교육방법, 관련된 인적·물적 요소와의 연관 속에서 계획되고 사용되며 그 활용효과에 대한 피드백과 수정 및 보완작업이 병행되어야 하는 것이다.

2. 매체의 역할

매체는 교육자와 대상자 사이에서 인체의 감각기관을 동원하여 교육효과를 극대화시키기 위한 모든 교육적 수단이다. 넓은 의미로는 교육자료를 포함하는 일체의 교육환경을 뜻하지만 좁은 의미로는 시각 · 청각 · 촉각 · 후각 · 미각의 감각적 활동을 통해 교육의 효율화를 꾀하는 방법을 의미한다. "그림 하나가 천 개의 글이나 말보다 가치 있다"는 말은 교육내용이 많을수록 더 많은 매체의 도움이 필요하다는 것을 의미하며, "누군가 말을 한다고 해서 누군가 듣고 있다고 보장할 수는 없다"는 말은 영양교육을 계획할 때 매체의 중요성을 명심해야 함을 뜻한다. 그러나 매체를 본다고 해서 저절로 배우게 된다고 보장하지도 못하므로 교육자는 교육 시 매체에 전적으로 의존하기보다는 매체를 교육의 일부분, 즉 보조수단으로 이용하여 효과적인 교육을 하도록 노력해야 한다.

교육매체의 역할

교육내용의 표준화	모든 대상자에게 같은 매체를 통하여 동일하고 보편된 정보를 제공함
흥미유발과 주의집중	보다 재미있는 교육을 통하여 학습동기를 유발하고 교육내용의 수용도를 향상시킴
교육시간 단축	정보전달 효과를 높여 다량의 정보를 단시간 내에 전달함
교육의 질 향상	교육내용에 적합한 교육활동이 가능하여 교육목표 달성이 용이함
시공간 접근 편리성	대상자에게 편리한 시간과 장소에서 교육이 가능하게 함
긍정적 학습태도 형성	교육에 대한 호감과 만족감, 교육자에 대한 신뢰도를 향상시킴
교육자 역할 다양화	교육자는 지식의 전달자 및 상담자로서의 역할도 가능해짐

3. 매체의 이론적 근거

교육매체를 체계적으로 활용하기 위한 이론적 근거로 데일(Dale)의 '경험의 원추(cone of experience)' 와 브루너(Bruner)의 '지식의 표상양식' 이 제시되고 있다. 데일은 시청각매체를 구체성과 추상성을 기준으로 분류한 경험의 원추 이론을 통하여 시청각 교육효과를 설명하였고 브루너는 경험의 원추에서 제시하는 11단계의 학습을 추상화의 정도에 따라 행동적 표상양식(행동에 의한 학습), 영상적 표상양식(관찰에 의한 학습), 상징적 표상양식(추상에 의한 학습)의 세 단계로 분류하였다. 브루너의 '행동적 학습' 은 데일의 직접적 경험부터 전시까지, '영상적 학습' 은

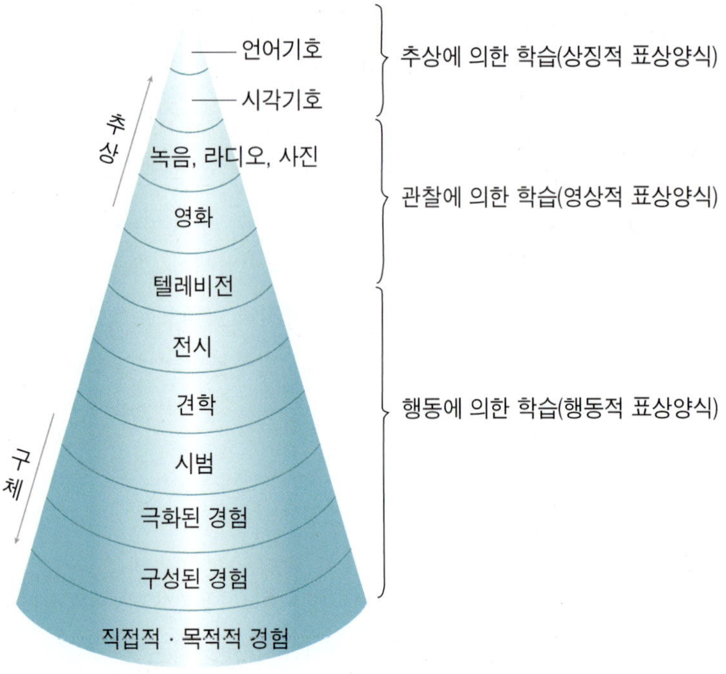

그림 5-3 데일의 경험의 원추와 브루너의 지식의 표상양식

텔레비전부터 녹음 · 라디오 · 사진까지, 그리고 상징적 학습은 시각기호와 언어기호에 해당한다(그림 5-3).

가장 아래의 '직접적 · 목적적 경험'은 가장 구체적이고 생생한 것으로 모든 경험의 기초가 된다. 그 위의 '구성된 경험'은 직접경험과 어느 정도 유사하지만 시간적 · 공간적 제약으로 인해 직접 경험할 수 없는 상황에서 활용할 수 있다. 직접 경험에서 생길 수 있는 우연적인 요소를 생략하고 꼭 필요한 경험만을 인위적으로 제공한다는 점에서 효과적이다. '극화된 경험'은 극에 참여하거나 관람하는 일이다. 이 세 가지 경험에 의한 학습은 모두 '행동적 학습'으로 분류되며 구체성이 강하다고 볼 수 있다. 그 위 '시범'에서부터 '견학', '전시'는 행동적 학습에는 속하나 아래의 세 가지 경험보다는 구체성이 낮다. 그 위 '텔레비전, 영화, 녹음 · 라디오 · 사진'은 관찰에 의한 영상적 학습으로 분류되어 행동적 학습보다는 구체성이 낮고 보다 추상적이다. '시각기호'는 만화 · 그림 · 모형 등으로 실물이나 현상을 인위적으로 생략하거나 강조하여 상징적으로 나타낸 것으로 그 아래의 사실적인 '사진'보다는 추상적이다. 추상성이 가장 큰 '언어기호'는 글자나 말로서 본래 아

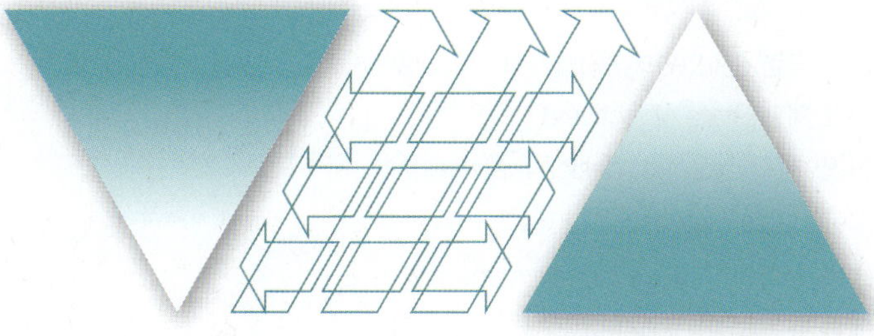

그림 5-4 **개념 형성의 모형**

무 의미도 없는 기호이다. 예를 들면, 물이라는 글자는 원래 물이 지니는 속성과는 상관없는 임의적 기호일 뿐이다.

구체성이 큰 행동적 학습일수록 교육내용을 전달하는 데 시간도 많이 걸리고 경험해야 하는 양도 많아서 어려운 반면, 추상성이 큰 상징적 학습은 꼭 필요한 내용만을 상징적인 기호화 등으로 함축시켜 전달하므로 구체성이 큰 행동적 학습보다 짧은 시간에 많은 교육내용을 전달할 수 있다(그림 5-4). 그런데 구체성이 큰 학습일수록 오래 기억되고, 오래 기억할수록 실생활에서 실천할 확률은 높아진다.

따라서 교육자는 학습자의 다양한 특성과 교육목적, 교육효과 및 교육시간 등 교육현장의 상황을 고려하여 적절한 학습방법을 선택하고 이에 적절한 영양교육매체를 활용하는 것이 바람직하다. 데일은 구체적인 것과 추상적인 것을 적절히 통합하여 행동적 · 영상적 · 상징적 학습이 알맞게 상호작용할 때 가장 효율적인 교육이 이루어진다고 하였다.

4. 매체의 개발단계

하이니히(Heinich) 등이 고안한 'ASSURE 모형'은 매체의 체계적인 개발을 위한 절차로, 각 단계의 영어 머리글자를 따서 'ASSURE 모형'이라고 한다.

ASSURE 모형

1. 대상 집단의 특성 분석(Analyze learner characteristics)
2. 매체의 목표 제시(State objectives)
3. 매체 선정 및 제작(Select or design materials)
4. 매체의 활용(Utilize materials)
5. 대상자의 반응 확인(Require learner response)
6. 매체에 대한 총괄평가(Evaluate)

1) 대상집단의 특성 분석(A)

영양교육에서 가장 중요한 것은 교육자가 전달한 정보를 대상자들이 실천할 수 있어야 한다는 것이다. 매체를 통하여 전달하는 정보의 내용과 수준은 대상자의 특성에 적합해야 하므로 대상집단의 특성 분석이 필요하다. 따라서 영양교육의 첫 단계인 대상의 진단과정에서 알아낸 영양문제의 원인과 관련 요인을 검토하거나 새로운 조사를 통하여 특성을 분석할 수 있다. 대상자 전체를 대상으로 또는 표본집단이나 초점집단(focus group)에 대하여 영양교육 주제에 관한 지식, 태도, 행동을 조사할 수도 있다.

초점집단에 대한 조사는 6~10명의 대상자 대표들과 1~2시간짜리 집단토의를 하는 방법으로, 주제에 대한 깊은 토의가 가능하여 대상자의 특성을 파악하는 데 도움이 된다. 대상자를 대표하는 수가 적으므로 조사가 빠르고 소요경비는 적지만 토의 결과를 전체 대상집단의 결과로 적용하기에는 무리가 있으므로 전문성이 요구된다. 그 외 면담을 통한 조사는 대상자들이 자주 접하는 병원, 보건소, 문화센터 또는 지역사회의 조직이나 단체에서 이루어지는 각종 프로그램의 실시장소에서의 조사이므로 초점집단에 대한 조사보다 더욱 구체적이고 자세한 정보를 얻을 수 있지만 시간이나 노력이 많이 요구된다는 단점이 있다.

이와 같이 대상집단에 대한 새로운 조사에는 시간이나 예산이 필요한데 대부분의 경우 시간이나 예산이 충분하지 못하다. 이러한 경우에는 대상자 중 일부를 매체의 개발과정에 직접 참여시킨다. 대상자들과 가까이 접촉하고 있거나 그들과 접촉해서 일한 경험이 있는 사람들로부터도 정보를 얻을 수 있다. 대상자들이 참여하지 않은 가운데, 대상자들에게 정보를 전해 주는 사람들인 의사나 영양교육자들의 의견에만 의존해서 개발된 매체는 실패할 가능성이 크다.

2) 매체의 목표 제시(S)

영양교육의 목표를 제시하는 것으로, 매체의 선정이나 제작의 지침이 된다. 영양교육의 목표를 기준으로 매체를 통하여 달성하고자 하는 목표를 세우고, 이를 기준으로 매체를 선정하거나 제작하는 것이 좋다. 대부분의 대상자들은 행동변화에 초점을 맞춘 구체적인 정보를 선호하므로 단순한 정보 제공 차원의 목표보다는 확실하고 구체적인 행동목표를 설정하는 것이 중요하다. 그러나 행동의 변화는 지식, 태도 등의 동기유발요인과 관련되고 그 외에 행동변화 가능요인이나 강화요인에도 관련되므로 이들 관련요인의 변화에 대한 목표도 포함시키되 행동목표에 초점을 맞추어 단계적으로 설정해야 실천으로 이어질 확률이 높아진다.

3) 매체 선정 및 제작(S)

(1) 매체 선정

매체는 영양교육의 목적과 목표를 달성하는 데 필요한 정보를 대상자들에게 충분히 전달해 주어야 한다. 대상자의 특성, 매체의 목표, 매체의 종류 및 특성 그리고 매체를 활용하는 영양교육방법 등을 검토하여 적절한 매체를 새로 개발하는 것도 좋지만 기존 매체가 적합하다면 시간과 경비 절약 면에서 그것을 선택하여 이용하는 것도 좋다.

매체를 선정할 때에는 표 5-1의 기준을 고려하는 것이 좋다.

(2) 매체 제작

① 내용 수집

대상자들에게 매체를 통해서 전달하고자 하는 정보, 즉 매체의 목표에 적합한 내용을 수집한다. 특히, 매체의 목표 가운데 행동 변화에 초점을 맞추어서 매체의 내용이 실생활에서 얼마나 실천 가능하고 적용 가능한지 고려해야 한다.

'균형식'을 위한 매체에서 균형식의 중요성을 강조하기보다는 균형식의 실천 방법을 제시하는 것이 더 효과적이다. '심장질환 예방'을 위한 매체에서도 심장질환

표 5-1 매체 선정기준

선정기준	고려해야 할 내용
적합성	• 매체의 목표는 영양교육의 목적과 목표에 적합해야 함 • 매체의 목표 달성에 필요하고 대상자가 수용할 수 있는 내용이어야 함 • 매체에 사용된 용어의 수준, 제시방법 등이 대상자의 특성에 맞아서 매체에 대한 대상자의 이해도가 높아야 함
구성과 균형	• 매체의 내용이 한쪽으로 치우치지 않고 적절하게 구성되어 있어야 함 • 삽입된 음악이나 배경, 그림 등도 전체적으로 잘 구성되고 균형 잡혀 있어야 함
신뢰성	• 매체를 통해 전달되는 정보는 과학적인 근거가 충분한 올바른 정보이어야 함
경제성	• 선정된 매체 구입비용이 예산을 초과할 때에는 대체할 수 있는 매체의 종류를 알아보거나 직접 제작할 수도 있어야 함 • 내구성이나 보수 및 관리비용 등도 고려함
효율성	• 매체 제작이나 활용에 소요되는 시간과 노력에 비해 효과가 커야 함
편리성	• 대상자에게 활용할 때 교육자나 대상자 모두에게 편리한 매체여야 함
기술적인 질	• 매체의 전체적인 완성도로서 매체의 색상, 재질, 글자, 그림, 음악, 안전성 및 제작연도를 확인함
흥미도	• 대상자의 흥미와 호기심을 충족시키면서 속도감과 변화가 있어야 함

의 분류나 원인에 대해 구체적으로 장황하게 설명하기보다는 지방이나 콜레스테롤 섭취를 줄이기 위한 식품 선택과 조리법, 또는 지방 섭취는 줄이면서 음식 맛을 유지하는 방법 등을 다루는 것이 실천에 도움이 된다. 이와 같이 영양교육에서는 정보를 실천하는 방법(how-to information)을 많이 제시하면 효과적이다. 한 예로 '채소와 과일을 적어도 5 servings 먹자' 라는 취지에서 시행된 '5 a day' 프로그램은 개념이나 내용이 매우 간단하고 실천적이어서 쉽게 기억되고 실생활에 적용하기도 쉽다.

② 내용 구성

매체의 내용에는 단순성과 통일성이 있어야 한다. 대상자들에게 너무 많은 정보를 제시하는 매체는 혼동을 일으키므로 한 번에 한두 가지 정보만을 제시하되 복잡한 내용이나 구체적인 설명을 모두 없애기보다는 간단한 것부터 복잡한 순서로 내용을 분류하고 단계별로 구성한다면 복잡한 내용도 단순화시킬 수 있다. 전달내용 가운데 가장 중요한 것은 매체의 처음과 마지막 부분에 제시하는 것이 대상자의 기억에 오래 남아 좋다.

매체의 외관은 매체의 내용이나 내용 구성 및 매체의 종류를 고려하여 제작하도록 한다(CHAPTER 5의 6. 매체 제작의 실제 참조).

(3) 사전평가 및 수정 · 보완

① 사전평가

사전평가는 매체에 대한 대상자들의 반응을 질적으로 측정하는 것으로 대상자들에게 적합한 매체를 제작하기 위해 수정 · 보완되어야 할 요소를 확인시켜 주는 절차이다. 개발된 매체의 적절성을 옳게 평가할 수 있는 사람은 오로지 직접 대상자들뿐이기 때문에 이들이 참여한 사전평가는 매우 중요하다. 대상자들이 직접 참여하지 않은 가운데 대상자들과 접촉하여 정보를 전해 주는 사람들인 의사, 영양사, 상담자들에 의한 사전평가에 의존해서 개발된 매체는 실패할 가능성이 크다.

사전평가에서 가장 중요한 점은 매체를 통해서 대상자들이 무엇을 어떻게 해야 하는지, 즉 식행동 변화의 필요성을 이해하고 식행동 변화를 실천할 의지가 있는가를 확인하는 것이다. 사전평가의 세 가지 요소는 매체에 대한 대상자들의 이해도(comprehension), 흥미도(attraction), 수용도(acceptability)이며 사전평가에서 유의할 점은 다음과 같다.

사전평가요소

이해도

- 내용을 대상자들이 잘 이해하고 있는가
- 사용된 단어는 대상자들의 수준에 적절한가
- 주요 단어나 기호, 시각정보 등의 의미를 잘 이해하고 있는가
- 불확실하고 혼동되는 내용이나 믿고 따르기 어려운 것이 있는가

흥미도

- 전체적인 색이나 구성, 시각정보의 색과 배치는 어떠한가
- 대상자들의 의욕을 불러일으키는가, 아니면 흥미를 못 느끼게 하는가
- 등장하는 사람들이나 그림이 대상자들에게 친근하게 느껴지는가 아니면 혐오감을 불러일으키는가

수용도

- 지역 문화와 조화를 이루는가
- 내용이 사실에 입각한 것인가
- 내용을 거부하지 않고 수용하는가
- 문화적 특성을 고려해서 실천 가능한 내용인가

사전평가에서 유의할 점	
시기	• 매체 개발 직후로서 실제 교육에 들어가기 전
방법	• 간단한 매체 : 10~20분 정도의 개인면담 • 길고 복잡한 매체 : 30~60분 정도의 집단면담 및 토의
장소	• 대상자 가정, 병원이나 보건소의 대기실, 영양상담실, 지역사회나 단체의 시설, 정부기구나 조직 등
환경	• 매체가 활용되는 환경과 비슷한 환경 예를 들어, 매체를 혼잡한 병원에서 활용된다면 이와 유사한 환경이 좋음
참석자 수	• 대상자 가운데 최소 25~50명 정도 • 매체의 내용이 간단하다면 참석자 수가 적어도 되고 매체의 내용이 길고 복잡하다면 참석자 수가 많을수록 좋음
참석자 수준	• 사전평가 참석자들은 매체의 대상자 전체를 대표할 수 있어야 함 • 매체의 일반 대상자들의 특성이나 수준과 같아야 함

② 수정 · 보완

사전평가에서 나타난 문제점은 매체의 일부를 수정하여 보완할 수 있는 간단한 것과 근본적인 점검이 필요한 복잡한 내용이 있다. 대부분의 사전평가 참석자들이 매체의 내용을 완전히 혼동하고 이해하지 못하는 경우, 정보를 전하는 매체가 정보 전달을 오히려 방해하는 경우, 매체의 체제나 구성이 대상자들의 호감을 끌지 못하는 경우, 매체가 대상자들의 문화와 맞지 않아서 대상자들과 무관한 경우 등 근본적인 문제를 지적하는 경우에는 매체 개발단계부터 검토하여 다시 시작해야 한다.

4) 매체의 활용(U)

수정 및 보완단계를 거쳐 매체의 제작을 완료한 다음에는 실제로 활용하는 단계로 들어간다. 매체를 효과적으로 활용하기 위해서는 사전 준비과정이 필요하고 영양교육자는 이를 통하여 매체와 그 활용에 친숙해져야 한다. 매체의 활용 절차는 다음과 같다(표 5-2).

표 5-2 매체의 활용 절차

절차	내용
1. 실제 교육 전 매체에 대한 검토	• 교육하기 전에 매체를 다시 면밀히 검토한다. • 대상자의 특성, 매체의 종류 · 제목 · 목표 · 목차 및 내용 · 활용방법 · 제시시간 · 제작자 및 출처 · 제작일 등을 기록하여 매체에 첨부해 두고 활용하면 편리하다.
2. 매체의 시험적 활용	• 매체 활용법에 익숙해지도록 하고 여러 종류의 매체를 준비했을 때는 활용시간을 잘 배정하여 단계적으로 제시하고 활용해 본다. • 매체활용에 대한 교육자의 자신감은 대상자에게 매체나 교육내용 등에 대한 신뢰감을 주므로 익숙해질 때까지 여러 번 활용하는 연습이 필요하다.
3. 교육환경 준비	• 쾌적하고 조용한 환경으로서 적절한 환기, 온도, 밝기 등을 확인하고 안락한 의자를 준비한다. • 매체 활용에 필요한 시설이나 장비 등도 준비가 잘되어 있는지 확인한다.
4. 실제 교육활동 시작	• 대상자들에게 영양교육의 목적 및 목표에 대해 설명한다. • 활용할 매체의 종류와 내용에 대해 대략적으로 소개하고 교육을 시작한다.
5. 매체 제시 및 활용	• 교육내용에 따라 다양한 매체를 체계적이고 단계적으로 제시하고 활용한다. • 교육자가 매체를 능숙하게 활용하면서 교육할 때 신뢰감은 커진다.

5) 대상자의 반응 확인(R)

매체를 활용하면서 대상자의 반응을 확인한다. 교육효과는 대상자의 반응에 대한 피드백이 빠를수록 커진다. 교육자는 교육을 진행하는 동안 대상자들의 주의집중도나 표정 등을 관찰하면서 스스로 중간평가를 하고 이에 적절히 대처한다. 휴식시간을 이용하여 대상자들과 대화하면서 그들의 반응을 평가하거나 때로는 대상자들에게 질문하여 이해도를 점검할 수도 있다.

6) 매체에 대한 총괄평가(E)

매체를 활용한 후에는 이에 대한 총괄평가(summative evaluation)를 해야 한다. 즉, 영양교육 매체의 제작과 활용에 사용된 자원에 대한 평가(사용자원평가), 매체 활용방법이나 과정에 대한 평가(과정평가), 그리고 매체의 목표 달성 여부에 관한 평가(효과평가)를 한다. 매체의 분량이 적당하였는지, 내용이 기억에 남는지, 다른 사람에게 보여 주고 싶은지 등에 대한 평가도 이에 포함된다.

5. 매체의 종류 및 활용

영양교육매체는 일반적으로는 인쇄매체, 전시 · 게시매체, 입체매체, 영상매체, 전자매체로 분류할 수 있다.

1) 매체의 종류

인쇄매체, 전시 · 게시매체, 입체매체, 영상 · 전자매체에 따른 매체의 종류는 다음과 같다.

- **인쇄매체** 팸플릿, 리플릿, 전단지, 벽신문, 통신문, 신문, 잡지, 포스터, 만화, 스티커, 슬로건 등
- **전시 · 게시매체** 게시판, 탈부착 자료(융판이나 자석판 자료), 괘도, 패널 등
- **입체매체** 실물, 모형, 인형, 디오라마 등
- **영상 · 전자 매체** PPT(파워포인트) 자료, 동영상 자료, 텔레비전, 영화, 다큐멘터리, 웹사이트 등

표 5-3은 우리나라에서 현재 활용되고 있는 영양교육 매체 가운데 대표적인 것을 종류별로 정리한 것이다.

2) 매체의 활용

영양교육은 한 가지 매체에만 의존해서는 효과가 떨어지므로 영양교육의 내용과 방법에 따라 다양한 매체를 함께 활용하도록 한다. 예를 들면, 식생활 균형에 관한 영화를 감상한 후 식품을 분류하는 매체를 이용한 실습을 하거나 주사위 게임, 식품에 대한 퍼즐 게임을 하는 등 다양한 매체를 활용하면 영양정보를 기억하게 하는 데 효과적이다.

다양한 교육자료를 종합적으로 활용하되 너무 많은 자료의 제시로 대상자를 혼동시키지 않도록 유의하고, 제시된 자료에 대해서는 토의를 하는 등 대상자의 이해를 돕는 적극적인 활동을 유도해야 한다.

표 5-3 영양교육 매체의 종류

분류	종류	예	출처
인쇄 매체	팸플릿, 책자	• 식사계획을 위한 식품교환표 • 신장질환을 위한 식품교환표 • 사진으로 보는 음식의 눈대중량 • 영양과 치료를 위한 사계절 당뇨식단 180종	대한영양사협회
		• 식품안전영양 • 당류 저감 식단 조리 매뉴얼 북 • 맛있고 건강한 학교급식-덜 달게, 더 맛있게- • 단맛 이야기 • 나트륨 줄이기 교육자료(대상별) • 음식나라 나트륨 이야기 • 우리 아이 건강을 위한 심심한 밥상	식품의약품안전처
		• 건강한 돌봄 놀이터 영양식생활 체험 프로그램 교재 • 내 몸이 원하는 건강체중 • 청소년 음주예방 워크북	보건복지부, 한국건강증진개발원
	리플릿	• 질환별 식사관리(고지혈증, 고혈압, 심장혈관계질환, 뇌졸중, 간질환, 위식도질환, 당뇨병, 대사증후군, 체중조절, 어린이비만, 만성콩팥병, 혈액투석, 복막 투석, 암, 빈혈, 통풍, 골다공증) • 생애주기별 식사관리(임신기, 수유기, 이유기, 어르신) • 저염식	대한영양사협회
		• 영양표시 리플릿(영양표시를 보면 건강이 보입니다, 마트 건강지킴이 영양표시, 잠깐! 영양표시 먼저 확인하세요, 영양표시확인! 건강습관의 출발입니다) • 나트륨 줄이기 교육자료(대상별)	식품의약품안전처
		• 어린이빈혈, 성인빈혈 보건복지부 영양플러스사업 • 저체중, 보건복지부 영양플러스사업 • 청소년 음주예방 리플릿 – 무심코 자녀에게 술을 주는 일은 없나요? – 우리집 냉장고에 있는 술이 자녀의 호기심을 자극합니다. – 넘쳐나는 술 광고 속에 노출되는 우리 아이들 – 청소년 음주와 관련된 법, 얼마나 알고 계신가요? – 청소년 음주 왜 못하게 할까요? 음주에 대해 자녀들과 이야기 나누기	보건복지부, 한국건강증진개발원
	포스터	• 비만 예방에 가장 좋은 약은 바른 식생활 • 내 몸이 우는 것은 고열량 식생활 때문 • 건강-인스턴트를 빨리 치워요 • Fast Food지만 느립니다. Slow Food지만 빠릅니다. • 소금 섭취! 이제는 줄여야 할 때입니다. • 참 좋아요! 식품별 냉장고 보관 • 365일 조심해요! 식중독	식품의약품안전처
		• 함께 건강하자(2018년 보건의 날 포스터)	한국건강증진개발원
	만화, 웹툰	• 나는 동물의 왕, 사자라고!, 나트륨 재판, 소금이의 마을, 도와줘요! 식품맨, 왔다! 영양며느리, 건강대장 보람이	식품의약품안전처
	스티커	• 나트륨 줄이기 요령, 단맛 미각 판정, 짠맛 미각 판정, 과일채소 활동	식품의약품안전처
	캘린더	• 건강캘린더	한국건강증진개발원

(계속)

분류	종류	예	출처
전시 · 게시매체	패널	• 비만 예방과 치료를 위한 영양 섭취	대한영양사협회
	탈부착 자료	• 식품구성자전거 • 손 씻기 교육용	어린이급식관리지원 센터
입체 매체	모형	• 식품모형(식품교환단위, 1인 1회분량)	한국미라지모형
		• 체지방모형, 근육모형, 인체장기모형 등	의료기회사
	인형	• 탈인형 막대인형	식품의약품안전처
영상 · 전자매체	TV	• 무엇이든 물어보세요, 생로병사의 비밀, 엄지의 제왕 등 건강프로그램	
	CD-ROM	• 윌리와 함께하는 '무엇을 먹을까?'	한국맥도날드
		• 바른 식생활로의 초대	교육부
		• CAN-Pro	한국영양학회
	PPT	• 영유아 급식의 나트륨 줄이기 실천방법 • 학교급식의 나트륨 줄이기 실천방법 • 단맛 이야기 • 쉿! 지방의 비밀 이야기	식품의약품안전처
	동영상	• 영유아 급식의 나트륨 줄이기 실천방법 • 학교급식의 나트륨 줄이기 실천방법 • 나조금과 안조금의 나트륨 쏘옥, 행복 쑤욱! • 나건강과 염과다의 나트륨 쏘옥, 행복 쑤욱! • 덜 짜게, 덜 달게, 건강 up! • 나트륨 과잉 섭취 시 치매 • 건강한 톡톡 • 영양표시확인 캠페인 • 건강이의 영양표시여행 • 닥터 K와 함께 배우는 영양성분표 • 달쿵이와 맑음이의 모험	식품의약품안전처
		• 키봇과 함께 하는 유아흡연 예방(담배 끊은 호랑이, 담배로봇을 막아 줘) • 청소년 음주예방	한국건강증진개발원
		• 초등돌봄교실-과일이 달라졌어요-	농림축산식품부
	웹사이트	• 식품안전나라	식품의약품안전처
	애플리케이션	• 고열량 · 저영양식품 알림-e • 칼로리 코디	식품의약품안전처
		• 임심수유부의 건강관리를 위한 아기와 톡(talk) • 성인병 예방관리를 위한 매일매일 건강게임 • 푸드아바타 • 로리의 건강한 밥상	농촌진흥청

6. 매체 제작의 실제

인쇄매체나 전시 · 게시매체 등의 시각자료를 제작할 때는 KISS(Keep It Simple and Short) & KILL(Keep It Large and Legible)의 원리를 적용하는 것이 좋다.

KISS & KILL의 원리

- 한 번만 보아도 이해하기 쉬워야 한다.
- 모든 시각자료에 각각 제목을 붙인다.
- 일관되고 유사한 양식으로 만든다.
- 자료 하나에 하나의 아이디어만을 표현하여 혼란을 주지 않는다.
- 글씨체는 크고 굵은 한두 가지를 사용하여 단순하게 표현한다.
- 하나의 시각자료에 서너 가지 이상의 색을 사용하지 않는다.
- 그래프, 사진, 도면, 만화 등을 사용하여 흥미를 유발한다.

다양한 매체 활용의 예

1. 우리나라의 보건소 영양사례집에서 소개한 영양교육활동의 예를 들어, 한 가지 주제하에 활용된 다양한 영양교육방법과 매체 구성을 소개하면 다음과 같다.

   - **어린이들 대상의 일반 영양교육** : 영양정보 게시판, 식품 모형, 그림자료, 노래 부르기, 역할극, 시장 보기, 영양퀴즈 등 다양한 방법과 매체를 이용한 교육 실행
   - **어린이들 대상의 영양캠프** : 신체계측, 영양지식 조사, 인형극('뚱뚱군의 하루') 보기, 말판 게임('좋은 식습관 말하기'), 기초식품군의 연극, 균형식 강의, 식품 색칠하기, 식품 스티커 붙이기, 식품 퍼즐 맞추기, 식품 빙고 게임하기, 식품 칼로리 알기, 나의 1일 적정 식사량 알기, 시장놀이, 운동(수영하기, 눈썰매 타기, 승마) 등으로 구성된 교육 실행

2. 미국 농무성의 식품영양정보센터의 자료 가운데, 어린이들에게 활용할 수 있는 다양한 영양교육 매체 구성의 예를 소개하면 다음과 같다.

   - 5 a day for better health! : 매일 5회 이상 과일과 채소를 먹도록 권장하는 자료로 포스터, 교육활동 계획서, 교재, 영상자료, 자석으로 구성
   - Eat good, feel good : 영양과 관련된 습관, 음악, 춤, 정보로 구성된 비디오테이프와 어린이와 부모를 위한 인형극으로 진행되며 비디오테이프, 인형, 수업 계획서 및 지침서,

교재, 부모에게 보내는 편지로 구성
- Healthy choices, balanced meals : 균형식, 영양소, 식품군에 대한 내용으로 구성된 교재, 스티커 그림, 상차림 사진 식품 모형과 접시, 스티커, 리플릿으로 구성
- Hands on food(a nutrition education resource for primary schools) : 식품에 대한 긍정적인 태도 습득, 식품과 문화의 다양성 이해, 넓은 범위의 식품기술 개발, 어린이와 학교 및 지역사회 사이의 식품연계 경험, 적절한 식품선택 및 건강에 관련된 좋은 결정 등을 교육하는 자료로서 유니폼, 카세트테이프, 벽신문, 동화책, 교재, 활동 지침서 등으로 구성

3. 매체를 전문적으로 제작하는 미국 NASCO사의 매체 세트를 소개하면 다음과 같다.

- Low Fat Express : 지방 섭취를 줄이자는 주제하에 구성된 매체는 교재, 영양문제 해결지침, 체지방 모형, 식품 모형, 동맥 모형, 사진, 지방 함량을 제시하는 튜브, 요리책, 주사위, 리플릿, 부엌 조리기구 등으로 구성
- Fruit & Vegetable '5-a-Day' Activity Kit : 게임, 노래, 인형극, 동화, 풍선, 스티커, 교재, 활동과정 지침서 등으로 구성

Fruit & Vegetable '5-a-Day' Activity Kit(NASCO)

1) 인쇄매체

역사가 오래되어 교육자와 대상자 모두에게 친숙한 인쇄매체는, 종류가 다양하므로 용도에 맞게 선택하여 활용하는 것이 중요하다.

(1) 팸플릿

팸플릿(pamphlet)의 제목은 대상자의 관심을 모으고 친밀감을 주도록 정한다. 너무 딱딱하고 틀에 박힌 제목은 부정적인 인상을 준다. 내용을 구성하는 문자나 문체는 읽기 쉬운 것으로 선택하고 설명 이외의 사진이나 그림 등을 적당히 넣어 흥미를 느낄 수 있도록 한다. 매체의 외관도 대상자에게 호감을 주기 위하여 모양이나 배색 등 시각적으로 아름답게 만든다.

팸플릿의 크기는 보통 13×20cm 정도로 제작하지만 요즘은 다양한 크기로 만들어진다. 팸플릿은 책이 아니므로 지나치게 자세한 설명이나 긴 문장 등은 피하고 주요 사항만을 전달하는 형식으로 제작해야 한다. 분량은 20쪽을 넘기지 않는 것이 좋다. 분량이 너무 많으면 부담을 주므로 내용을 세분화해서 책자의 분량을 감소시키고 교육내용별로 소구분한다. 이러한 소구분 팸플릿을 단계적으로 배포하여 교육하고, 교육 후에 이들을 모아 한 권의 책으로 합치면 이해도가 훨씬 높아질 것이다. 예를 들어, 당뇨병 환자를 위한 팸플릿 시리즈로 당뇨병 판정 시의 초기 팸플릿, 당뇨병 환자의 식생활 팸플릿, 외식 가이드 팸플릿 등 다양한 주제의 팸플릿을 모으면 당뇨병 환자를 위한 훌륭한 가이드북이 만들어진다. 팸플릿은 개인지도, 가정지도, 집단지도에서 모두 활용되는 매체이다(그림 5-5a, b).

a. 채소야 놀자(인천시 부평구 어린이급식관리지원센터)

b. 건강한 어머니와 튼튼한 아기(모수미 · 이보경)

c. 디지털 팸플릿(식품의약품안전처)

그림 5-5 팸플릿의 예

앞으로는 교재나 팸플릿도 PDF(Portable Document Format)와 같은 디지털 인쇄물로 제작하는 추세가 증가할 것으로 전망된다. 그림 5-5c는 디지털 팸플릿의 예이다.

(2) 리플릿

리플릿(leaflet)은 보통 A4나 B4 크기의 종이 한 장을 한두 번 접어서 만든 것으로 펼쳤을 때 한 장이 되는 형태의 유인물이다(그림 5-6). 이것을 만들 때는 긴 설명이나 많은 사진을 넣지 말고 내용을 요약해서 꼭 알아야 할 몇 가지 주안점을 간단히 설명하여 요점을 기억하는 데 도움이 되도록 한다. 처음 영양교육 매체를 제작할 때는 되도록 많은 양의 정보를 전달하고자 하는 욕심으로 아주 작은 글씨체로

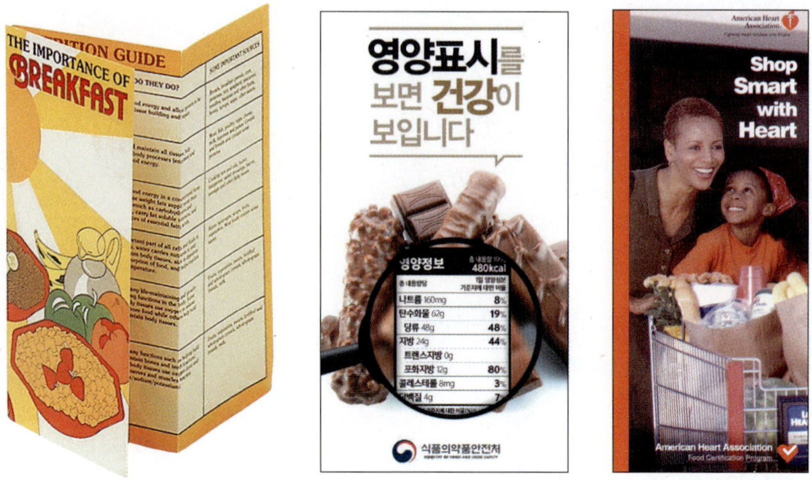

a. 아침식사의 중요성
(미국 켈로그사)

b. 영양표시를 보면
건강이 보입니다
(식품의약품안전처)

c. 건강한 심장을 위한
식품 구매
(미국심장협회)

그림 5-6 리플릿의 예

영양학 교과서에 포함된 내용을 모두 넣는 실수를 범하게 된다. 그러나 대상자들은 분명하고 단순한 내용만을 기억하며 배열이 산뜻하지 않은 리플릿은 읽지 않고 버리는 경우가 많으므로 유의해야 한다.

보건소나 병원에서는 주로 식사요법이나 생애주기별 영양관리에 관한 개인지도를 할 때 세트로 개발된 리플릿을 많이 이용한다. 리플릿은 주로 종이로 되어 있어 한 번 읽고 버려지는 경우가 많은데, 이를 보완하여 비닐파일 등의 생활용품에 영양 메시지를 담으면 대상자가 계속 읽고 기억할 수 있어 실천하는 데 도움이 된다.

(3) 전단지

회람이나 신문 사이에 끼워 넣거나 광고 활용 시 배포되는 것으로 한 장으로 된 간단한 광고문을 게재한 것이다. 많은 지식을 보급하려는 것이 아니라 식단 전시회나 요리대회, 당뇨조식회, 영양주간행사, 보건소의 영양교육 일정 등을 광고하는 데 사용되므로 내용이 간단하고 명확해야 한다. 팸플릿이나 리플릿과 다른 점은 대상자가 불특정 일반인으로 그 수가 훨씬 많으며 일회용 광고여서 오랫동안 보관할 필요가 없다는 것이다. 신문에 끼워 오는 광고지나 거리에서 배포되는 전단지 등을 예로 들 수 있는데, 이 경우 전단지를 받은 사람들이 내용을 빨리 파악할 수 있도록 흥미로운 제목을 선정해야 한다. 또 읽기 쉽고 눈에 잘 띄는 글씨체를 사용하고 크기나 모양, 색의 배합 등을 고려하여 사진이나 그림 등을 배치하면 좋다.

(4) 벽신문

벽신문(wall chart)은 보통 포스터와 같은 형태인데, 내용이 간단한 신문과 같이 해설적이어서 읽는 데 다소 시간이 걸린다. 벽신문은 학교나 병원, 회사, 공장 등의 구내식당이나 도서관, 역 대합실, 또는 일반 식당과 같이 대중이 일상적으로 이용하는 곳에 일정하게 게시된다. 이는 급식을 받으면서 혹은 다른 목적을 위하여 대기하는 동안에 읽히므로 효과가 있다. 벽신문을 만들 때는 일반 신문과 같이 여러 가지 화제를 많이 넣지 말고 논제는 가능한 한 축소시키고 가장 먼저 눈에 띄는 제목인 표제는 글씨의 크기나 모양, 색깔 등이 한눈에 들어오도록 한다. 문장은 이해하기 쉽도록 짧게 하고 내용은 대중이 관심을 갖는 것을 선택하며 그림이나 사진, 만화 등을 적당히 삽입하여 흥미를 유발하고 기억에 남도록 한다.

(5) 통신문

통신문은 가정통신문, 지역통신문, 병원신문, 학교신문 등 집단에서 내부용으로 제작되어 활용된다. 과거에는 B4용지를 반으로 접어 만드는 경우가 많았으나 요즈음에는 크기나 분량이 다양해지고 있다. 대개 고정된 독자를 대상으로 하여 정기 발행되므로 전달내용에 연결성과 지속성이 있어야 한다. 예를 들어 암 전문병원의

그림 5-7 가정통신문의 예(식품의약품안전처)

병원신문이라면 암 환자들을 위한 영양정보를 지속적으로 제공할 수 있어야 한다. 지역통신문이라면 지역 단체들의 현재 활동상황, 앞으로의 활동계획 또는 그동안 조사한 내용의 결과를 지역주민에게 알려야 한다. 지역주민의 영양실태를 조사하여 그들의 영양문제와 요구를 알아보았다면 그에 대한 내용을 알리고 영양개선활동을 하였다면 활동 사례 등을 소개하도록 한다. 지역에서 주로 생산되는 식품이 있다면 그것을 이용한 계절식단이나 이와 관련된 영양지식 등도 기재한다. 그림 5-7은 가정통신문의 예이다.

(6) 신문과 잡지

신문(newspaper)과 잡지(magazine)는 전국에 홍보가 가능한 매체로 일정한 내용을 많은 대중에게 동시에 전달하므로 효과가 매우 크다. 신문의 기사내용은 대다수의 국민이 관심을 두고 있는 조사 결과나 계절에 알맞은 건강이나 영양 관련 지식, 또는 식생활 정보 등으로 국민의 요구에 맞고 신뢰성과 설득력을 갖춘 것이어야 한다. 사실적인 사진이나 그림을 함께 실으면 더욱 효과적이다. 특히 잡지는 주요 독자층이 있으므로 이들에게 맞는 주제와 적절한 수준의 내용 선택이 중요하다.

(7) 포스터

포스터(poster)는 간단한 영양정보를 인상적으로 전달해 주는 매체이다. 실내뿐만 아니라 실외의 게시판이나 벽 등에 부착되므로 그림이나 표어가 아주 동적이고 인상적이어야만 지나가는 사람들의 주의를 환기시킬 수 있다.

포스터의 크기는 38×50cm~50×70cm 정도로 하고 목적은 한 가지로 뚜렷하게 세운다. 전달내용을 함축한 그림과 표어는 단순하고 신선하면서 강력해야 하므로 제작에 전문지식과 기술이 요구된다. 글자와 그림의 비율과 배치를 인상적으로 하고 구도와 배색은 포스터에서 가장 중요한 요소이므로 강조하고자 하는 내용이나 표어의 색상 표현을 강하게 한다(그림 5-8).

또한, 횡서와 종서를 혼합하지 말고 읽는 방향을 통일하여 내용을 간단하고도 명확하게 설명해야 한다. 포스터의 내용은 팸플릿, 유인물, 광고지 등보다 함축적이므로 영양교육 매체로서의 효과는 크게 기대할 수 없으나 제작이 쉽고 장기간 부착할 수 있어 내용 및 장소에 따라서는 그 효과를 무시할 수 없다.

a. 5 A Day
(NASCO)

b. Dancing Heart
(NASCO)

c. 어린이 식품안전 포스터
(서울시)

d. 비만 예방에 가장 좋은 약은
바른 식생활
(식품의약품안전처)

e. 건강~ 인스턴트를 빨리
치워요!
(식품의약품안전처)

f. Fast Food지만 느립니다.
Slow Food지만 빠릅니다
(식품의약품안전처)

그림 5-8 포스터의 예

(8) 만화

만화(strip cartoon)는 다루는 인물의 성격을 과장 또는 생략하여 재미있고 익살스럽게 풍자 · 비판하는 그림의 한 형식이다. 다루는 내용에 따라 시사에 맞게 상황을 풍자한 시사만화, 소설처럼 장면을 순서대로 변화시켜 이야기를 전개하는 극화, 또는 만화영화와 같은 애니메이션 등이 있다. 만화는 어린이의 전유물처럼 여겨지지만 성인들도 만화를 즐겨 보고 친숙하게 느끼는 경우가 많으므로 잘 활용하면 효과적인 매체가 될 수 있다. 만화책이나 웹툰같이 완결된 형식을 이용하여 인쇄물 전체를 만화로 제작하거나, 인쇄물 일부를 만화로 제작할 수도 있다. 실물 사진 등

a. 베이컨을 곁들인 마카로니(UNICEF)

b. 흡연 대체행동 12가지(미국암협회)

그림 5-9 **만화의 예**

을 예시로 사용할 때 거부감이 들 만한 내용도 만화로 제작하면 거부감을 줄일 수 있다. 인슐린 주사를 놓는 과정을 사진으로 제시하면 어려울 수 있지만, 만화로 재미있게 제시하면 수용도를 높일 수 있다. 또 만화 동영상이나 만화영화 등의 매체가 어린이를 대상으로 많이 활용되고 있다.

그림 5-9a는 어린이용 세계요리 만화의 내용 가운데 이탈리아 음식인 '베이컨을 곁들인 마카로니'의 요리과정을 나타낸 것이고, 그림 5-9b는 금연운동의 일환으로 '흡연 대체행동 12가지'를 포스터 형식의 만화로 나타낸 것이다.

(9) 스티커

스티커(sticker)는 슬로건을 전파하기에 유용한 매체이다. 간단한 슬로건을 한두 줄 정도 적은 것으로 크기가 다양하다. 스티커를 붙이는 장소는 사람들이 많이 다니는 곳을 택하며 바탕색을 고려하여 눈에 띄도록 만들어야 한다. 크게 제작하여 식당, 병원 대기실 또는 학교 복도 등에 붙일 수 있고 작게 제작하여 영양교육이나 상담에 활용할 수도 있다. 어린이들에게 각종 식품 스티커를 나누어 주고 식품군별로 스티커를 붙이도록 하면 식품의 종류를 익히게 하는 데 도움이 된다.

(10) 슬로건

슬로건(slogan)은 대상자들이 실천할 의지를 갖도록 유도하는 호소력을 지녀야 한다. 슬로건의 내용은 간단명료하여 읽는 즉시 이해되고, 머릿속에 강한 인상으로 남아 쉽게 실천할 수 있는 것이어야 한다.

좋은 예로는 식품의약품안전처의 2017년 나트륨 줄이기 아이디어 공모전에서 수상을 한 '나를 낮추면 인격이 쌓이고, Na를 낮추면 건강이 쌓인다', '나트륨 낮추렴!'이 있으며 보건복지부 한국건강증진개발원에서 나온 '건강한 습관으로 가벼워지세요'(그림 5-10a), 2018년 보건의 날 슬로건인 '함께 건강하자'(그림 5-10b)가 있다.

a. 건강한 습관으로 가벼워지세요

b. 함께 건강하자

그림 5-10 슬로건의 예(보건복지부 한국건강증진개발원)

(11) 기타 인쇄매체

기타 인쇄매체로는 컵, 연필, 풍선, 식탁 매트, 달력, 앞치마 등과 가계부, 우표나 실, 자석, 단추나 브로치, 핀, 지퍼나 열쇠고리 등 여러 용도의 매체가 있다(그림 5-11). 또 대상자에게 특별히 필요한 영양지식을 그림과 함께 넣어 아름답게 만든 생일 카드나 크리스마스카드 등도 있다.

a. 풍선

b. 연필과 배지

c. 컵

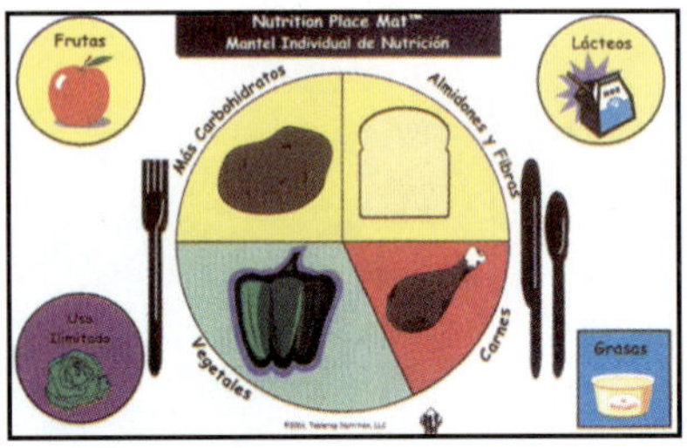

d. 식탁 매트

e. 달력

f. 앞치마

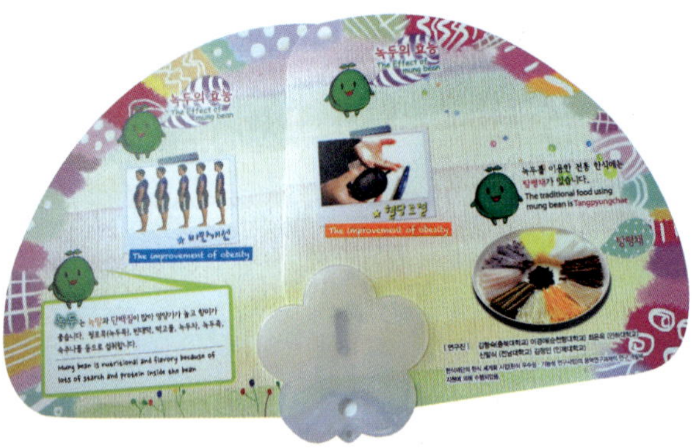

g. 부채

그림 5-11 기타 인쇄매체의 예

2) 전시 · 게시매체

전시 · 게시매체로는 게시판, 탈부착 자료, 괘도, 패널 등이 있다.

(1) 게시판

게시판(bulletin board materials)은 전달내용을 간결하고 명확하게 제시하여 보는 사람의 관심과 흥미를 유발하므로 전달내용에 관한 정보나 지식을 풍부하게 해준다. 전달내용을 체계적으로 게시할 수 있는 게시판은 대상자 개개인이 충분한 시간적 여유를 가지고 자료의 내용을 이해할 수 있어서 자발적이고 창의적인 교육활동이 가능하다. 일정한 장소에 비치하는 고정식 게시판도 있지만 게시판을 이동식으로 제작하면 강의실이나 당뇨 조식회 등 여러 장소에서 사용할 수 있다.

게시판의 크기는 보통 150×120cm 정도로 다른 매체에 비해 제작이 쉽고 제작비가 저렴하다. 대상자들 스스로 계획하고 자료를 수집하는 등 직접 제작할 경우 교육효과는 커진다. 게시판 전체를 새로 구성하여 제작할 수도 있고 리플릿, 브로슈

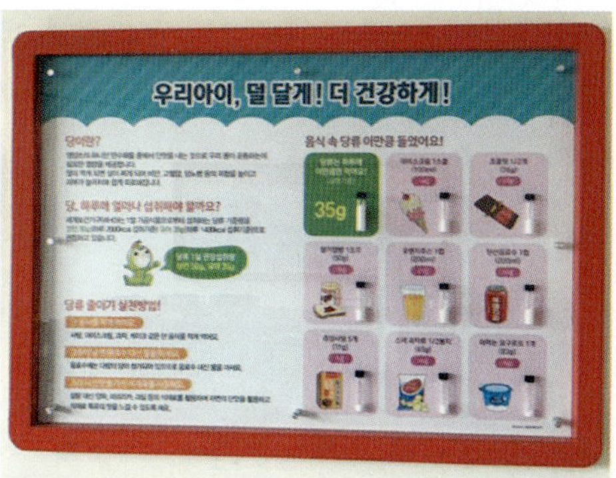

a. 우리 아이, 덜 달게! 더 건강하게!(인천시 부평구 어린이급식관리지원센터)

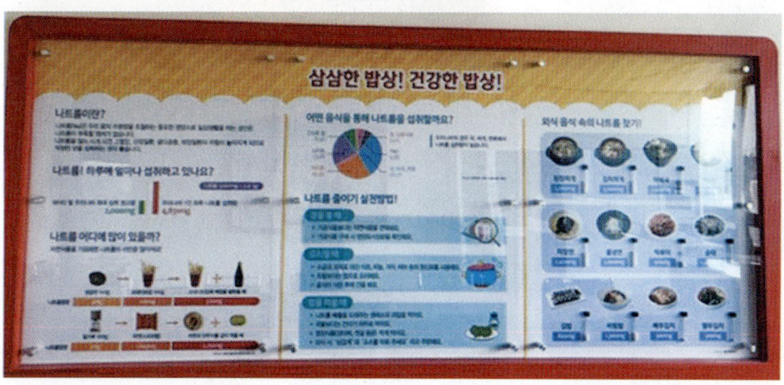

b. 삼삼한 밥상! 건강한 밥상!(인천시 부평구 어린이급식관리지원센터)

그림 5-12 게시판의 예

어, 포스터, 스티커, 그림, 도표, 사진 등을 활용하여 게시판을 꾸밀 수도 있는데, 이때 자료의 배열은 통일성이 있고 균형을 이루게 만든다.

게시판은 교육이나 상담을 하면서 보조매체로 활용할 수 있지만 그 자체가 독립적인 정보 전달의 수단이 될 수도 있다. 독립적인 정보 전달매체로 사용될 경우, 대상자가 자신에게 맞는 속도로 정보를 습득할 수 있다는 장점이 있다. 대상자의 질문에 답할 수 있는 인력이 대기하고 있으면 더 효과적이다. 게시판의 예는 그림 5-12와 같다.

(2) 탈부착 자료

탈부착 자료는 융판이나 자석판에 사진, 그림, 모형 등의 자료를 붙였다 떼었다 하거나 이동시키면서 영양교육 내용에 맞추어 설명하고 토의하는 데 활용되는 자료이다. 탈부착 자료 가운데 융판자료는 융, 우단, 펠트 등의 털이 서로 엉기는 성질을 이용한 매체로 가장 오래 이용되어 왔으나 최근에는 융판 외에 자석판이나 나무판을 이용하기도 한다.

탈부착 자료는 제시순서나 시간이 정해져 있지 않으므로 대상자의 반응을 살펴가면서 교육속도를 임의로 조절할 수 있고 자료를 떼어내고 계속해서 새 자료를 제시하므로 대상자의 주의를 집중시키는 데 효과적이다. 대상자들이 자료를 직접 만들거나 탈부착판에 붙이면서 교육에 참여한다면 흥미도는 더욱 커질 수 있다.

a. 손 씻기 교육
(인천시 부평구 어린이급식관리지원센터)

b. 식품 피라미드(NASCO)

그림 5-13 탈부착 자료의 예

주위에 흔한 그림이나 사진을 이용하여 제작할 수 있기 때문에 비용이 적게 들지만 목적에 맞고 이해가 쉽도록 제작하는 데는 기술이 요구된다. 또한 휴대가 가능하므로 대상자 개인을 방문하여 사용할 수도 있고 한 번 만들어 보관하면 언제든지 다시 쓸 수 있다는 장점이 있다. 한 장면에 너무 많은 자료를 제시하면 대상자들이 혼란을 일으키게 되므로 한 번에 한 주제에 관한 내용을 보여 주면서 단계적으로 교육하는 것이 효과적이다.

판의 크기는 교육장소의 넓이와 교육대상자의 수에 따라 결정되지만 보통 유아교육기관에서 20~40명을 대상으로 교육하는 경우에는 90×60cm 정도, 일반 교실에서는 90×120cm 정도의 크기가 좋다. 교육장소나 대상자의 연령 및 교육수준에 맞추어서 판의 크기나 자료의 종류를 선택하는 것이 중요하다. 그림 5-13은 탈부착 자료의 예이다.

(3) 괘도

괘도(flipbook, flipchart)는 차트나 그래프, 또는 그림이나 사진 등을 이용하여 여러 장에 담긴 정보를 넘겨 가며 전달하는 형식이다(그림 5-14). 전달할 정보를 체계적으로 구성하여 각 단계의 단일 정보를 한 장에 담는 것이 대상자들의 주의집중에 효과적이며 이해도와 흥미도를 높이는 방법이다. 너무 많은 정보와 내용을 한꺼번에 넣으면 혼란을 일으키므로 중요한 점만 골라 정리하여 묘사하도록 한다.

a. 지방 섭취 줄이기

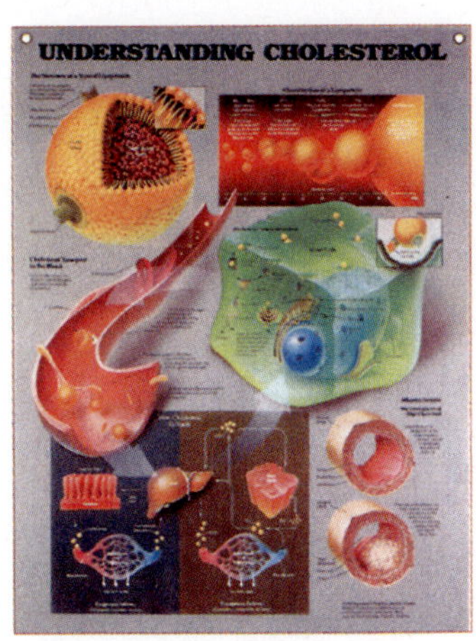

b. 콜레스테롤의 이해

그림 5-14 괘도의 예(NASCO)

컴퓨터를 이용한 PPT 자료가 널리 사용되면서 괘도의 활용도가 줄었으나 컴퓨터를 쓸 수 없는 환경이나 어린이와 같이 실물을 선호하는 대상자에게는 지금도 많이 활용되고 있다.

(4) 패널

패널(panel)은 그래프, 사진, 그림, 문장 등을 넣은 한 장의 종이를 판에 붙여 만든 것이다. 전시효과가 크며 식단전시회, 캠페인 및 보건소의 대기실 등에서 많이 이용된다. 그림 5-15는 패널의 예이다.

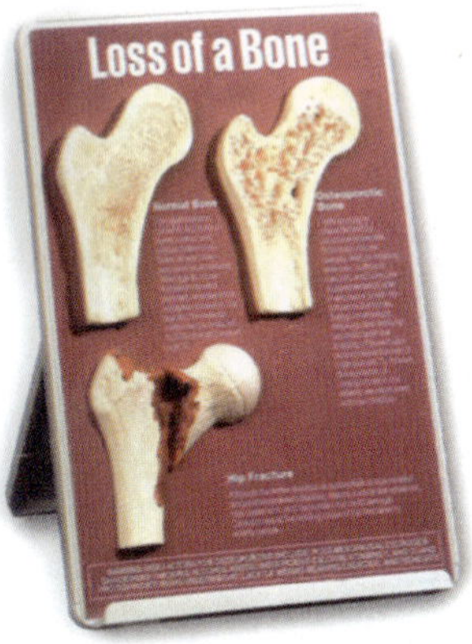

a. 골 손실(NASCO)

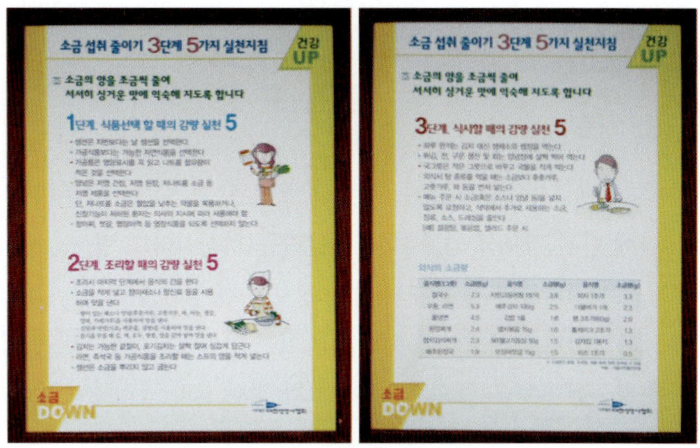

c. 소금 섭취 줄이기(대한영양사협회)

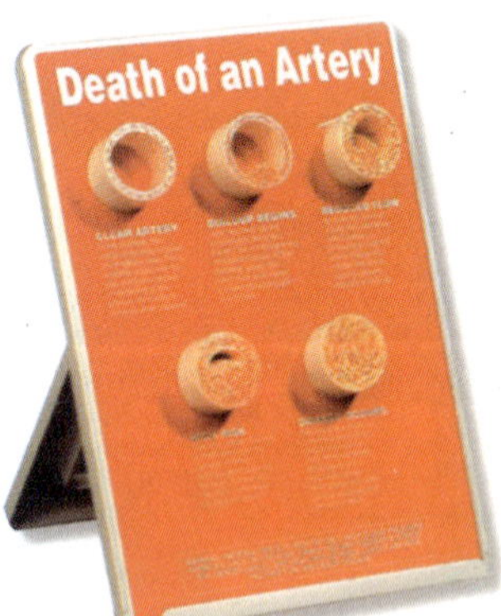

b. 동맥경화(NASCO)

d. 칼슘 210mg 제공 식품량(대한영양사협회)

그림 5-15 패널의 예

(5) 전시 · 게시매체에 활용되는 도구

그림, 사진, 도표 등은 게시판 자료, 탈부착 자료, 괘도 등의 전시 · 게시매체에 활용될 수 있는 도구들이다. 팸플릿, 유인물, 포스터 등의 인쇄매체에도 이들 도구가 활용될 수 있으며 인쇄매체 자체가 전시자료로 활용되기도 한다.

① 그림

그림(picture)은 시청각 매체의 가장 중요한 요소로 많이 이용되고 있다. 일반적으로 평면적 시각자료를 의미하는 것으로 책이나 잡지에서 오려 내거나 직접 그려서 이용할 수 있다. 그림을 통하여 실물이나 실제상황을 표현할 수 있어서 현장감이 있으며 간단하게 압축하여 실물이나 실제상황의 주요 부분만 강조한 그림은 더욱 효과적이다. 또한 그림의 다양한 색상과 구성은 대상자의 흥미를 불러일으킨다. 그러나 그림의 크기가 너무 작은 경우에는 개인지도뿐만 아니라 집단지도에서도 활용하기 어려우므로 실물환등기나 컬러복사기를 사용하여 확대 제시해야 한다.

a. 식품구성탑에 사는 식품 친구들과 인사해요
(식품의약품안전처)

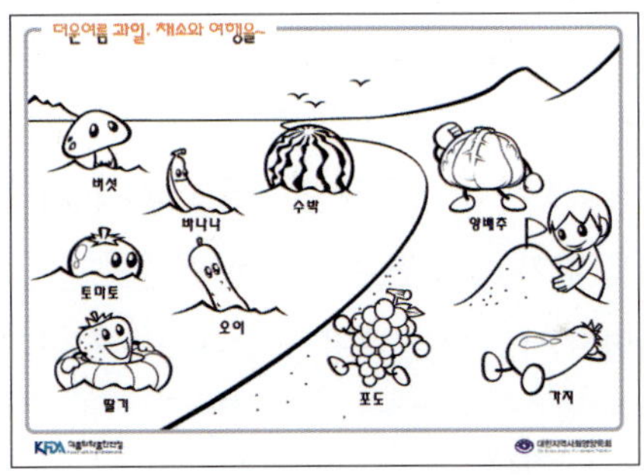

b. 더운 여름 과일 · 채소와 여행을
(식품의약품안전처)

c. 여섯 가지 다른 부분 찾기(홍콩)

그림 5-16 그림의 예

> **움직이는 그림의 제작**
>
> - **자석을 이용한 방법** 한 장의 배경그림을 사이에 두고 작은 자석이 붙은 인물이나 사물 그림을 배경그림 뒷면에서 다른 자석으로 움직이는 것으로 마치 인물이나 사물이 스스로 움직이는 듯이 보여 흥미롭다.
> - **카드보드를 이용한 방법** 카드보드지에 배경그림을 그리고 움직임이 필요한 물체를 따로 제작하여 뒷면에 손잡이를 붙인 후 배경 그림판에 물체가 움직일 수 있는 통로를 가늘게 도려내어 그 통로를 통해 물체에 붙은 손잡이를 움직임으로써 동작을 나타낸다.

그림은 정적인 매체이기 때문에 움직이는 동작이나 진행과정이 중요하지 않은 교육에 많이 이용되지만 동작이나 진행과정을 단계별로 나누어 정지된 그림을 연속해서 제시한다면 효과를 볼 수 있다. 전체 그림에서 인물이나 사물만 부분적으로 움직이도록 제작하면 어린이들의 흥미를 쉽게 불러일으켜 교육효과가 더욱 커진다. 움직이는 그림은 자석이나 카드보드를 이용하여 제작할 수 있다.

그림은 어린이를 대상으로 식품과 영양에 대한 개념교육을 하거나 동화를 들려줄 때 기본 자료로 활용되는 경우가 많다. 그림을 통하여 식품 이름을 익히고 색깔이나 크기, 모양을 구별하도록 하는 것도 좋다(그림 5-16a, b).

홍콩에서 개발한 초등학교용 영양교육 패키지에서 소개하는 '여섯 가지 다른 부분 찾기'의 그림은 건강한 식생활과 올바르지 못한 식생활 그림 두 가지를 비교하면서 서로 다른 내용을 찾아내는 것이다(그림 5-16c).

② 사진

사진(photograph)은 필요한 교육내용을 직접 촬영하여 이용하는 경우와 기존의 사진 또는 책이나 잡지 등의 사진을 확대 복사하여 이용하는 경우가 있다. 사실성이 매우 강하여 인물, 장소, 사건 등 추상적인 개념을 실제에 가장 가깝게 시각적으로 재현해 주는 매체이지만 그림과 같이 평면자료이기 때문에 동적인 장면을 표현할 수 없어서 동적인 입체감이 중요시되는 교육에는 적합하지 않다. 그러나 동일한 물체를 여러 위치와 각도에서 촬영하여 사진을 비교하거나 사진 시리즈를 단계적으로 제시하며 설명한다면 효과적으로 활용할 수 있다.

사진과 그림은 특성이 서로 다르므로 같은 주제 안에서 병행하여 활용할 때는 주의해야 한다. 사진은 사실성이 강한 반면, 그림은 단순화시키거나 특징적으로 표현하는 기능이 강하므로 사진과 그림을 낱장으로 섞어 하나의 시리즈 자료로 만드는

그림 5-17

도표의 예

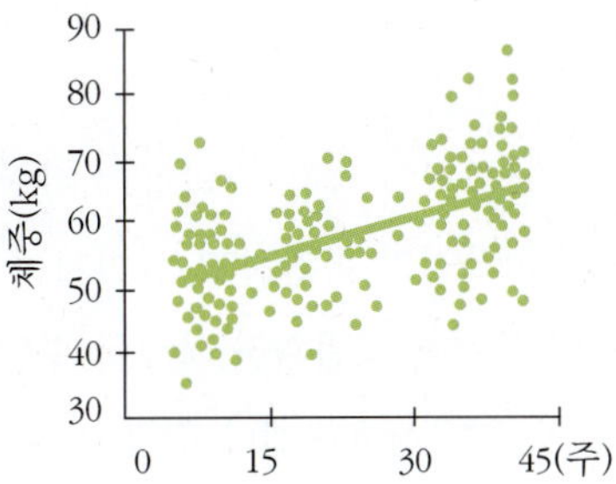

a. 임신주수 점도표

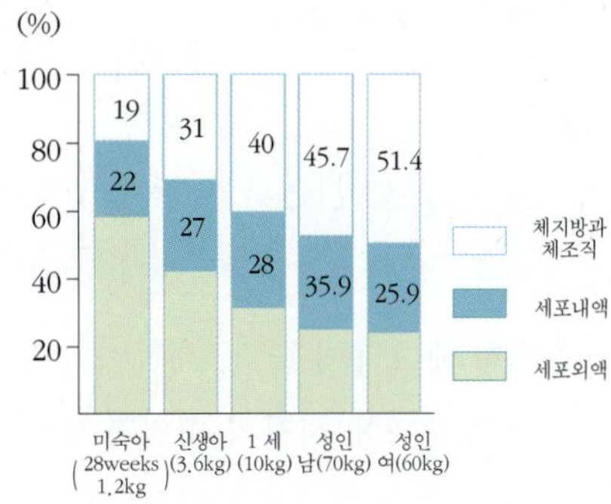

b. 체중에 대한 체수분비율(막대도표)

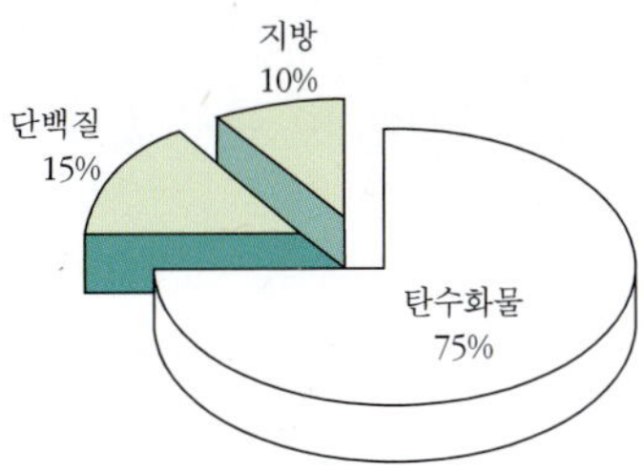

c. 영양소별 구성비(원도표)

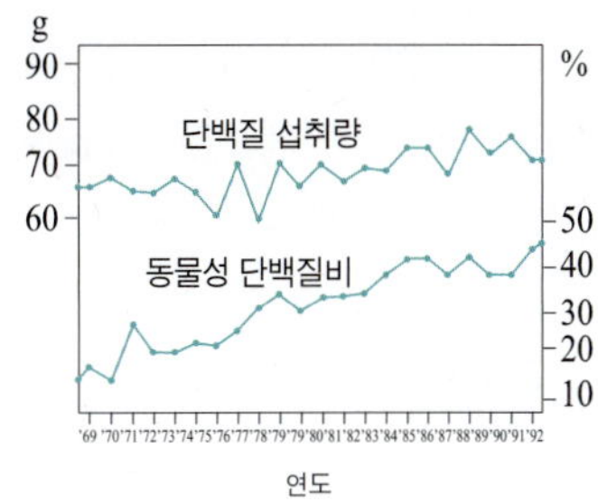

d. 단백질 섭취량과 동물성 단백질비의 연차적 추이(절선도표)

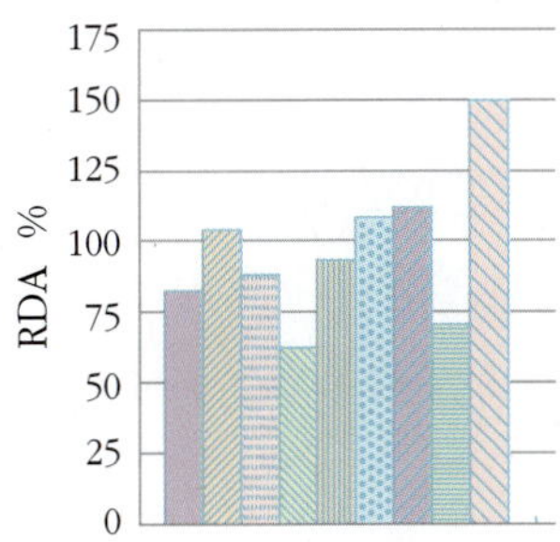

e. 권장량에 대한 섭취비율(도수분포도)

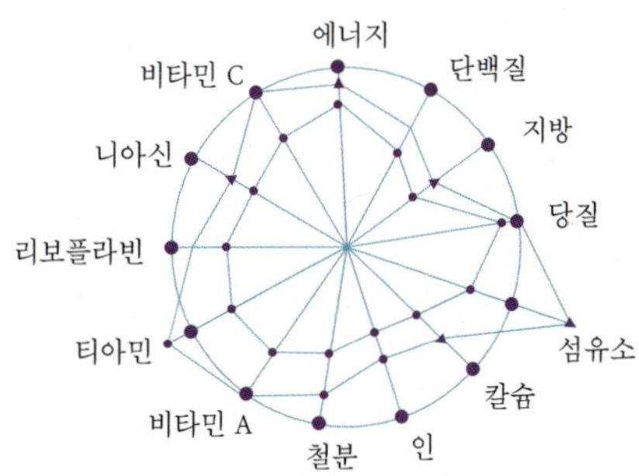

f. 권장량에 대한 섭취비율(다각형도)

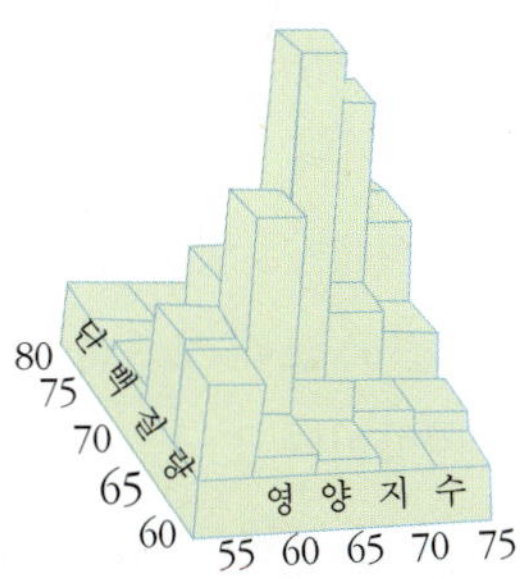

g. 영양지수수준에 따른 단백질 섭취량 (입체도표)

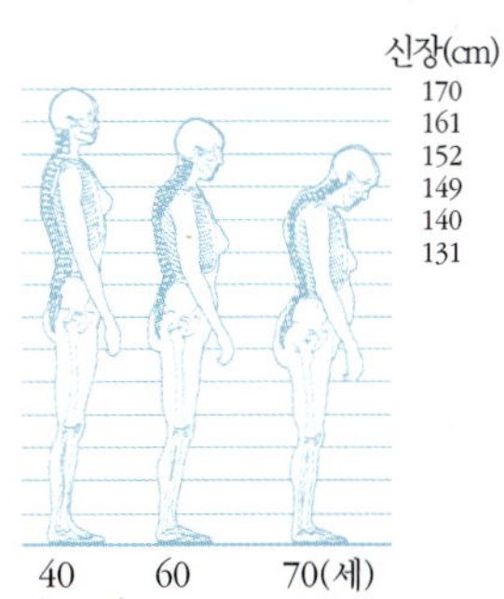

h. 미국 여성의 연령별 척추와 신장의 변화 (그림도표)

일은 피하는 것이 좋다.

③ 도표

도표(graph)는 단순한 선이나 기호를 사용해서 전체적인 것을 요약하여 간단하게 표시해 주는 시각교재로 설명이나 글만으로 표현하려면 복잡하고 길어지는 것을 간략하게 요약해 준다. 제작이 쉽고 간단하지만 사전에 광범위한 자료를 수집해야 하므로 준비에 시간과 경비가 많이 소요된다. 도표는 상호관계나 경향, 변화 등을 한눈에 알 수 있도록 간단명료해야 한다.

일반적으로 많이 사용하는 도표에는 점도표(point graph), 막대도표(bar graph), 원도표(pie graph), 절선도표(polygon graph), 도수분포도(histogram), 다각형도(polyanglegram), 입체도표(stereogram), 그림도표(pictograph) 등이 있다(그림 5-17).

3) 입체매체

실물이나 표본, 모형, 인형 등의 입체적 시각자료는 교육내용의 추상적인 개념을 대상자들에게 실제적이고 구체적인 경험으로 제공함으로써 이해도를 높여 주는 교육에 효과적인 매체들이다. 특히, 어린이는 성인에 비해 생활경험과 이해력이 부족하므로 그림이나 사진, 게시자료 등과 같은 평면적 자료만으로 어떤 사물이나 상황의 입체적 성격까지 추측하기란 어려운 일이다. 따라서 실물이나 표본, 모형 등과 같은 입체매체를 경험하게 해 주는 것이 좋다.

(1) 실물

실물은 가장 직접적이고 입체적인 교육이 가능하므로 가장 효과적인 시각교육자료이다. 그러나 휴대가 불편하고 계절적으로 구하기 어려우며 부서지기 쉬워 실용성이 부족하므로 단점을 보완한 모형을 많이 활용한다. 그림이나 사진 속의 식품보다는 실제 식품을 보여 주고 조리과정을 관찰하도록 하면서 음식 맛을 보게 하는 것도 좋다. 그러나 실물식품은 계절적으로 구입에 제한이 있고 오래 보존하기 어려워 경제성이 떨어진다. 다양한 식품이나 음식에 함유된 지방이나 소금은 비가시적이어서 실물로 볼 수 없으므로 그 함량을 실제 지방이나 소금을 넣은 튜브를 이용하여 가시적으로 제시해 주는 매체도 있다(그림 5-18).

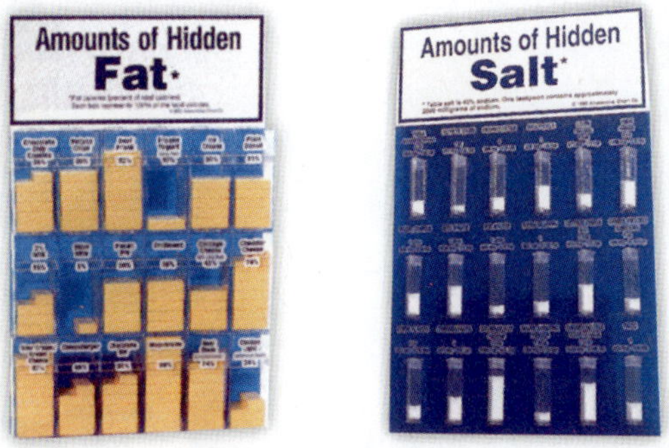

a. 음식 속에 숨은 지방 함량　b. 음식 속에 숨은 소금 함량

그림 5-18 실물의 응용 예(NASCO)

(2) 모형

효과적인 교육 진행을 위해서는 어느 정도 직접적인 경험이 필요하지만 이러한 직접적 경험을 교육현장에서 제공하는 데는 많은 제약이 따른다. 즉, 실물이 너무 작거나 클 때, 계절적으로 구하기 어려울 때, 또는 다루기 불편할 때 실물의 직접적인 경험을 대신해 줄 수 있는 대용물을 사용하게 되는데 이것을 모형(model)이라고 한다. 모형은 실물을 원형 그대로 또는 알맞은 크기로 만들어 놓은 것이다.

모형의 재료에는 나무, 금속, 진흙, 파라핀, 석고, 플라스틱 등이 있는데, 플라스틱으로 만든 모형을 많이 이용한다. 그림 5-19a는 실물식품을 플라스틱으로 만든 모형으로 리플리카 푸드(replica-food)라고 하고, b는 과잉 체지방을 경험할 수 있도록 만들어진 9kg짜리 복부 체지방 조끼 모형이다.

모형의 특성

- 시간과 공간의 제약 없이 언제, 어디서나 교육의 보조자료가 될 수 있다.
- 견고하므로 편리하게 이용할 수 있다. 실물은 잘못 다루면 쉽게 부서지고 파손된다.
- 생략과 편집이 가능하다. 실물 자체가 너무 복잡하여 혼란만 일으킬 우려가 있을 때 불필요한 부분은 생략하고 특징만 강조한 모형을 이용하면 교육내용을 쉽게 이해할 수 있다.
- 내부 구조를 관찰할 수 있다. 식품이나 음식의 단면 모형을 이용하면 단순한 외관의 관찰뿐만 아니라 내부의 모양, 색깔 등을 볼 수 있다. 예로는 달걀이나 수박, 파이 등의 단면 모형이 있다.
- 오랫동안 보관할 수 있다. 실물을 이용한 교육은 일회성인 반면, 모형 관찰은 시간에 구애받지 않고 대상자가 익숙해질 때까지 반복할 수 있다.

a. 식품 1교환당 모형

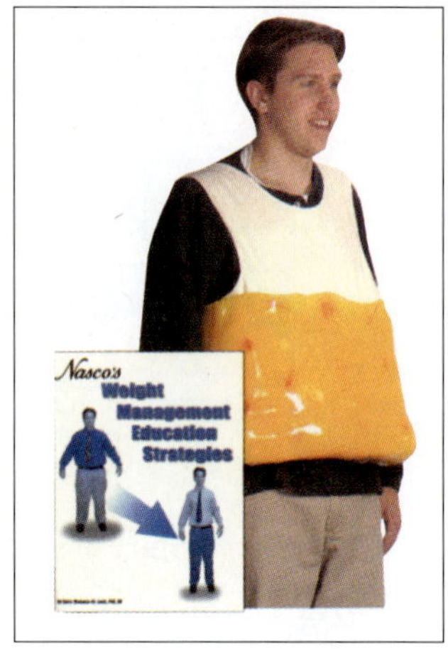

b. 복부 체지방 조끼 모형

그림 5-19 모형의 예

(3) 인형

인형(puppet)은 어린이들에게 동화적인 세계를 다양하게 경험시켜 주고 상상력을 자극하며 부드럽고 친밀한 정서를 키우는 등 교육적 가치가 큰 매체이다. 이는 어린이들의 교육내용에 대한 흥미를 더해 주고 활용이 용이하며 다양한 주제로 다룰 수 있다.

인형의 종류는 조작방법에 따라 그림자 인형(shadow puppet), 손가락 인형(glove-and-finger puppet), 막대 인형(rod puppet), 손 인형(hand puppet), 줄 인형(marionette), 탈 인형(mask puppet) 등으로 나누어진다(그림 5-20). 손가락 인형이나 손 인형은 인형의 옷 속에 손가락이나 손을 넣어 양팔, 머리, 기타 몸의 각 부분을 움직이게 하는 것이다. 막대 인형은 일명 봉 인형이라고도 하는데, 인형의 중앙하단에 막대가 있어 막대의 위치나 방향을 이동시키면서 연출하게 된다. 줄 인형은 인형의 손, 어깨, 다리 부분에 가는 줄을 매어 줄의 높낮이와 방향을 조절함으로써 움직임을 조작한다. 줄 인형의 조작에는 고도의 기술과 훈련이 필요하다. 그림자 인형은 그림자극에 이용될 수 있고 탈 인형은 사람이 머리에 탈을 쓰고 옷감으로 만든 인형의 몸속으로 들어가서 실제 사람처럼 동작하는 것이다.

그림 5-21a는 여러 가지 채소들을 인형으로 만든 것이고, b는 평면적인 인형으로 탈부착 자료에 이용할 수 있다. c는 편식하는 청개구리 인형이다.

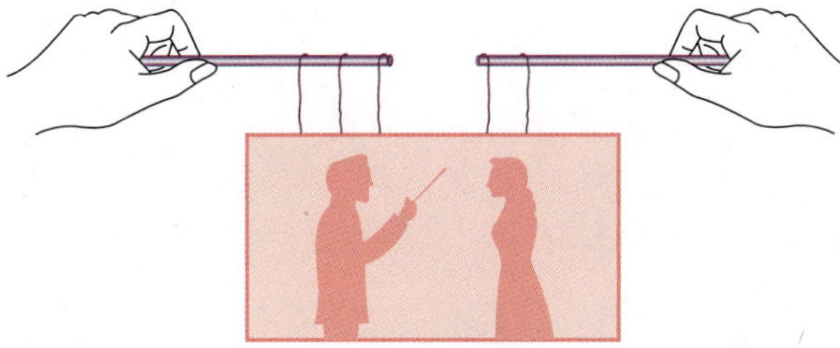

a. 그림자 인형

b. 손가락 인형

c. 막대 인형

d. 손 인형

e. 줄 인형

그림 5-20 **조작 방법에 따른 인형의 종류**

a. 입체적인 채소 인형

b. 평면적인 인형

c. 편식하는 청개구리

그림 5-21 **인형의 예**

(4) 디오라마

디오라마(diorama)는 전시자료의 일종이다. 실제 장면과 사물을 축소하여 입체감 있게 제시해 놓은 것으로, 실제상황을 재현하기 때문에 강한 현실감을 줄 수 있

a. 섀도박스형

b. 톱뷰형

그림 5-22 디오라마의 예

다. 제작이 어렵지 않고 제작비가 저렴하여 쉽게 만들 수 있으며 제작과정에 어린이들을 참여시킬 수 있어서 흥미를 불러일으킨다. 배경으로 이용되는 그림이나 사진과 같은 평면매체와 모형이나 표본과 같은 입체매체를 함께 제시함으로써 입체감, 원근감을 줄 수 있다.

디오라마의 종류로는 섀도박스(shadow box)형과 톱뷰(top view)형, 그리고 원형(cyclolama)이 있다. 섀도박스형은 그림 5-22a와 같이 직육면체 기본틀의 앞쪽 한 면만 잘라내고 반달 모양 등의 배경을 설치한 후 전경에다 모형을 놓은 것이다. 톱뷰형은 그림 5-22b와 같이 직육면체 기본틀의 윗면, 또는 윗면과 옆면을 같이 잘라내어 아래쪽에 모형을 전시한 것으로 위에서도 내용물을 볼 수 있게 만든 것이다. 원통형은 사방에서 관찰할 수 있게 만든 것이다.

4) 영상 · 전자매체

영상 · 전자매체에는 녹음자료나 CD-ROM과 같은 고전적인 것부터 PPT(파워포인트) 자료, 동영상 자료, 영화나 다큐멘터리, 웹사이트 등 다양한 자료가 있다. 가장 많이 사용되는 매체로 이들 자료를 담은 전자파일은 여러 환경에서 활용할 수 있다. 앞으로는 모바일을 기반으로 하는 다양한 교육이 더욱 보편화될 전망이며 컴퓨터를 이용한 가상현실도 영양교육의 주요 매체가 될 것이다.

(1) PPT 자료

강연, 세미나 연구발표 등에서 대상자들에게 보다 효과적으로 의사전달을 하고자 할 때 사용하는 프레젠테이션용 컴퓨터 프로그램을 파워포인트라 하고, 이때 제시하는 자료가 PPT 자료이다. PPT 자료는 문장, 그림, 사진, 소리, 동영상 등 다양한 자료를 담을 수 있어 활용 폭이 넓으나 컴퓨터와 빔프로젝터, 스크린을 갖추어야 한다는 것이 단점이다. 요즈음은 컴퓨터 없이도 스마트폰과 연동하여 PPT 자료를 활용할 수 있는 소형 프로젝터들이 출시되고 있어 활용도가 더 넓어질 것이다.

PPT 자료를 제시할 때는 교육자와 대상자들이 대면하여 교육이 진행되므로 대상자들의 반응을 관찰하면서 교육의 진행속도를 조절할 수 있으며 유아부터 성인까지 대상에 구애받지 않고 누구에게든, 어떠한 주제라도 다양하게 제시할 수 있다. PPT 자료는 충분한 시간적 여유를 가지고 제시하여 대상자 각자가 내용을 충분히 이해하거나 기록할 수 있도록 한다.

(2) 동영상 자료

대체로 짧은 분량으로 만들어지는 영상을 말하며, 파일의 형태로 저장 · 활용된다. 제작에 비용이 많이 소요되고 어느 정도의 전문성이 필요하다. 방송에 나온 일부분을 활용하거나 TED와 같이 인터넷에 있는 무료 동영상 자료도 활용 가능하다. 앞으로의 교육은 현재의 강의와 같은 집단교육부터 인터넷과 동영상을 이용한 온라인 교육으로 이동하고 있으므로, 미래의 동영상 자료 활용도는 지금보다 높을 것으로 예상된다.

(3) 영화, 다큐멘터리

영화(film)나 다큐멘터리(documentary)는 기록된 모든 경험을 보고 들을 수 있어서 가장 다양한 효과를 지닌 매체라고 할 수 있다. 교육자는 영화내용을 사전에 충분히 숙지하여 교육내용에 맞추어서 진행하도록 한다. 영화나 다큐멘터리가 아무리 좋아도 교육자를 완전히 대신할 수는 없으므로 단지 한 편의 영화를 보여 주는 것만으로 교육을 끝내는 경우는 없어야 한다. 영화나 다큐멘터리가 끝난 후에는 내용에 대한 토의를 하고 적절한 사후지도를 하여 효과적인 활용이 되도록 한다. 또한 영화나 다큐멘터리가 교육에 어느 정도 효과적이었는지 평가한다.

> **영화의 특성**
>
> - 현실감이 강하다. 넓은 화면에 가득찬 영상과 입체적인 음향 재생으로 다수의 관객을 압도하고 깊은 인상을 심어줄 수 있다.
> - 주의집중에 가장 효과적이다. 어두운 곳에서 스크린을 대하므로 대상자들의 주의를 한 곳으로 강하게 집중시킬 수 있다.
> - 영화는 촬영속도를 조절하여 시간적 요인을 조작할 수 있고 지역적으로 먼 곳의 모습이나 경험을 보여 주어 공간적 요인도 조정할 수 있다.
> - 실물의 크기를 확대하거나 축소할 수 있고 사람의 눈으로 볼 수 없는 과정을 제시할 수 있으며, 필름에 기록된 것은 재생하여 영사할 수 있다.

(4) 웹사이트

각종 웹사이트를 통해 다이어트, 조리, 건강식품, 위생 및 영양교육 등 다양한 내용을 접할 수 있다. 웹사이트의 실이 낮거나 정보 업데이트가 되어 있지 않으면 제작기관의 신뢰도가 떨어지므로 잘 만드는 것도 중요하지만 정기적인 관리도 매우 중요하다. 웹사이트는 다수에게 정보를 전달하지만 개인 미디어인 SNS에서 개인 맞춤형 정보를 전달할 수도 있다. 보건소의 건강증진 프로그램에서는 행동 변화를 촉진하고 유지하기 위해 문자나 SNS 서비스가 시도되고 있다.

식품의약품안전처의 식품나라 사이트는 건강영양정보, 생애주기별 정보, BMI 계산기, 칼로리 사전, 운동칼로리 계산기, 영양·식생활 진단 프로그램, 영양성분정보, 위생등급제, 나의 영양식단관리, 외식영양정보, 어린이 식생활 안전관리, 나트륨/당류 줄이기, 오감만족 식단 등으로 구성되어 있다(CHAPTER 8 참조).

(5) 가상현실

가상현실(virtual reality)이란 컴퓨터에 의해 만들어진 환경으로, 인터페이스(interface)를 이용하여 그 환경으로 들어가 현실세계처럼 움직이며 활동하게 된다. 교육이나 훈련에서는 이미 가상현실이 사용되고 있는데, 기술 발달로 가상현실을 구현하는 것이 보다 용이해지면서 그 활용영역이 넓어지고 있다. 예를 들어 조종사나 외과의사 훈련과 같이 현실세계의 훈련이 너무 위험한 경우에는 가상현실을 이용한 훈련이 먼저 진행된다. 또한 심리치료에서 물에 대한 공포증을 이겨내는 훈련을 한다든지, 고고학 수업에서 구축된 고대 유적을 탐사하는 등 활용 가능성이 무

궁무진하다. 영양교육이나 상담에서는 동맥경화가 진행된 혈관 속에 들어가 본다든지, 채소가 자라나는 것을 빠른 속도로 경험해 본다든지 등 다양한 가상현실 활용방법을 생각해 볼 수 있다.

5) 각종 게임

앞에서 제시한 각종 매체를 이용하여 다양한 게임이나 이벤트를 개발하면 대상자들이 지루해 하지 않고 영양정보를 쉽게 받아들일 수 있다. 어린이를 대상으로 하는 교육에서 주로 사용되지만 게임의 종류에 따라 성인을 대상으로 개발할 수도 있다.

(1) 주사위 놀이

언제 어디서나 다양한 연령층을 대상으로 적용할 수 있다. 건전한 식행동에는 전진을, 올바르지 못한 식행동에는 후퇴를 명령하여 영양정보를 즐겁게 받아들이게 한다. 놀이판에 다양한 메시지를 넣어서 주사위판의 말을 옮길 때마다 자연스럽게 읽을 수 있게 하고, 건전한 식행동에서는 사다리를 타고 여러 단계를 뛰어넘거나

a. 어린이들의 주사위 놀이

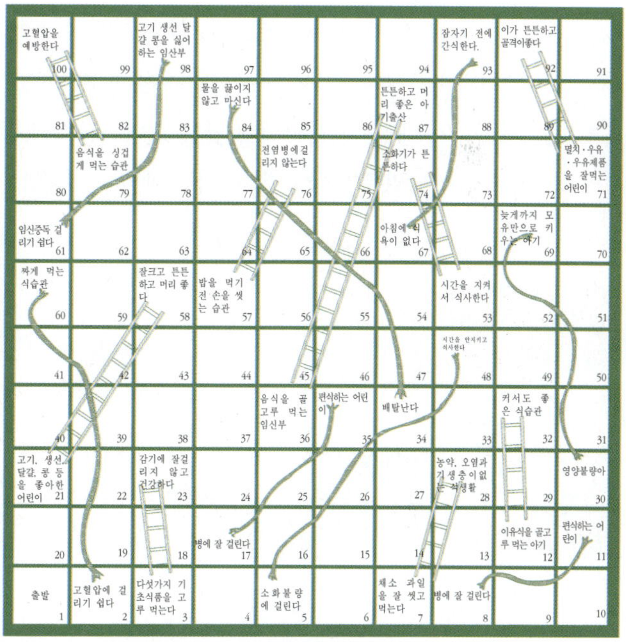

b. 주사위 놀이판

그림 5-23 주사위 놀이

나쁜 식행동에서는 뱀을 타고 뒤로 다시 내려가는 변화를 준다. 말은 다양한 식품이나 모형으로 하고 말의 뒷면에 자석을 부착하여 놀이판을 자석판으로 하면 앞에 걸어 두고 놀이에 참여하지 않은 사람도 함께 즐길 수 있다. 그림 5-23은 주사위 놀이판(b)과 그 활용(a) 예이다.

(2) 영양 게임

주로 초등학생을 대상으로 팀을 이루어 다양한 식품의 특성을 설명하게 한 후 맞히게 하는 게임으로 실물사진이나 모형 또는 실물을 제시하면서 진행하면 식품지식을 늘리고 경험도 할 수 있다. 이길 때마다 점수가 가산되도록 하면 어린이들이 놀이를 즐기며 영양교육을 받을 수 있다(그림 5-24).

(3) 노래 가사 바꿔 부르기

어린이나 일반인들에게 익숙한 노래를 영양과 관련된 가사로 바꾸어 부르게 하면서 올바른 식생활을 익히도록 한다. 다음은 어린이와 노인을 대상으로 한 영양교육 가사이다.

① 유치원 어린이 대상 : '신데렐라' 노래 인용

신데렐라는 어려서 우유도 잘 먹고요
당근과 시금치도 맛있게 먹었답니다
뭐든지 골고루 잘 먹는 예쁜 신데렐라

a. 뚱뚱이 탈출 게임 b. 식품군 카펫 게임 c. 룰렛 게임(부평구 어린이급식관리지원센터)

그림 5-24 영양 게임의 예

뭐든지 맛있게 잘 먹은 건강한 신데렐라

② 노인 대상 : '뽀뽀뽀' 노래를 인용한 '건강한 식생활'

골고루 먹는 식사 균형식　　천천히 꼭꼭 씹어 건강해
즐겁게 적당한 양 건강식　　규칙적인 식사시간 즐겁게
우리는 건강한 노인정 친구　　건강한 식생활 즐거운 생활

식품의약품안전처의 2017 나트륨 줄이기 아이디어 공모전 로고송 부문에서는 '줄일수록 행복해져', '담백한 우리', '나트륨 줄여' 등이 당선되었다.

(4) 퍼즐 게임

주로 유아원이나 유치원 아동을 대상으로 다양한 식품들이 한데 어우러진 모습을 그린 후, 다양한 모양으로 오려내고 오려낸 모양을 모여서 다시 원래의 그림이 되도록 하는 게임으로 식품을 익히게 하는 데 도움이 된다. 그림 5-25는 나무판을 이용한 퍼즐 게임용 매체이다.

(5) 숨은 그림 찾기

여러 식품이 들어 있는 그림을 놓고 그림 속에서 식품을 하나하나 찾아내는 방법이다. 식품을 익히고 친숙해질 수 있는 놀이다(그림 5-26).

그림 5-25 퍼즐 게임의 예(NASCO)

a. 내 방에 숨어 있는 곡류 · 전분류(식품의약품안전처)

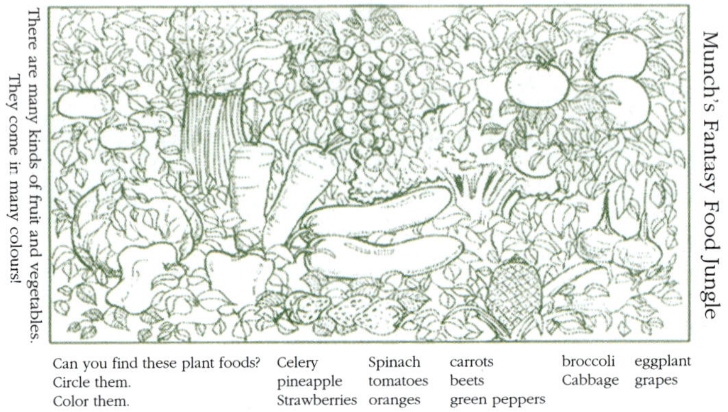

b. 과일과 채소 찾기

그림 5-26 숨은 그림찾기의 예

그림 5-27 식품가면 놀이(대한영양사협회)

(6) 식품가면 놀이

다양한 식품을 그리거나 사진으로 가면으로 만들어서 식품이나 영양과 관련된 주제의 가면극에 이용할 수 있다. 초등학교 이하의 어린이를 대상으로 건강한 식생활이나 다양한 영양정보를 흥미로운 이야기로 엮어 진행하면 효과가 크다(그림 5-27).

(7) 색칠하기

유치원 아동이나 초등학교 저학년 대상으로 다양한 식품이 그려져 있는 종이에 색칠을 하면서 식품을 익히고 친숙해질 수 있는 방법으로 식품신호등에서는 건강에 해로운 식품 이름에 붉은색(stop)을 칠하여 섭취를 절제하거나 금하는 의미를

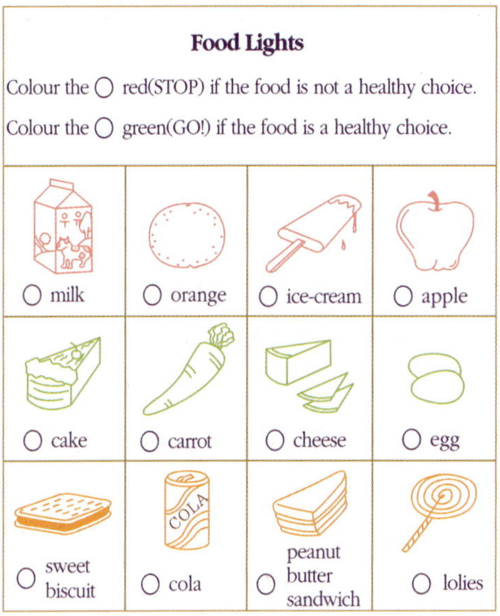

a. 식품신호등

b. 올바른 식품 선택(식품의약품안전처)

c. 저당식품 선택 및 영양표시 확인(식품의약품안전처)

그림 5-28 색칠하기

전하고, 건강에 좋은 식품 이름에는 초록색(go)을 칠하여 섭취를 권장하는 의미를 전할 수 있다(그림 5-28a). 또는 식품을 색칠한 후 건강한 식품에 동그라미를 하거나 점선을 따라 그리는 게임을 통하여 올바른 식품 선택을 권장하거나 영양표시 확인의 중요성을 강조할 수도 있다(그림 5-28b,c).

(8) 길 찾기

건강에 해로운 식행동과 관련된 그림 속에서는 도착지에 갈 수 없도록 고안하여 바람직한 식생활과 관련된 길만 따라가도록 유도하는 그림을 이용한 방법이다(그림 5-29).

그림 5-29 건강한 길 찾기(식품의약품안전처)

NUTRITION EDUCATION & COUNSELING

CHAPTER 6 영양 상담

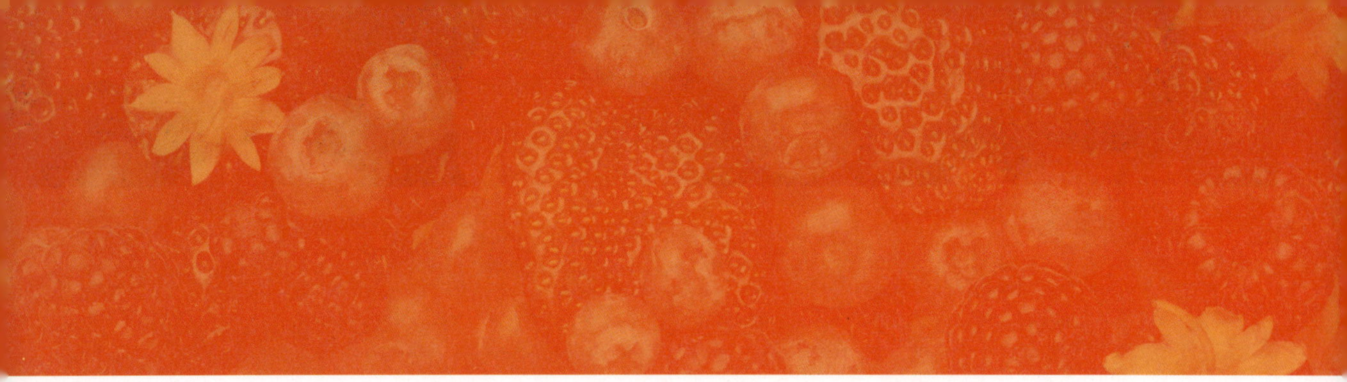

오늘날 식생활 환경이 급속하게 변화되면서 식생활과 관련된 만성질환의 발생이 크게 증가하고 있다. 따라서 영양문제를 가지고 있거나 잠재적인 가능성이 있는 사람뿐만 아니라 건강한 사람에게도 영양정보를 제공하고, 스스로 자신의 영양관리를 할 수 있는 능력을 갖도록 하는 영양상담의 필요성이 커지고 있다. 영양상담은 내담자가 올바른 식생활을 실천하여 영양문제를 해결할 수 있도록 지식과 방법을 제공하기 위한 상호작용과정이며, 궁극적으로는 내담자의 영양문제를 해결하는 데 목표를 두고 있다.

1. 영양상담의 개념과 접근법

1) 영양상담의 개념

영양상담이란 현재 영양문제를 가지고 있거나 잠재적인 가능성이 있는 사람, 그리고 건강한 사람에게도 영양정보를 제공하고, 본인 스스로 자신의 영양관리를 할 수 있는 능력을 갖도록 개별화된 지도를 하는 과정이다. 식행동 변화를 장기간 지속하기 위해서는 내담자가 의욕을 가지고 능동적으로 이러한 변화를 유지해야 하는데, 이를 자기관리라 한다. 즉, 자기관리란 내담자 스스로 자신의 식행동에 관한 문제점을 개선하기 위하여 이에 대한 적절한 식행동 전략을 세우고 실천하는 것을 의미한다. 영양상담은 내담자가 올바른 식생활을 실천할 수 있는 논리적인 구조를 제공해 준다.

식생활 환경이 급속하게 변화되고 있는 오늘날의 영양상담은 건강 관련 지식, 견해, 실제 행동, 그리고 식습관을 변화시키기 위하여 그 결정에 영향을 미칠 수 있는 모든 사항들을 포괄적으로 포함하여 실시한다. 영양상담이 효과를 거두기 위해서는 장기적인 상담을 실시함으로써 영양상담이 단지 새로운 사실을 받아들이고 정보와 지식의 수준을 높이는 것만이 아니라 내담자가 영양상담을 마친 후에도 스스로 자기관리를 습관화하여 바람직한 식생활을 실천하도록 해야 한다.

2) 상담관계의 특수성

상담은 도움을 필요로 하는 사람을 다른 사람이 도와주는 상호작용의 인간관계이며, 이를 통하여 성장과 발달이란 결과를 가져온다. 이러한 관계는 일상적인 인간관계와는 질적으로 다르며, 상담은 독특한 인간관계에 의하여 이루어지는 매우 전문적인 활동이다. 이러한 의미에서 상담관계는 일상의 대인관계와 비교할 때 다음과 같은 특수성을 가지고 있다.

첫째, 상담이란 내담자를 위하여 설정된 특수한 조력관계이다. 따라서 상담관계에서 상담자는 가능한 한 자기중심적인 입장을 떠나서 내담자 중심의 입장에서 관계를 맺게 된다.

둘째, 상담관계란 역동적인 상호작용의 관계이다. 상담관계는 상담자가 내담자에게 일방적으로 지시하거나 충고하는 식의 관계가 아니라 쌍방이 협조하여 세운 상담목표를 위하여 동등하게 책임지고 노력하는 협력적 상호작용으로 이루어진다.

셋째, 상담관계는 도움을 필요로 하는 내담자와 전문적인 자질을 가진 전문가의 상호작용에 의한 조력관계이다. 즉, 상담자는 한 사람의 전문가로서 이 분야에 대한 필수적인 지식, 태도, 기술 등을 터득하고 이를 효율적으로 활용할 수 있어야 한다.

넷째, 상담관계는 일상적인 대인관계에 비하여 사적이고 비밀이 보장되는 관계이다. 상담자는 내담자의 별도 허락이 없을 때는 무조건 비밀을 보장하는 직업윤리를 가져야 한다.

다섯째, 상담관계는 상식적인 범주의 틀을 벗어난 참 만남의 관계이다. 상식적으로는 이해되지 않는 심층적인 문제는 상식의 한계를 넘어 인간실존적인 직면을 통해서만 다룰 수 있다.

3) 영양상담의 접근법

일반적으로 상담에는 여러 가지 접근법이 있고 상담방법도 각 상담 이론에 따라 매우 다양하기 때문에 내담자에 따라 또는 내담자가 처한 환경에 따라 각각 다르게 이용할 수 있다. 영양상담에 주로 이용되는 접근방법으로는 내담자 중심요법, 행동요법, 합리적 정서요법, 현실요법 등이 있다.

(1) 내담자 중심요법

전통적인 상담방법이 상담자가 중심 역할을 하며 내담자에게 지시하는 방식이라면, 내담자 중심요법(client-centered approach)에서는 내담자를 중심으로 상담을 진행한다. 내담자 중심의 상담에서는 내담자가 스스로 문제해결 능력을 키우도록 심리적 분위기를 만들어 강한 신뢰를 바탕으로 한 친밀관계를 조성하는 것이 중요하다(그림 6-1). 내담자 중심의 상담에서는 내담자의 문제 인식과 해결 능력에 대

그림 6-1 성공적인 상담을 위한 친밀관계 형성

한 믿음이 있기 때문에 내담자가 심리적인 자신감을 갖도록 유도하고 상담의 과정과 진행의 세부사항에 관해서는 내담자에게 맡기게 된다.

내담자 중심의 상담에서는 인간은 스스로 자신의 문제해결방안을 발견하고 문제를 극복해 나갈 수 있는 잠재력이 있다고 전제한다. 상담자는 내담자가 스스로 문제를 해결하기 위한 자신의 능력을 발견하도록 정보를 제공하고 심리적으로 도와주는 역할을 한다.

(2) 행동요법

행동요법(behavior therapy)은 내담자의 부적절한 행동을 수정하고 바람직한 행동을 강화하여 유지시키는 것을 목적으로 한다(그림 6-2). 상담의 목표를 명확하게 설정하고 객관적으로 측정 가능한 행동을 대상으로 삼기 때문에 상담의 성과를 객관적으로 평가할 수 있다.

행동요법에서는 행동의 수정목표를 명확하게 설정하며 내담자는 그가 변화하고자 하는 문제행동의 종류를 구체적인 방법으로 진술하게 된다. 상담목표를 설정한 후 상담자는 이를 달성하기 위해 가장 적합한 절차를 선택해야 한다. 내담자와 행동계약서를 작성하여 실천을 유도하는 것도 좋은 방법이다(그림 6-3).

행동요법에는 다음과 같은 세 가지 형태가 있다. 첫째는 특정한 식행동이 건강에 좋은 결과를 가져왔을 때 그러한 행동을 더욱 강화시키는 방법이다. 둘째는 다른 사람의 행동을 보고 모방하는 형태이고, 셋째는 단순한 모방이 아니라 건강에 좋은 바

그림 6-2 행동강화방법의 예

행동계약서

이름 ____________________ 일시 ____________________

계약 기간 ____________________

나는 다음 사항을 실천할 계획입니다 :

1. ____

(특별한 행동목적, 자기 감시)

2. ____

3. ____

4. ____

만약 성공한다면 나는 다음 사항을 나 자신에게 스스로 보상하겠습니다 :

____

____

(특별한 보상내용)

서명 ____________________ 일시 ____________________
(내담자)

서명 ____________________ 일시 ____________________
(상담자)

그림 6-3 행동계약서의 예

긍정적 행동강화 요인

- 칭찬
- 긍정적 피드백
- 인정
- 추가된 책임감
- 특별 임무
- 결과에 대한 지식
- 감사 편지
- 월급 인상
- 보너스
- 승진

BOX 행동수정을 위한 기법

1. 계속 잘 실천하고 있는 내담자를 도와주기 위해 인센티브를 준다.
   - 성공적인 경험을 강조할 수 있는 방법을 결정한다. 상담자에 의한 긍정적인 조언이 도움이 된다.
   - 식사목표에 대해 다른 사람들에게 이야기하도록 격려한다. 이 공식적인 실천행동은 실천과정을 유지하는 데 도움이 될 것이다.
   - 발생할 문제를 예측하고 문제가 발생하기 전에 가능한 한 해결책을 강구한다. 준비된 계획을 세우면 목적에 집중하는 것이 더 쉬워진다.
   - 허용되지 않는 것보다 허용된 식품과 분량을 강조한다. 즉, 긍정적이 되어야 한다.
   - 식습관을 변화시킨다는 것은 점진적인 과정이라는 것을 기억한다. 식습관은 단기간에 크게 개선되지는 않는다. 단기 변화와 장기 변화를 위한 실질적인 목표를 수립한다.
2. 기록을 통해서 식습관과 운동습관을 학습한다.
   - 식행동 통제를 위해서는 섭취한 식품에 대한 정확한 기록을 통한 자기감시가 필요하다.
   - 기록 시에 먹은 식품, 먹은 식품의 양, 먹기 바로 전에 한 행동, 먹은 장소, 함께 먹은 사람, 먹을 때 기분, 먹은 시간 등을 포함시킨다.
   - 이러한 기록연습은 음식 섭취 패턴을 알게 해주고 식품 섭취와 관련된 단서를 제공해준다. 그러면 식행동과 관련된 환경적 자극을 더 잘 알게 될 것이다.
3. 자극을 조절하고 환경을 재구성한다.
   - 바람직한 식습관에 영향을 줄 수 있는 물리적 · 사회적 환경, 인지적 또는 정신적 환경을 분석하고 재구성한다.
4. 실제 식행동을 변화시킨다.
   - 천천히 먹기, 접시에 음식 남기기, 스낵류 섭취 줄이기 등
5. 신체적 행동을 변화시킨다.
   - 일상 활동과 운동습관을 바람직하게 변화시킨다.
6. 보상과 강화 체계를 세운다.
   - 가족이나 친구가 칭찬이나 물질적 보상을 하도록 한다.
   - 강화해야 할 행동을 명확하게 정한다.
   - 보상의 기준으로 자기관찰 기록을 이용한다.
   - 행동계약서를 이용하여 특정 행동에 대한 특별한 보상을 계획한다.
   - 다양하고 창조적인 강화방법을 사용한다.

람직한 행동의 모범을 보여 습득하게 하는 것으로 직접적인 교육이 포함된 방법이다.

행동요법이 도입된 초기에는 목표와 행동의 결정에 있어서 상담자의 전문적인 역할을 강조한 반면, 최근의 상담자들은 목표 선택과 상담과정에서 내담자의 적극적 참여를 더 중요시한다.

(3) 합리적 정서요법

합리적 정서요법(rational-emotive therapy)은 매우 교훈적이고, 감정보다는 사고의 차원에 중점을 두고 있다. 합리적 정서요법에서는 인간이 합리적이고 올바른 사고를 하는 잠재력과 비합리성에 근거한 부정적인 사고를 하는 가능성을 모두 가지고 있다고 가정한다. 이러한 가능성 중에서 사람들이 가진 문제는 그들의 비합리적인 신념에 의한 부정적인 사고에서 비롯된다고 여긴다. 따라서 내담자의 문제를 해결하는 데 가장 효과적인 방법은 내담자가 자신의 가치관을 직면하게 하여 자신의 부정적인 생각이 어떠한 문제를 가져오게 하였는가를 설명해 주고, 그들에게 논리적인 사고방식을 학습시켜 긍정적인 사고를 하도록 유도하는 것이다.

(4) 현실요법

현실요법(reality therapy)은 내담자의 현재 행동에 초점을 맞추어 상담하는 이론이다. 상담자는 교사 또는 모델로서의 기능을 하되, 내담자가 스스로 현실에 직면하여 기본적인 목표를 달성하게 한다. 현실요법의 핵심은 내담자가 각자의 행동 결과를 수용해야 한다는 책임성이며 이를 강조한다.

현실요법에서 상담자에게는 내담자를 가르치는 교사로서의 기능이 강조된다. 상담자는 내담자의 일상생활의 특성을 파악하여 그들의 문제를 해결할 수 있는 더 좋은 방법을 가르치며 효율적으로 문제를 해결하는 방법을 직접 보여 준다.

2. 영양상담의 실시과정

영양상담의 과정은 친밀관계 형성, 자료 수집, 영양판정, 목표 설정, 실행, 효과 평가의 단계로 실시된다(그림 6-4).

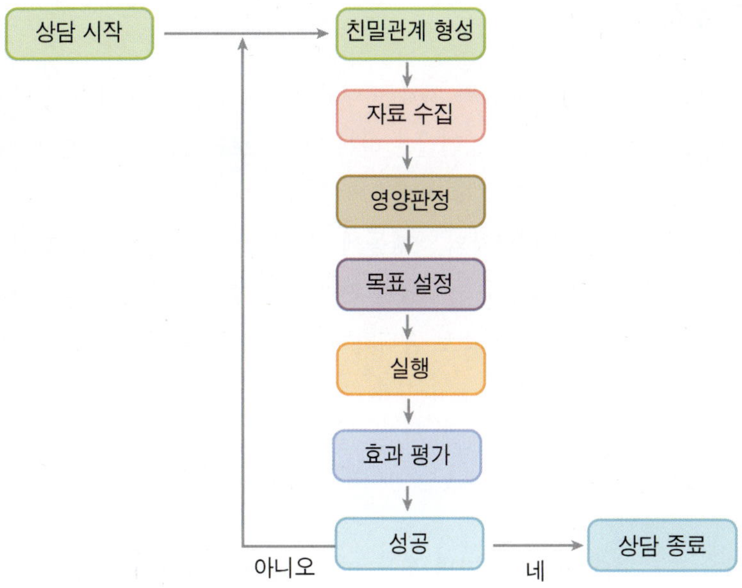

그림 6-4 영양상담의 실시과정

1) 친밀관계 형성

친밀관계 형성은 상담자와 내담자가 상담관계를 형성하는 과정으로서 서로 긴밀한 유대관계 형성을 위해 상담자가 내담자를 이해하고 수용하고 있다는 것을 내담자로 하여금 느낄 수 있게 해야 한다. 그러기 위해서는 인간적인 따뜻함을 보이며 상담 시에 나누었던 대화의 기밀성을 보장하고, 편안한 분위기에서 상담에 집중할 수 있는 환경을 조성하는 것이 중요하다. 상담자의 따뜻한 얼굴 표정, 시선의 초점, 앉은 자세, 어조, 말하는 속도, 내담자에게 적절한 전문용어 등은 상담을 성공적으로 이끌어 나가는 데 중요한 역할을 한다. 이러한 상담관계의 준비 및 형성은 상담자의 주도하에 이루어지는 것으로 내담자가 신뢰감을 갖고 편안한 상태에서 상담을 받을 수 있도록 유도한다.

대화를 시작할 때 상담자는 내담자에게 관심을 보이고, 자유로운 질문으로 대화를 시작할 수 있는 동기를 부여한다. 대화하는 동안에는 약간의 휴지기를 가져 대화의 속도를 조절하고, 상담자가 충분히 생각할 수 있는 시간을 준다. 대화는 부드럽고 서로 간에 신뢰가 생길 수 있도록 진행되어야 한다.

2) 자료 수집

영양상담에 필요한 내담자에 관한 자료는 내담자와의 면접, 의무기록, 상담자에 의한 관찰 등으로 얻어질 수 있다. 면접은 다른 방법으로는 얻기 힘든 영양상담에 필요한 자료들을 내담자와 직접 대화함으로써 수집하는 과정이다. 성공적인 영양상담을 위해 상담자는 우선 내담자의 식행동에 영향을 미치는 여러 가지 요인들을 알아내야 한다. 이를 위해 상담자와 내담자 간에 서로 존중하며 신뢰하는 개인적 유대관계가 형성되어 내담자가 스스로 솔직하게 자신의 문제점을 말하도록 유도해야 한다.

3) 영양판정

영양상담을 효과적으로 수행하려면 우선 영양상담의 계획이 수립되어야 하며, 적절한 계획을 세우기 위해서는 대상자별 영양상태가 고려되어야 한다. 어떠한 유형의 영양문제가 존재하는지 또는 발생 가능성이 높은지, 그 정도는 어떠한지 등에 관한 정보에 바탕을 두어야 구체적이고 효과적인 영양상담 계획을 마련할 수 있다.

영양상태에 관한 정보는 식품의 섭취상황에서 파악된 정보와 식품을 섭취한 후의 신체 반응과 상태에 의해 파악된 정보로 구분된다. 식품 섭취에 대한 정보는 식사섭취 조사를 통하여 수집할 수 있는데, 그 대표적인 방법으로는 24시간 회상법, 식사기록법, 식품섭취빈도 조사법, 식습관 조사법 등이 있다. 어떠한 것이든 각각 제한점이 있으므로 조사의 목표나 상담 여건에 따라 선택할 수 있다. 신체 반응에 대한 정보는 신체계측치, 신체 증상에 대한 임상적 관찰, 혈액 또는 소변에 함유된 특정성분의 분석을 통하여 얻을 수 있으며, 이를 기준치와 비교함으로써 영양상태를 평가할 수 있다.

4) 목표 설정

내담자에게 질병 예방 및 치료에 대한 영양관리의 필요성을 알려 주고, 내담자가 변화의 필요성을 인식하고 받아들이게 한다. 그다음 현실적으로 실현 가능한 목표를 설정하고, 이를 달성하기 위한 계획을 수립한다. 내담자 자신이 현실적으로 실천할 수 있는 목표를 세워야 하며, 목표 설정 시에는 상담자와 내담자의 공동참여가 효과적이다. 목표 설정에 포함되는 항목에 대한 예로는 체중목표, 대사목표, 영양요구량 설정 등이 있다.

5) 실행

실행은 영양목표를 달성하기 위하여 학습경험을 하도록 하는 과정으로 식행동을 변화시키는 데 필요한 정보를 제공하는 과정이다. 영양상담의 영역에서는 특정 질병의 치료를 위한 식사요법은 물론 영양상태를 적절하게 유지할 수 있도록 균형식이나 올바른 영양에 관한 지식을 전달하여 내담자가 바람직한 식행동을 통하여 문제를 해결할 수 있도록 도와 준다. 이러한 과정은 내담자의 연령, 교육 정도, 이해도, 식습관 등을 고려하여 개별화하는 것이 중요하다. 영양상담은 상담원의 의욕, 인간성, 경험, 전공에 대한 자신감 등이 내담자에게 큰 영향을 미치게 되고 상담의 성패를 좌우하게 된다.

정보 제공은 상담에 있어 가장 중요하고 긴 시간이 소요되는 부분이다. 상담자는 쉬운 단어와 간단한 문장을 사용하여 전문분야의 설명을 간단하면서도 논리적으로 천천히 이야기해야 한다. 내담자가 제안을 하거나 전개된 논리를 확신할 수 있다면 훨씬 유리하다. 적절한 질문은 큰 효력을 발휘할 수 있다. 중요한 정보는 반복하거나 대화의 서두 또는 끝부분에 넣는 것이 좋다. 가끔씩 예를 들어 설명하는 것도 현실감을 느낄 수 있게 하므로 좋은 방법이다.

내담자에게 최상의 상담이 이루어져도 시간이 경과하면 내담자의 이해 부족과 실패 반복으로 영양상담의 효과가 감소될 수 있다. 이때는 교육매체를 잘 활용하여 상담의 효과를 높일 수 있다. 내담자는 인쇄물을 이용하면 스스로 관리할 수 있으므로 영양상담자는 인쇄물 자료 개발에 많은 관심과 노력을 기울여야 한다. 교육자료는 말과 개념이 간단하고 연령, 질환별로 이해되기 쉽게 그림을 넣고 글자 크기 등도 고려해서 작성해야 한다.

영양상담을 실시하는 방법은 개별상담, 그룹상담, 공개적 상담으로 구분되며, 각각의 특징은 표 6-1과 같다.

표 6-1 영양상담의 종류 및 특징

분류	개별상담	그룹상담	공개적 상담
특징	특히 복잡한 문제를 지닌 내담자를 위해 효과적이다. -영양상태 평가 -식사력 조사 -영양보고서 등의 결과를 분석하고 지도할 때 가장 영향력이 크다.	경험의 교환에 의한 상호자극으로 식습관의 변화를 유도하는 데 유리하다. 이 방법은 동일한 문제를 가진 대상자들로 구성된다. -당뇨병 환자의 상담 -부모 · 자식의 동시교육, 훈련 -체중 감소를 위한 프로그램	대중을 상대로 강연식으로 이루어지는 상담으로 지역주민의 건강을 위한 질병 예방적 차원에서의 상담이다.
단점	비용이 많이 든다.	개인적이지 못하다.	개인적이지 못하고 상담의 효과 측정이 어렵다.
기타	특별한 형태의 전화상담이 있으나 면담이 더 효과적이다.	그룹 내 내담자들의 상호작용으로 자주적 역할이 커질 수 있다. 아동 및 청소년 상담에서 효과적이다.	이러한 상담의 효과를 극대화하기 위해서는 공개적 정보전달 자료나 의사외의 공동작업으로 하는 것이 효과적이다.

6) 효과 평가

영양상담의 목적은 내담자가 가지고 있는 가능성을 발견하고 일깨워서 스스로 당면한 문제점을 해결하게 함으로써 올바른 식생활을 실천하도록 하는 데 있다. 이를 성공적으로 수행하기 위하여 상담 후 그 결과를 평가하는 것은 상담에서 아주 중요한 부분이다. 영양상담을 일정시간 실시한 후에는 영양상담의 목표가 어느 정도 달성되었는지 평가해야 하며, 이때 내담자의 영양지식, 식생활과 관련된 인식과 태도, 식행동의 변화 등을 파악하게 된다. 평가를 통해 나타난 결과를 내담자와 함께 분석하고 내담자가 스스로 자기관리를 할 수 있을 때까지 추후관리는 계속되어야 한다.

영양상담의 효과를 거두기 위한 상담과정을 평가할 때는 다음과 같은 요소를 중심으로 평가하는 것이 좋다.

- 영양상담 중 내담자의 주된 문제점을 잘 의논하였는가?
- 식사관리방법을 설명하기 전에 내담자의 생활양식을 고려하여 상담하였는가?

- 내담자가 상담을 받은 목표를 잘 달성하였는가?
- 식행동 변화를 이루도록 하는 과정이 효과적으로 진행되었는가?
- 적절한 언어적 · 비언어적 면접기술을 이용하여 상담을 진행하였는가?
- 적절한 면접기술로 상담을 진행하였는가?
- 비슷한 경우의 내담자가 다시 방문할 경우 다르게 상담할 영역이 있었는가?

영양상담의 평가는 교육 후 내담자의 이해도 평가뿐만 아니라 추후 방문을 통한 문제해결방안과 체중 및 생화학적 검사 변화에 따른 효과 평가를 포함한다. 추후 방문이 필요한 횟수는 내담자의 영양문제에 따라 다르며 당뇨, 비만, 신장질환 등의 만성질환자는 지속적인 방문 및 평가를 필요로 한다.

지속적인 상담과정에서는 식사요법의 어려움과 실천 여부에 대한 상담, 보충적인 정보 제공뿐만 아니라 기록해 온 식사일기의 재평가, 일정 기간 후의 생화학적 검사나 체력 검사 결과를 통하여 식사요법의 실천 여부를 평가할 수 있다. 또한 상담내용을 문서화하여 추후 상담을 위한 자료나 특정 분야로 보내기 위한 자료 등으로 이용할 수 있다.

3. 영양상담기술

상담은 인간관계를 통하여 심리적으로 조력하는 과정이라고 할 수 있는데, 이러한 심리적 조력에도 여러 가지 기술이 필요하다. 그러나 기술 습득에 앞서 상담관계란 인간의 성장을 촉진하고 격려하는 것임을 명심해야 한다.

1) 영양상담의 주요 기법

(1) 수용

수용(reception)은 상대방이 이야기한 것을 이해하고 받아들이고 있다는 상담자의 태도를 나타내는 것이다. 따뜻하고 친밀한 태도로 이야기하는 것이 수용의 시초가 된다. 그리고 생각이나 대화의 중간을 연결해 줌으로써 대화나 의논이 부드럽게 되어 간다는 느낌을 갖게 해 준다.

수용의 요소를 이루는 상담자의 행동단서 중 첫째는 주로 내담자에게 시선을 주

표 6-2 내담자의 비언어적 행동의 예

구분	행동	상담자와 내담자의 상호작용	가능한 의미
눈	눈을 직시함	• 내담자는 상담자와 자신의 문제를 공유함 • 상담자는 이에 반응을 하고, 내담자는 계속해서 눈을 직시함	즉시 또는 기꺼이 개인적인 의사소통을 함. 세심한 주의
	지속적인 눈 접촉을 피함	• 매번 상담자가 내담자의 가족을 주제로 삼으면 내담자는 눈을 다른 곳으로 피함	상호 의사교환의 회피, 경외심
입	아랫입술을 떨거나 물어뜯음	• 내담자가 새로운 식행동을 실천하는 과정에서 직장의 동료들에게 비웃음을 샀던 경험을 이야기하기 시작함	스트레스 · 결의, 분노
머리	머리를 위 아래로 끄덕임	• 내담자가 자신의 건강상태에 대해 이야기하고, 새로운 식행동이 자신의 건강을 증진시킬 것이라는 것을 이야기함 • 상담자는 내담자의 의견을 반영함 • 내담자는 고개를 끄덕이며 맞다고 말함	확신, 동의
어깨	앞으로 기대기	• 내담자는 의자의 뒤쪽으로 앉아 있고, 상담자는 사적인 무엇인가를 털어놓음 • 내담자는 앞으로 기대어 있고, 상담자는 경험에 관해 질문을 함	열망, 세심, 의사소통에 개방적임
팔과 손	손을 떨면서 불안해 함	• 내담자가 체중 증가에 대한 두려움을 말하는 동안 손이 떨림	불안 또는 분노
다리와 발	반복해서 다리를 꼬았다 풀었다 함	• 내담자가 문제점들에 대해 격분해서 빠르게 이야기하는 동안 다리를 풀었다 꼬았다 하는 행동을 계속함	불안, 우울
몸체	의자의 모서리에 똑바로 경직된 상태로 앉아 있음	• 내담자는 면접의 방향에 대해 불안감을 나타냄 • 꼿꼿하게 앉아 있거나 자세가 경직되어 있음	흥분, 긴장, 불안
근접 정도	더 가까이 이동함	• 면접 도중에 내담자가 상담자 쪽으로 의자를 가까이 옮김	상호작용을 통해 더욱 친밀해지길 원함

자료 : Sneteslaar, L. G.(1989)

는 주목행동이다. 내담자에게 지속적으로 시선을 주면 상담자가 내담자를 수용하며 주의를 기울이고 있다는 사실을 암시적으로 전달하게 된다. 둘째는 상담자의 안면 표정과 고개를 끄덕이는 행동이다. 상담자는 자기 얼굴에 진실한 관심을 나타내야 한다. 셋째는 상담자의 어조와 억양이다. 내담자는 상담자의 어조와 억양을 단서로 자기의 이야기를 받아들이고 있는지 아닌지 알 수 있다. 이와 같이 대개 내담자들은 상담자의 조그만 행동단서에도 예민하므로 주의해야 한다.

(2) 반영

반영(reflection)은 내담자의 말과 행동에서 표현된 기본적인 감정, 생각 및 태도를 상담자가 다른 참신한 말로 부연해 주는 것이다. 이는 내담자의 자기 이해를 도와 줄 뿐만 아니라 내담자로 하여금 자기가 이해받고 있다는 인식을 주게 된다. 그러나 내담자가 한 말을 그대로 다시 반복하는 식이 아니라 가능한 한 충분히 다른 말을 사용하여 관심을 가지고 이해하고자 한다는 태도를 보여야 한다.

상담자는 내담자가 말로써 표현하는 것뿐만 아니라 자세, 몸짓, 목소리의 어조, 눈빛 등에 의해 표현되고 있는 것도 반영해 주는 것이 필요하다. 특히, 내담자의 언어 표현과 행동단서가 차이를 보일 경우에는 이를 반영해 주어야 한다.

(3) 명료화

명료화(clearness)는 내담자의 말 속에 내포되어 있는 것을 내담자에게 명확하게 해 주는 것을 말한다. 다시 말해 명료화는 내담자의 실제 반응에서 나타난 감정 또는 생각 속에 암시되었거나 내포된 관계와 의미를 내담자에게 보다 분명하게 말해 주는 것이다. 명료화는 내담자가 애매하게만 느끼던 내용이나 자료를 상담자가 말로 표현해 준다는 점에서 내담자에게 자기가 이해받고 있으며 상담이 잘 진행되고 있다는 느낌을 갖게 해 준다.

(4) 질문

상담에서 면접의 주요 기법 중에는 질문(questioning)을 통한 탐색이 있다. 내담자의 문제를 더 깊게 이해하기 위해서는 어떤 질문을 어떻게 하느냐가 중요하다. 원칙적으로 질문에 대한 답변을 얻는 식으로 상담을 시작하거나 더 많이 질문함으로써 더 많은 답변을 얻겠다는 식으로 상담하는 것은 내담자의 문제 해결에 전혀 도움이 되지 않는다.

질문의 형태는 가능한 한 개방적이어야 한다. 단일 질문이어야 하며 한꺼번에 여러 가지를 묻는 질문 형태는 좋지 않다. 질문은 되도록 간결하고 명확해서 알아듣기 쉬워야 한다. 직접적인 질문보다는 간접적인 질문일수록 좋다. 주의할 점은 '왜' 라는 질문은 가능한 한 피해야 한다는 것이다. 일단 질문한 다음에는 잠시 멈추고 기다리면서 내담자에게 귀를 기울여야 한다.

질문이 필요한 경우는 첫째, 상담자가 내담자의 말을 들을 수 없었거나 잘못 들었거나 이해할 수 없을 때이다. 둘째, 내담자가 상담자의 말을 이해했는지 알아볼 때이다. 셋째, 내담자가 지금까지 표현해 온 생각이나 감정을 보다 명확하게 탐색하도록 상담자가 질문을 하는 경우이다. 넷째, 보다 충분하게 내담자를 이해하기 위하여 상담자가 자세한 정보를 필요로 하는 경우이다. 마지막으로, 더 하고 싶은 말이 있는데도 말을 계속하기 어려워하는 내담자를 격려하기 위한 경우가 있다.

(5) 요약

내담자의 말의 내용을 요약(summarizing)하기 위해서는 말의 내용, 말할 때의 감정, 그가 한 말의 목적, 시기, 효과에 주의를 기울여야 한다. 요약은 여러 생각과 감정을 매회의 상담이 끝날 무렵 하나로 묶어 정리하는 것이다.

내담자가 진술하는 말의 흐름을 요약한다는 것은 상담이 어디로 진행되고 있으며, 현재 어디에 위치하고 있느냐를 파악하는 것이다. 요약의 주된 목적은 내담자에게 미처 의식하지 못하고 있는 점을 학습시키고 문제 해결의 과정을 밝히며 자신의 생각과 느낌을 탐색하도록 돕는 것이다. 또한 매회 상담을 자연스럽게 종결하며 많은 생각을 정리하고 통합하여 새로운 해결책을 강구하게 하는 것이다. 이와 함께 내담자의 말을 요약해 줌으로써 그의 말에 주목하고 그를 이해하고 있음을 확신시킨다. 요약은 상담자에게도 유용한 것으로 내담자가 한 말의 전체적인 면을 올바르게 지각하고 있는가를 검토하게 한다.

(6) 조언

보다 확실한 관점이나 이해를 위해 다른 사람으로부터 조언(advice)을 구하게 되는 경우가 있다. 특히 상담의 초기 단계와 종결 전 면접에서는 조언과 정보 제공이 중요한 역할을 한다. 그 이유는 상담을 시작하는 내담자의 막연한 생각을 정리해 주고, 초기 불안을 감소시켜 주기 때문이다. 즉, 초기 면접에서의 조언과 정보 제공은 내용상의 가치보다는 상담관계의 시작을 안정시키고 내담자의 정보 욕구를 충족시켜 준다는 점에 더 가치가 있다. 중반기에서의 여러 구조화도 하나의 조언으로 볼 수 있고, 종결단계에서 내담자가 실제 생활환경에서 새로운 행동을 효과적으로 시도하도록 조언하는 것은 상담에서 매우 중요한 기능이다.

그러나 조언은 자칫하면 내담자에게서 반발과 저항을 초래하게 된다는 문제가 있다. 조언이 무분별하게 사용되는 경우와 내담자가 소화할 수 없는 정도의 부적절한 조언을 할 경우에는 더욱 그렇다. 또한 과다한 조언은 내담자를 의존적으로 만들기 쉽다. 따라서 내담자에게 타당한 정보를 제공하되, 상담자 자신의 주관적인 판단에 따른 조언은 가능한 한 제한하고 조언을 하더라도 암시적으로 해야 한다.

영양상담기법의 적용 사례

학교 영양상담실에서 비만 어린이가 심각한 표정으로 영양교사와 상담을 하고 있다. 영양교사는 어린이와의 효과적인 상담을 위하여 상담기법을 적용하여 대화를 하고 있다.

• 수용

어린이 : 매일 맛있는 콜라 대신에 맛없는 우유를 마시려니까 정말 힘들어요.

상담자 : 콜라보다 우유가 맛이 없었구나.

• 반영

어린이 : 어제 점심시간에 영수가 저보고 뚱보라고 놀렸어요. 정말 속이 상해서 울었어요.

상담자 : 영수가 뚱보라고 놀리니까 영수가 미웠지?

• 명료화

어린이 : 요즘 학교에도 가기 싫고 식욕도 없어졌어요. 어제 저녁에도 갑자기 밥이 먹기 싫어서 저녁을 굶었어요.

상담자 : 네가 요즘 식욕이 없어졌다고 말하던 것을 이해할 수 있어. 왜 그런지 그 이유에 대해서 좀 더 이야기해 줄 수 있니?

• 질문

폐쇄형 질문 : 채소 반찬을 잘 먹니?

개방형 질문 : 평소에 어떤 반찬을 잘 먹는지 말해 볼래?

• 직면

상담자 : 현지야, 체중 조절을 위해 아이스크림을 먹지 않겠다고 나와 약속해 놓고 친구들과 계속해서 아이스크림을 사 먹고 있으니 선생님은 화가 나는구나.

(7) 직면

직면(confrontation)은 내담자가 내면에 지니고 있는 자신에 대한 그릇된 감정, 특히 현실의 경험과 일치되지 않는 감정을 드러내어 스스로 인지하도록 하는 기술이다. 이렇게 하여 내담자의 비효과적인 의사소통 형태를 인식시키고 부적응 행동의 결과를 평가하게 하여 내담자가 자신의 감정을 받아들이고 행동에 책임을 지게 하는 것이다.

(8) 해석

해석(interpreting)은 내담자가 직접 진술하지 않은 내용이나 개념을 그의 과거 경험이나 진술을 토대로 하여 추론해서 말하는 것이다. 즉, 내담자의 행동이나 발언에 근거하여 그의 성장에 도움이 되는 새로운 개념이나 관계를 제시하게 된다.

2) 면접기술

면접은 내담자의 영양문제를 확인하기 위하여 정보를 수집하는 단계로 상담에 앞서 이루어진다. 즉, 면접이란 상담자가 내담자와 대면하여 서로 공통된 관심사에 대하여 대화함으로써 상담자가 원하는 정보를 정확하게 조사하고 수집하는 과정을 의미한다. 면접을 할 때는 일반적으로 다음 과정이 포함된다.

- 상담자는 자신을 소개하고 면접의 목적을 설명하여 내담자의 협력을 얻도록 한다.
- 면접에 적절한 질문을 한다. 질문은 이해하기 쉽고 재미있게 하며 질문의 핵심을 정리해서 대답하기 쉬운 질문부터 시작해서 어려운 질문은 나중에 하도록 순서를 정한다.
- 질문의 내용을 내담자가 이해했는지를 점검한다. 상담자는 질문에 대한 내담자의 표정과 반응을 관찰하면서 질문에 대한 이해 정도를 확인할 필요가 있다.
- 대답의 요점을 기록한다. 상담자는 자신의 의견보다는 내담자의 의견을 경청하고 그 요점을 잘 기록한 후 그 내용을 내담자에게 확인해야 한다.
- 수집된 정보를 정리한다.
- 면접을 종결한다.
- 면접 결과를 진단하고 예측한다. 수집된 정보를 진단하여 내담자의 영양문제를 찾아내고 원인을 분석한다. 또 앞으로 어떻게 발전되어 진행될 것인지를 예측한다.

4. 영양상담의 보조도구

영양상담을 효과적으로 수행하기 위해서는 여러 보조도구들을 활용할 수 있다. 이러한 도구에는 영양소 섭취기준, 식품교환표, 영양상담기록표, 식사일기, 식생활 지침, 식품모형 및 각종 교육매체 등이 포함된다.

1) 영양소 섭취기준

우리는 식품을 통해 인체에 필요한 에너지와 영양소를 섭취하므로 하루에 섭취해야 할 각 영양소의 양에 대한 기준을 제정하게 되었다. 그러나 만성질환과 영양소 과다 섭취에 대한 문제가 제기되면서 식사 섭취의 평가나 식사계획에도 다양하게 활용이 가능한 영양소 섭취기준이 필요하게 되어 2005년부터 새로운 개념의 영양소 섭취기준을 마련하게 되었다. 이러한 기준에 의한 영양소 섭취기준은 집단의 영양상태를 평가하기 위한 것이고, 개인의 섭취량 표준치로 활용하기에는 한계가 있다. 그러나 영양상담 시에는 영양소 섭취기준에 근거한 균형적인 식사를 섭취할 수 있도록 식사 섭취의 구체적인 방법을 제시하는 데 영양소 섭취기준을 이용할 수 있다.

영양소 섭취기준의 제정은 2010년 국민건강관리법이 공포되면서 그동안 민간에서 제정하던 영양소 섭취기준에 관한 업무가 보건복지부의 공식적인 업무로 변경되며 이루어졌다. 영양소 섭취기준은 평균필요량(Estimated Average Requirement, EAR), 권장섭취량(Recommended Nutrient Intake, RNI), 충분섭취량(Adeguate Intake AI), 상한섭취량(Tolerable Upper Intake Level, UL)으로 구분하여 나타내며 영양소 섭취기준의 각 값이 개인과 집단에 어떻게 사용되는지 간단하게 설명되어 있다.

2) 식품교환표

식품교환표는 식단 작성에 활용되며, 식품이나 식사의 에너지원이 되는 영양소를 중심으로 영양소량을 신속하게 계산할 수 있는 유용한 도구이다. 식품교환법은 식품의 영양소 조성을 다루기 쉬운 구조로 전환시킨 것으로 수많은 식품의 영양가를 일일이 찾아볼 필요 없이 매일의 식단을 계획할 수 있으므로 영양상담 시에 내담자에게 스스로 영양관리를 할 수 있도록 지도하는 데 편리하게 이용될 수 있다.

3) 영양상담기록표

개인의 영양상태를 파악하기 위해서는 우선 식습관 및 식품섭취량을 조사하고, 이로부터 섭취한 영양소량을 분석하면 된다. 이외에도 영양상태에 영향을 미칠 수 있는 여러 요인과 상담에 필요한 기초자료를 수집하고, 상담과정을 지속적으로 관리해야 하는데, 이러한 과정을 효율적으로 실시하기 위해 영양상담기록표를 이용하게 된다.

영양상담기록표에서 중요한 것은 양식이 아니라 그 내용이므로 해당되는 내담자의 영양상태, 영양문제 등을 해결하는 데 유용한 자료의 형태로 개발하여 사용하면 된다. 따라서 영양상담기록표의 양식은 상담목적에 따라 여러 가지 유형이 사용될 수 있다.

그러나 영양교육과 상담은 의료기관이나 담당 영양사에 따라 그 내용과 질에 큰 차이가 있다. 따라서 임상영양치료의 질적 수준을 향상시키기 위해서는 표준화된 교육 프로그램을 이용한 교육과 상담이 수행되어야 한다. 이에 2003년 초반부터 미국영양사협회에서는 표준화된 영양관리과정(Nutrition Care Process, NCP) 모델을 채택하여 체계화된 영양관리방법을 제시하였다. 이는 모든 영양관리의 내용을 표준화한다는 것이 아니라 전문적인 영양서비스를 제공하는 과정을 표준화하는 것이며, 체계적인 문제해결방법과 근거 중심의 업무 수행을 통해 질적으로 향상된 결과를 얻기 위한 것이다.

영양관리과정은 영양판정(nutrition assessment), 영양진단(nutrition diagnosis), 영양중재(nutrition intervention), 영양 모니터링 및 평가(nutrition monitoring and evaluation)의 단계로 구성된다. 이러한 영양관리과정을 기준으로 하여 작성된 영양상담기록표의 각 단계를 살펴보면(표 6-3) 영양판정이란 영양관리과정의 첫 단계로 영양과 관련된 문제와 그 원인을 파악하기 위해 자료를 수집하고 확인하며 해석하는 체계적인 방법이다. 영양판정은 단지 초기의 자료 수집뿐만 아니라 환자의 상태를 지속적으로 재평가하고 분석하는 과정이며, 영양판정은 다음 단계인 영양진단의 근거를 제공하게 된다. 영양진단이란 영양사가 독립적으로 중재할 수 있는 영양문제를 규명하고 기술하는 것이며 영양판정과 영양중재를 연결시키는 핵심과정이라 할 수 있다. 영양진단은 문제와 그 원인을 적절하게 정의할 수 있는 특징을

표 6-3 영양상담기록표의 예

이름 :	(병록번호 : OOOOOOOO)	성별/나이

【1차 방문일】 ____________________

영양판정	
환자과거력	• 주진단 및 주증상: • 병력 : • 약물처방 : • 기타 특이사항 :
신체계측	Ht ________cm, Wt ________kg, IBW ________kg, PIBW ________%, BMI ________kg/m², Usual Wt ________kg, Wt change ________kg(%)/기간: ______ TSF ________mm(%ile), MAC ________mm, MAMC ________cm(%ile) Body fat ________kg(%), Waist circumference ________cm
생화학적 자료, 의학적 검사와 처치	Labs : (일시)
영양관련 신체 검사 자료	• 소화기 관련 증상 : • 활력 증후 : • 기타 :
식품/영양소와 관련된 식사력	• 식사처방 및 식사 관련 경험 및 환경 • 식품 및 수분/음료 섭취 • 에너지 및 영양소 섭취량 [에너지 ________kcal, C:P:F ratio = ____________ 단백질 ________g, 당질 ________g, 지방 ________g] • 지식/신념/태도 : • 약물과 약용 식물 보충제, 생리활성물질 : • 알코올 섭취 및 흡연 : • 신체적 활동 및 기능 :
영양필요량	에너지 ________kcal, (기준체중 , 산출근거) 단백질 ________g (기준체중 , 산출근거)

(계속)

영양진단		
문제	원인	징후/증상

영양중재			
영양처방			
영양중재	□ 식품/영양소 제공 □ 영양교육 □ 영양상담 □ 다분야 협의		
	영양진단	중재내용	목표/기대효과
제공 교육자료			
Follow up 일정			

【2차 방문일】 ____________________

영양판정	
신체계측	Ht ________cm, Wt ________kg, IBW ________kg, PIBW ________%, BMI ________kg/m^2, Usual Wt ________kg, Wt change ________kg(%)/기간: ______ TSF ________mm(%ile), MAC ________mm, MAMC ________cm(%ile) Body fat ________kg(%), Waist circumference ________cm
생화학적 자료, 의학적 검사와 처치	• Labs : (일시)
영양관련 신체 검사 자료	• 소화기 관련 증상 : • 활력 증후 : • 기타 :
식품/영양소와 관련된 식사력	• 식사 처방 및 식사 관련 경험 및 환경 • 식품 및 수분/음료 섭취

(계속)

<table>
<tr><th colspan="2">영양판정</th></tr>
<tr><td>식품/영양소와 관련된 식사력</td><td>• 에너지 및 영양소 섭취량
에너지 ________kcal, C:P:F ratio = ________________
단백질 ________g, 당질 ________g, 지방 ________g
• 지식/신념/태도 :
• 약물과 약용 식물 보충제, 생리활성물질 :
• 알코올 섭취 및 흡연 :
• 신체적 활동 및 기능 :</td></tr>
<tr><td>영양필요량</td><td>에너지 __________kcal (기준체중 , 산출근거)
단백질 __________g (기준체중 , 산출근거)</td></tr>
</table>

영양 모니터링 및 평가		
모니터링 목표	결과 (목표 달성의 장애 요인)	목표 달성 여부
		□ 목표 달성 □ 목표 일부 달성 □ 상태 불변 □ 부정적 결과 도출

영양진단		
문제	원인	징후/증상

<table>
<tr><th colspan="4">영양중재</th></tr>
<tr><td>영양처방</td><td colspan="3"></td></tr>
<tr><td rowspan="3">영양중재</td><td colspan="3">□ 식품/영양소 제공 □ 영양교육 □ 영양상담 □ 다분야 협의</td></tr>
<tr><td>영양진단</td><td>중재내용</td><td>목표/기대효과</td></tr>
<tr><td></td><td></td><td></td></tr>
<tr><td>제공 교육자료</td><td colspan="3"></td></tr>
<tr><td>Follow up 일정</td><td colspan="3"></td></tr>
</table>

기술하는 영양진단문(Problem, Etiology, Symptom/Sign : PES)의 형식으로 작성하게 된다. 영양진단(P)이나 영양문제는 환자의 영양상태 변화를 기술하는 것이다. 병인(E)은 영양문제 또는 영양진단과 관련된 원인 또는 위험인자를 기술하는 것이고, 징후/증상(S)은 특정한 영양진단을 내리는 데 사용된 주관적, 객관적 근거자료를 기술하는 것이다. 영양중재는 영양관리과정의 세 번째 단계로 대상자의 영양관련 행동이나 주위환경, 건강상태의 긍정적인 변화를 목표로 계획되는 행위를 말하며, 각 개인에게 필요한 적합한 영양중재를 계획하고 시행함으로써 환자의 영양문제를 해결하거나 개선하는 것을 목적으로 한다. 영양중재는 영양진단문(PES)에서 규명된 병인 또는 원인(E)에 초점을 맞추어 시행해야 하는데 영양사가 변화시킬 수 없는 병인(E)이라면 그 병인에 대한 영양중재는 불가능하며, 그 경우에는 영양문제의 징후/증상(S)에 초점을 맞추어 영양중재를 실시하게 된다. 영양중재는 식품/영양소제공, 영양교육, 영양상담 및 영양관리를 위한 다분야 협의 등의 네 개의 영역으로 나뉜다. 영양 모니터링 및 평가는 영양관리과정의 마지막 단계로 현재의 영양중재가 영양진단의 병인과 징후/증상을 해결하는 방향으로 진행되고 있는가에 대해 답하는 과정이며, '관찰'의 과정을 넘어 결과지표를 측정하여 기록하는 활동이다. 영양 모니터링 및 평가의 네 개 영역은 영양관리과정의 첫 번째 단계인 영양판정의 영역 중 환자력을 제외한 영역을 포함한다.

4) 식사일기

상담에서 내담자가 자기 관찰을 통해 식생활의 문제점을 스스로 찾아내도록 하기 위해서는 식사일기 형태의 일지를 쓰도록 하는 것이 좋다(표 6-4). 특히 비만관리를 위해 영양상담을 하는 경우에는 식사일기를 통해 문제가 되는 식행동을 발견하여 이를 효과적으로 개선할 수 있다. 식사일기는 내담자가 스스로 매일 기록하도록 한 후 영양상담 시 가지고 와서 상담자와 함께 평가하게 한다.

5) 식생활지침

한국인을 위한 '식생활목표'와 '식생활지침'은 영양상담 시 가장 일반적인 기준으로 활용된다. 보건복지부에서는 2003년 생애주기별로 임신 · 수유부, 영유아, 청소년, 성인을 위한 각각의 식생활지침을 개발하였고 2008년 한국 성인을 위한 식생

표 6-4 식사일기의 예

년 월 일

구분	식사시간	장소	음식명	재료명	분량	비고
아침	8 : 30	집 – 식탁	토스트 달걀프라이 우유	식빵 달걀 기름 저지방우유	2장 1개 1찻술 1컵(200mL)	
간식	10 : 45	사무실	녹차	녹차	1잔(200mL)	
점심	13 : 30	직원식당	잡곡밥 콩나물국 갈치구이 김치	쌀+현미 콩나물 갈치 기름 배추김치	1공기(210g) 삶은 것 1/3컵 1토막(50g) 1/2찻술 5잎	
간식	15 : 05	사무실	딸기	딸기, 중간 크기	10알	
저녁	18 : 35	집 – 식탁	잡곡밥 두부국 불고기 상추쌈	쌀+현미+보리 두부 쇠고기 양파 상추 된장, 고추장	1공기(210g) 1/3모 탁구공 크기 2개 1/4개 6장 1큰술	
간식	22 : 00	집 – 책상	현미차	현미차	1잔(200mL)	
평가	오늘은 식단대로 골고루 먹었고 양도 비교적 잘 지켰다. 아주 기분이 좋다.					

활지침을 개정 발표하였다. 2009년에는 영유아, 임신 · 수유부, 청소년을 위한 식생활지침을 개정하였으며 어린이를 위한 식생활지침을 발표하여 영양교육과 상담에 활용하도록 하고 있다. 2010년에는 농림축산식품부에서 '녹색 식생활지침'을 제정하여 발표하였다. 그러나 부처별로 '식생활지침'이 다르게 제정되는 것에 대한 문제점이 제기되어 2016년에 '국민 공통 식생활지침'이 발표되었다.

6) 식품모형 및 각종 영양교육 매체

식품모형은 식품의 형상을 본뜬 플라스틱 제품이나 판지를 이용한 형태 등 다양한 모양이 있다. 식품의 1인분 분량 크기나 1교환단위의 분량 등이 알기 쉽게 만들어져 있어 영양상담 시에 내담자에게 식품 선택에 관한 실습이나 식사처방 내용을 이해시키는 데 좋은 도구로 사용할 수 있다.

그림 6-5 국민 공통 식생활지침

자료 : 보건복지부 · 농림수산식품부 · 식품의약품안전처(2016). 국민 공통 식생활지침

영양상담과정에서는 내담자에게 영양에 관련된 지식이나 정보를 제공해야 하는 경우가 많으며, 이때 효과적인 정보전달을 위해 각종 영양교육용 매체를 활용할 수 있다.

Box 온라인 영양상담

컴퓨터는 표준화된 계획 수립, 의사 결정, 사후관리 등에 편리하게 이용할 수 있으므로 영양상담 시에도 적절한 컴퓨터 프로그램을 개발하여 활용한다면 상담이 효율적으로 이루어질 수 있을 것이다. 또한 상담자와 내담자가 온라인에서 영양상담을 할 수 있는 웹사이트의 개발이 활발해지면서 시간적, 공간적으로 보다 편리하게 영양상담이 이루어지게 되었다. 최근에는 병원의 유비쿼터스 진료시스템을 이용하여 영양사와 가정 내의 환자가 영양상담을 할 수 있는 환경이 가능해졌다.

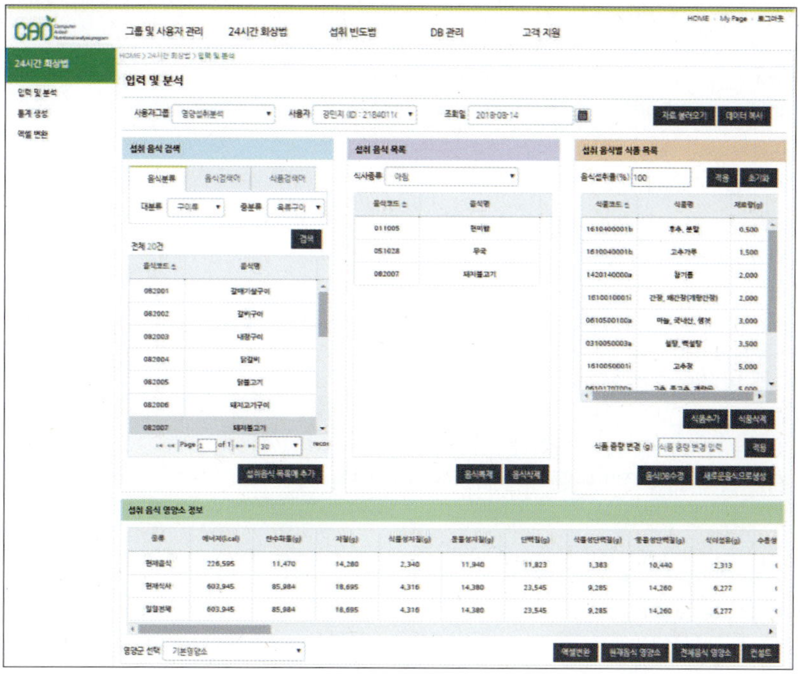

그림 6-6 CAN 프로그램(Web 기반)의 예

5. 영양상담의 사례

다음은 제2형 당뇨병 환자를 영양관리과정에 따라 상담한 사례를 기술한 것이다(표 6-5).

표 6-5 제2형 당뇨병 환자의 영양관리과정

이름 : OOO (병록번호 OOOOOOO) / 성별 : 남 / 나이 : 68세

【1차 상담일】 2018. 4. 10

영양판정	
환자과거력	• **주 진단명** : 제2형 당뇨병 • **병력** : 없음 • **약물처방** : diabex XR (경구용 혈당강하제) • **가족력** : 아버지-당뇨병, 어머니-고혈압 • **기타 특이사항** : 최근 혈당조절이 잘되지 않아 외래 영양상담 의뢰
신체계측	• Ht 172cm, Wt 69.2kg, IBW 64.8kg, PIBW 106.8% BMI 23.4kg/m^2, Wt change −2kg/월(−2.8%/월)
생화학적 자료, 의학적 검사와 처치	• Labs(2018. 4. 10) T-protein/albumin : 7.2/3.2g/dL, HbA1c : 9.6%, glucose : 118mg/dL, PP2 : 158mg/dL, T-chol. : 138mg/dL, TG : 205mg/dL, HDL-C : 45mg/dL, LDL-C : 125mg/dL, Hb : 14.8g/dL, Hct : 48.2%, BUN/Cr : 21.2/0.6mg/dL
영양관련 신체 검사 자료	• **소화기 관련 증상** : 특별한 증상 없음 • **활력 증후** : 혈압 120/70mmHg
식품/영양소와 관련된 식사력	• **식사처방 및 식사 관련 경험 및 환경** – 영양교육을 받은 경험이 없음 – 노인 부부의 가족형태로 식사요법에 대한 이해가 부족함 – 식사는 규칙적으로 하는 편임 – 식품알레르기 없음 • **식품 및 수분/음료 섭취** – 매끼 밥이 1.5공기 이상으로 탄수화물 섭취가 많은 편임 – 식사는 대부분 한식으로 섭취함 – 반찬은 찌개류와 장아찌 등의 밑반찬 중심으로 짜게 먹음 – 반찬이 다양하지 못함 – 평소 간식으로 빵, 과자 등을 자주 먹음 – 육류, 생선, 우유 및 과일 섭취가 매우 부족함 • **에너지 및 영양소 섭취량** 에너지 1,950kcal, C :P :F ratio : 67% : 13% : 20% 당질 326.7g, 단백질 63.4g, 지방 43.3g • **지식/신념/태도** – 식사요법에 대한 지식이 부족함 – 짜게 먹는 습관, 음주 등 기존의 식생활을 개선하려는 의지가 부족함 • **약물과 약용식물 보충제, 생리활성물질** – diabex XR(경구용 혈당강하제) • **알코올 섭취 및 흡연** – 주 4~5회의 습관적인 음주, 흡연(−) • **신체적 활동 및 기능** – 거의 매일 저녁식사 후 30분씩 집 근처 공원에서 걷기 • **스트레스** : 없음
영양필요량	에너지 1,950kcal(30kcal/kg IBW) 단백질 78g(1.2g/kg IBW)

영양진단		
문제	원인	징후/증상
당질 섭취 과다	식사요법 지식 부족	당질 섭취비율이 총열량의 67%
나트륨 섭취 과다	식사요법 지식 부족	찌개류나 장아찌 등 고나트륨 식품 과다 섭취
영양 섭취 불균형	식사관련 의지 부족	당질 섭취 과다, 단백질 섭취 부족

영양중재			
영양처방	당뇨식 1,950kcal/일, 단백질 78g/일		
영양중재	□ 식품/영양소 제공 ■ 영양교육 ■ 영양상담 □ 다분야 협의		
	영양진단	중재내용	목표/기대효과
	당질 섭취 과다	– 당질 섭취와 혈당 조절의 관련성 교육 – 3끼 식사 + 간식에서의 당질 적정 섭취량 교육 – 당질 급원식품 교육	당질 섭취량 : 총 열량의 60% 이내
	나트륨 섭취 과다	– 나트륨 과다 섭취와 질병 관련성 교육 – 식품(음식)의 나트륨 함량 정보 제공 – 저염식 실천방법 교육	1일 염분 섭취량 : 10g 이내
	영양 섭취 불균형	– 각 영양소의 기능에 대한 교육 – 균형영양식의 중요성과 실천방법 교육	균형영양식 실천
제공 교육자료	식사일기, 식사요법 리플릿		
Follow Up 일정	2개월 후 외래 진료 시 F/U		

【2차 상담일】 2018. 6. 12

영양판정	
신체계측	• Ht 172cm, Wt 68.0kg, IBW 64.8kg, PIBW 106.8% BMI 23.4kg/m^2, Wt change –1.2kg/월(–1.7%/월)
생화학적 자료, 의학적 검사와 처치	• Labs(2018. 6. 12) T-protein/albumin : 7.8/3.9g/dL HbA1c : 8.5%, glucose : 110mg/dL, PP2 142mg/dL T-chol. : 130mg/dL, TG : 172mg/dL, HDL-C : 43mg/dL, LDL-C : 128mg/dL, Hb : 14.4g/dL, Hct : 47.2%, BUN/Cr : 20.2/0.7mg/dL
영양 관련 신체 검사 자료	• **활력 증후** : 혈압 115/70mmHg

(계속)

영양판정	
식품/영양소와 관련된 식사력	• **식품 및 수분/음료 섭취** – 식사 시에 밥 섭취량은 1공기 정도로 줄었음 – 반찬은 여전히 밑반찬 중심으로 단조롭고 짜게 먹음 – 간식으로 자주 먹던 빵, 과자의 섭취가 감소하였음 – 동물성 단백질 식품의 섭취는 부족하나 대신 콩, 두부의 섭취가 증가되었음 – 술은 여전히 절제하지 못함 • **에너지 및 영양소 섭취량** 에너지 1,750kcal, C :P :F ratio : 58% : 18% : 24% 당질 253.8g, 단백질 78.8g, 지방 46.7g • **지식/신념/태도** : – 식사요법의 중요성은 인지하게 되었으나 아직 실천의지가 부족함 • **신체적 활동 및 기능** : – 저녁식사뿐만 아니라 점심식사 후에도 30분씩 걷기운동을 함 • **스트레스** : 부인의 식사관리 도움 부족에 대한 불만
영양필요량	에너지 1,950kcal(30kcal/kg IBW) 단백질 78g(1.2g/kg IBW)

영양 모니터링 및 평가			
모니터링 목표	결과	목표 달성 여부	
당질 섭취비율 감소(60% 이하)	1. 당질 섭취비율이 58%로 감소되었음	■ 목표 달성 □ 목표 일부 달성	□ 상태 불변 □ 부정적 결과 도출
저나트륨 식생활 실천	1. 짠 밑반찬 섭취 지속	□ 목표 달성 □ 목표 일부 달성	■ 상태 불변 □ 부정적 결과 도출
균형 잡힌 식사 섭취 실천	1. 우유를 섭취하게 됨 2. 동물성 단백질식품 섭취 부족 3. 과일 섭취 부족	□ 목표 달성 ■ 목표 일부 달성	□ 상태 불변 □ 부정적 결과 도출

영양진단		
문제	원인	징후/증상
나트륨 섭취 과다	식습관 교정의 어려움	장아찌 등 고나트륨식품 과다 섭취
영양불균형 문제	식사요법 실천의지 부족	동물성 단백질식품, 과일 섭취 부족

영양중재			
영양처방	당뇨식 1,950kcal/일, 단백질 78g/일		
영양중재	□ 식품/영양소 제공 ■ 영양교육 ■ 영양상담 □ 다분야 협의		
	영양진단	중재내용	목표/기대효과
	나트륨 섭취 과다	1. 저염식 실천방법 교육 2. 식사 준비자인 배우자 교육 3. 저염조리법 교육	1일 염분 섭취량 : 8g 이내
	영양불균형 문제	1. 영양성분표 활용 교육 2. 균형영양식 식단 교육	균형영양식 실천
제공 교육자료	식품성분표, 추천 식단자료		
Follow Up 일정	2개월 후 외래 진료 시 F/U		

CHAPTER 7 영양판정

영양판정이란 개인 또는 집단의 영양상태를 평가하는 것으로, 식품과 영양소의 섭취수준과 영양과 관련된 건강지표를 측정하여 영양상태 이상 여부와 손상이 있을 경우 그 정도와 특징을 알아낸다. 영양교육과 상담에서 영양판정은 여러 단계에서 요구되는데, 특히 초기에 교육과 상담의 방향을 설정하고 효과를 평가할 때 중요하다고 하겠다.

1. 영양판정의 개요

1) 영양판정목표

영양교육과 상담 시작단계인 대상의 진단에서 영양판정이 잘 진행되어야 대상자에게 적절한 교육과 상담을 설계할 수 있으며, 효과평가단계에서는 교육과 상담 결과를 알아볼 수 있으므로 매우 중요하다. 영양판정의 구체적인 목표는 다음과 같다.

영양교육과 상담에서 영양판정의 목표

- 영양교육이나 상담 대상의 영양문제를 파악한다.
- 인구집단에서 영양교육이나 상담이 필요한 영양위험 소집단을 선별한다.
- 영양문제 해결을 위한 교육이나 상담의 내용과 방향 설정에 필요한 정보를 얻는다.
- 영양교육이나 상담의 효과평가를 위한 기초자료를 얻는다.

2) 영양판정방법

영양판정방법은 크게 직접평가와 간접평가 두 가지로 나눌 수 있다. 직접평가는 대상자나 대상집단 혹은 지역사회를 직접 면밀하게 평가하는 방법이고, 간접평가는 이미 나와 있는 통계자료나 해결하고자 하는 문제를 잘 아는 전문가 등을 활용하여 미루어 유추하는 방법이다. 두 방법 모두 장단점이 있으므로 가능하다면 두 가지 방법을 함께 실시하여 그 결과를 종합적으로 검토하고 영양판정 결론을 내리는 것이 가장 바람직하다. 그러나 시간, 자금, 인력 등의 현실적 여건을 고려하여 가장 적절한 영양판정방법을 선택하여 실행하는 것이 중요하다. 영양판정방법과 도구 선택 시 고려할 사항은 다음과 같다. 여기서는 영양교육과 상담에서 보다 많이 활용되는 것으로 여겨지는 직접평가방법을 중점적으로 소개하겠다.

영양판정방법과 도구 선택 시 고려할 사항

- 영양상태를 평가하는 이유
- 조사 대상의 크기(개인 또는 집단)
- 평가할 내용의 종류와 양
- 요구되는 면밀성 수준
- 평가도구의 신뢰도와 타당성
- 조사대상자에게 줄 수 있는 부담
- 조사대상자에게 요구되는 능력 또는 기술
- 조사자의 훈련 필요성
- 조사자료 분석의 용이성
- 비용, 인력, 시간

(1) 직접평가

직접평가는 대상자 개인이나 지역사회 구성원들을 대상으로 개별적으로 실시된다. 크게 영양스크리닝(nutritional screening), 신체계측(anthropometrics), 생화학적 검사(biochemical test), 임상검사(clinical observation)와 식사조사

(dietary survey)로 나누어진다.

(2) 간접평가

간접평가는 개인보다는 집단을 대상으로 행하는 것이 적절하다. 이는 지역사회의 자연환경, 사회, 교육 및 문화적 환경, 보건위생상태 등의 진단을 통해 그 인구집단의 전반적인 영양상태를 평가하는 것으로 영양적 위험에 처한 소집단을 선별하거나 직접평가의 보조자료로 사용한다. 영양교육과 상담에서 간접평가는 시간과 비용을 절약하게 해 주는 유용한 영양판정도구가 될 수 있다.

간접평가의 조사 항목은 다음과 같다.

- **보건통계자료** 인구동태(인구의 연령 및 성별 구성, 인구밀도, 출생률, 사망률), 건강의학 통계(질병 통계, 영유아 사망률), 의료보건시설(병원, 보건소, 민간요법 현황)
- **식품 공급상황** 식품수급 실태, 식품 가격과 계절 변동, 식품 구매 여건, 식품광고, 식품 강화, 식품 구매 지원 및 급식 프로그램
- **식생태조사** 사회경제적 상태(소득수준, 교육, 주거환경, 교통, 사회보장제도), 사회 · 문화적 조건(생활양식, 지역사회의 공동생활방식, 관습, 종교, 전통적인 식습관, 식품금기, 식행동과 식품에 대한 신념 등), 지리적 조건(식량 생산과 관련된 자연환경)

2. 영양스크리닝

영양스크리닝이란 간단한 평가도구를 이용하여 특정 집단으로부터 영양적으로 취약하거나 위험한 대상자를 선별해 내는 것으로 영양교육이나 상담에서 자주 사용되는 직접평가방법이다. 또한 영양상담에서 내담자의 영양적 위험 여부를 빠르고 개략적으로 평가하고자 할 때 이용된다.

실제 영양교육이나 상담현장에서는 시간과 인적 · 물적 자원이 제한되어 모든 대상자의 영양상태를 전체적으로 판정하는 것은 쉽지 않다. 따라서 일차적으로 영양스크리닝을 실시하여 선별된 영양위험 소집단을 대상으로 상세한 영양상태를 판정하는 것이 비용-효과 측면에서 효율적일 수 있다. 영양스크리닝 과정에서 영양교

육에 대한 관심과 흥미를 유발할 수도 있다.

영양스크리닝에서 가장 중요한 것은 타당성과 신뢰성 있는 스크리닝 도구의 마련이다. 영양스크리닝의 내용은 일반적으로 영양문제와 관련이 있는 식생활 습관과 연령, 성별, 과거와 현재의 질병, 음주, 흡연 등의 일반 특성으로 구성되며, 지역환경이나 연령 등 대상자의 특성에 적절해야 한다. 좋은 영양스크리닝 도구는 쉽게 만들 수 있는 것이 아니기 때문에 신뢰도와 타당도가 검증된 도구를 찾아서 쓰는 것이 바람직하다. 성인과 노인 및 입원환자를 위한 영양스크리닝 도구의 예는 표 7-1~7-3과 같다. 또 다른 노인 대상 영양스크리닝 도구로는 Mini Nutritional Assessment가 개발되어 유럽을 중심으로 사용되고 있다.

표 7-1　영양스크리닝 도구의 예 : 건강한 식습관 평가

평가표

아래 표는 귀하의 식습관을 간단하게 자가 진단할 수 있는 방법입니다. 해당 란에 체크하여 주십시오.

문항	1주일간의 섭취일수		
	0~2일	3~5일	6~7일
1. 아침은 매일 규칙적으로 먹는다.	○	○	○
2. 식사는 언제나 적당량 먹는다.	○	○	○
3. 식사를 할 때는 식품 배합을 생각해서 먹는다.	○	○	○
4. 당근, 시금치 등의 녹황색 채소를 매일 먹는다(감자는 제외).	○	○	○
5. 과일을 매일 먹는다.	○	○	○
6. 채소류를 매일 먹는다(녹황색 채소류 제외).	○	○	○
7. 하루 한 번은 고기, 생선, 달걀, 콩 제품 중 하나 이상을 먹는다.	○	○	○
8. 우유나 유제품을 매일 마신다.	○	○	○
9. 미역, 생미역, 파래, 김 등의 해조류를 매일 먹는다.	○	○	○
10. 기름을 넣어서 조리한 음식을 매일 먹는다.	○	○	○
당신의 식습관은 (　　　　　　　　　　)합니다.	[결과 보기]		

[점수 배점] 0~2일 : 0점, 3~5일 : 0.5점, 6~7일 : 1점
[총점] 0~4.9 : 불량, 5~6.9 : 보통, 7~10 : 양호

자료 : 식생활정보센터(2018)

표 7-2 노인의 영양스크리닝 도구의 예 : DETERMINE

문항		그렇다
Disease	나는 질병이나 신체상태 장애로 음식의 양, 종류를 제한한다.	2
Eating poorly	나는 하루 두 끼 이하를 먹는다.	3
	나는 채소, 과일, 유제품을 거의 안 먹는다.	2
	나는 매일 3회 이상 맥주, 포도주 등 술을 마신다.	2
Tooth loss/mouth pain	나는 치아 또는 구강 문제로 먹기가 불편하다.	2
Economic hardship	나는 원하는 식품을 살 돈이 부족하다.	4
Reduced social contact	나는 대개 혼자 식사한다.	1
Multiple medcine	나는 매일 3종류 이상의 처방약을 복용한다.	1
Involuntary weight loss/gain	나는 지난 6개월간 4.5kg 이상 체중이 줄거나 늘었다.	2
Needs assistance in self care	나는 혼자 시장 보고, 조리하고, 식사하는 것이 신체적으로 어렵다.	2
Elder years above age 80	(나는 80세가 넘었다.)	–[1]
	총점	

* 총점 : 0~2–영양상태 양호, 3~5–중등의 영양적 위험상태, 6점 이상–심한 영양적 위험상태
1) 이 항목은 점수화하지 않음

표 7-3 입원환자의 영양스크리닝 도구의 예 : 서울대학교병원 영양검색도구

	위험요소1	위험요소2	위험요소3
식욕	정상/좋음	–	나쁨
체중변화	없음	–	있음
소화 어려움	없음	있음	–
식이 종류	일반식	연식	유동식
혈청 알부민(serum albumin)	≥ 3.3	≥2.8, < 3.3	< 2.8
혈청 콜레스테롤(serum cholesterol)	≥ 130	< 130	–
총 임파구수(total lymphocyte count)	≥ 1,500	≥800, < 1,500	< 800
헤모글로빈(hemoglobin)	남자 : ≥ 13.0 여자 : ≥ 12.0	남자 : < 13.0 여자 : < 12.0	–
C-반응성 단백질(CRP)	≤ 1	> 1	–
체질량지수(Body Mass Index)	≥ 18, < 25	< 18 or ≥25	–
나이	≤ 75	> 75	

*분류 : 고위험군–위험요소3이 2개 이상이거나 위험요소3이 1개 + 위험요소2가 2개 이상
저위험군–그 외

자료: 김윤 · 김원경 · 이혁준 · 박미선 · 이영희 · 조재진 · 공성호 · 양한광(2011)

3. 식사조사

식사조사는 대상자의 식품 섭취를 측정하여 그 양상을 알아보고 해당 식품섭취 정보를 바탕으로 에너지와 영양소 섭취 정도를 알아보는 것이다. 영양교육과 상담을 통해 식생활 변화를 이끌어 내기 위해서는 현재 식생활을 파악하고 그를 기반으로 해야 하기 때문에 식품 섭취에 대한 정보가 유용하게 사용된다. 식사조사에서는 섭취한 식품의 종류와 양을 조사하고 함유된 영양소의 양을 산출하여 영양섭취기준과 비교함으로써 영양상태를 판정하거나 식행동이나 식습관에 관한 정보를 수집하여 영양판정에 이용한다.

식품섭취량을 조사하는 방법으로는 개인별 조사와 소집단을 단위로 조사하는 방법이 있다. 영양교육과 상담에서 가장 많이 쓰이는 것은 개인별 식사조사이다. 개인별 조사로는 식사를 양적으로 평가하는 식사기록법과 24시간 회상법, 질적으로 평가하는 식품섭취빈도법 등이 있다. 양적 평가란 1일 이상의 식품섭취량을 측정하여 식품이나 영양소섭취량을 양적으로 평가하는 것이며, 질적 평가는 과거 장기간에 걸친 일상적 식품섭취빈도 등을 측정하여 평소 식품섭취패턴을 측정하는 것이다. 가족을 대상으로 하는 영양교육이나 상담에서는 가족 전체의 식생활을 알아보아야 하는데 식품계정법(food accounts), 식품열거법(food list), 식품재고조사법(food inventory) 등을 이용할 수 있다. 여기서는 개인 대상 식사조사법에 대하여 자세히 알아보도록 하겠다.

1) 식사섭취 조사방법

(1) 24시간 회상법

식사섭취 조사에서 자주 이용되는 24시간 회상법(24-hour recall)은 조사대상자가 조사시점으로부터 지난 24시간 동안 또는 전날 하루 동안 섭취한 음식의 종류와 양을 기억을 통해 조사하는 것으로, 훈련된 면접원이 개별 면접을 통해 대상자의 회상을 이끌어 내어 기록한다. 끼니 및 간식, 조리방법과 레시피, 가공식품의 경우 상품명, 영양보충제 복용, 섭취장소 등을 기입한다. 보조도구로 가정에서 사용하는 그릇, 컵, 숟가락, 식품 모델이나 사진, 크기 모델(그림 7-1) 등을 사용하여 섭취량을 정확하게 회상하도록 돕기도 한다. 회상법에서 사용하는 조사지의 예는 표 7-4와 같다.

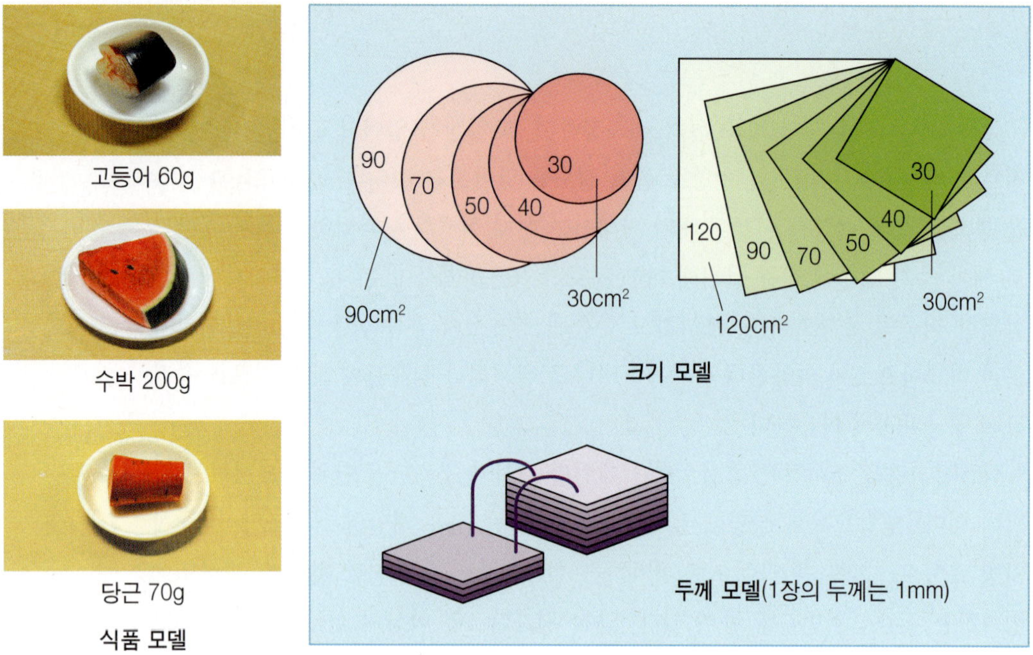

그림 7-1 식품섭취량 회상을 위한 보조도구

식품섭취량 조사기간은 하루나 2~7일로 24시간 회상을 반복한다. 대개 1일 회상에 20~30분이 소요되며, 1~2일 조사는 주중에 하고, 3일 이상이면 연속적 또는 비연속적으로 주중과 주말을 일정 비율로 포함시킨다. 그러나 개인의 식품 섭취는 일간 변동이 커서 1일 회상으로는 개인의 평소 영양상태를 판정하기에 타당성이 떨어지므로 비연속 2일 또는 연속 3일이 바람직하다. 조사기간이 길어지면 대상자가 피로하고 싫증이 나서 오히려 정확도가 떨어질 수 있다.

기억력과 기술능력이 뛰어난 대상자는 스스로 기억하여 적게 할 수도 있으나, 기억이 분명하지 않거나 면접상태에 따라 섭취한 식품의 종류와 양 측정에 정확도가 떨어질 수 있다. 따라서 기억력이 좋지 않은 어린이, 노인, 장애자에게는 직접 면접을 하기 어렵고 그들의 식사관리자를 대신 면접에 응하게 할 수도 있다. 잘 훈련된 영양사일수록 24시간 회상법을 이용하여 정확한 정보를 얻어낼 수 있으므로, 다양한 대상자들을 대상으로 반복 연습해 보는 것이 좋다.

표 7-4 24시간 회상법 조사지 기록의 예

- 하루 동안 드신 음식을 기억해 주세요.
- 어제 저녁이나 오늘이 특별한 식사를 하는 날이었습니까? (예, 아니오)
- 어제나 오늘이 특별한 날이었다면 평소 드시던 대로 대답해 주세요.

(도구 사용 : 밥공기-소 · 중 · 대, 국공기-소 · 중 · 대, 접시-소 · 중 · 대)

식사	식사 시간	식사 장소	음식명 (조리명)	재료명	눈대중	그림	식품 code	중량 (g)
식전								
아침 식사	9 : 30	집	식빵		1개	11cm 9cm		
			우유	서울우유	1컵			
			딸기잼		1/2작은술가락			
간식								
점심 식사	1 : 02	학교 식당	비빔밥	밥(수북이)	중1공기	9.8cm 6cm		
				달걀프라이	1개			
				시금치나물	2젓가락			
				콩나물	소1접시			
				무생채	1젓가락			
				고추장	1큰술가락			
				당근	1젓가락			
			풋고추멸치조림	풋고추	3개			
				멸치	1큰술가락			
				간장				
			배추김치	배추김치	5쪽	5cm 3cm		
간식								
저녁 식사	8 : 00	집	쌀밥	밥	1/2공기	5.5cm 4.5cm		
			고등어조림	고등어	1토막			
				간장				
			달걀프라이	달걀	1개			
				식용유				
			풋고추멸치조림	풋고추	4개			
				멸치	1/2큰술가락			
			배추김치	배추김치	중1접시	지름 13cm 접시		
간식	9 : 00	집	오렌지주스		1컵			

자료 : 이정원 · 이미숙 · 김정희 · 손숙미 · 이보숙(2009)

(2) 식사기록법

식사기록법(food record)은 식사일기(food diary)라고도 하는데, 하루 동안 섭취하는 모든 음식의 종류와 양을 섭취할 때마다 스스로 기록하는 방법이다. 기록하는 내용이나 조사지, 조사 기간, 섭취량 추정을 위한 보조도구 사용 등이 24시간 회상법과 유사하다. 다만, 저울이나 계량컵과 스푼 사용이 가능한 경우 섭취한 음식의 중량을 실측하여 적을 수도 있다. 반면 영유아나 노인, 문맹자같이 자기 기록이 어려운 경우에는 다른 사람이 대신 측량 · 기록하기도 한다. 24시간 회상법과 가장 다른 점은 식사기록법은 식품을 섭취할 때 스스로 기록하는 반면, 24시간 회상법은 전문가가 대상자에게 질문하면서 과거의 식품 섭취에 대한 정보를 얻는 것이라고 하겠다.

식사기록법은 식사 현장에서 섭취량을 기록하는 것이므로 빠뜨리는 것 없이 정확한 양을 조사할 수 있어 체중 조절 상담에서 자주 이용된다. 그러나 심리적 부담이 크고 시간이 많이 소비되므로 기록자의 동기유발과 협조적인 자세가 매우 중요하다. 더욱이 기록 일수가 많으면 싫증이 나고 귀찮아져 조사대상자는 때로 측량과 기록을 간단하게 만들기 위해 또는 조사자의 관심이나 칭찬을 얻기 위해 자신의 평상시 식사패턴이나 행동을 바꿀 수도 있다. 이는 평상시 식사섭취량 측정이 목표인 경우 문제가 된다. 그러나 조사대상자가 식품 섭취내용을 기록하면서 자신의 섭취내용을 자각하게 되는 기회를 제공하므로 영양중재에 의한 식사 변화를 목표로 한다면 오히려 강점이 될 수도 있다.

과거에는 대상자가 식사내용을 기록한 것을 영양전문가에게 보내면 이를 분석하여 면담하는 과정이 필요했으나 요즘에는 웹사이트나 스마트폰 애플리케이션을 이용하여 식사내용을 실시간으로 영양분석하여 평가를 받을 수 있다. 예를 들어 식품의약품안전처가 운영하는 식품안전나라에서 제공하는 '칼로리코디'는 섭취한 식사의 영양정보뿐만 아니라 운동정보와 함께 활용하면 체중관리가 가능하다. 이 서비스는 애플리케이션으로도 개발되어 있다(그림 7-2). 과거에는 영양전문가만 할 수 있던 영역을 컴퓨터가 대체함으로써 영양전문가는 이 결과를 바탕으로 식생활 개선을 통한 건강 증진에 보다 집중할 수 있게 되었다. 영양전문가는 이 과정에 대한 보다 높은 수준의 지식으로 무장해야 영양교육과 상담을 진행하며 대상자의 신뢰를 얻을 수 있을 것이다.

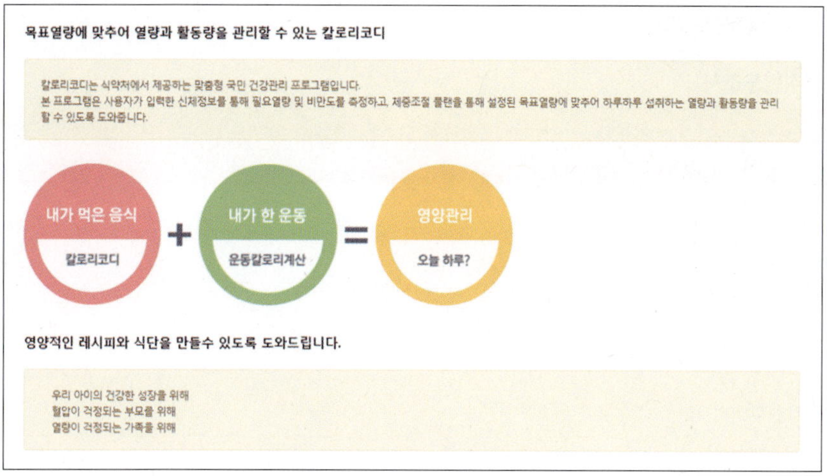

그림 7-2 식품안전나라 칼로리코디

자료 : 식품안전나라(2018)

(3) 식품섭취빈도법

식품섭취빈도법(food frequency questionnaire)은 대상자가 속한 지역에서 자주 섭취하는 50~100여 종류의 식품을 평상시에 섭취하는 빈도를 조사하여 장기간에 걸친 일상적 식품섭취패턴을 알아보는 질적인 평가법이다. 조사대상자가 설문지에 직접 기록하거나 조사자와 면접으로 응답할 수도 있다. 조사지에 1인 1회 섭취분량을 제시하거나 직접 물어서 개략적인 양적 평가를 할 수도 있는데, 이것을 반정량 또는 정량적 식품섭취빈도법이라고 한다(표 7-5). 한국의 식문화가 식품을 각각 먹는 것이 아니라 여러 가지 식품을 섞은 음식을 주로 섭취하는 것이어서 근래에는 식품이 아니라 음식을 기반으로 하는 식품섭취빈도조사표가 사용되기도 한다(표 7-6).

식품섭취빈도 조사지에서 가장 중요한 요소는 식품 목록, 섭취빈도 또는 1인 1회 섭취분량으로 이는 그 지역의 일반적 경향을 대표할 수 있어야 한다. 고혈압, 골다공증 등의 질병과 관련하여 특정 영양소의 섭취평가가 목적일 때는 15~30가지만 다루는 간단한 식품섭취빈도법도 이용된다.

이는 피조사자의 부담이 상대적으로 낮고, 쉬우며, 빠른 시간 내에 수행할 수 있고 섭취빈도조사 결과를 회상법이나 기록법으로 얻은 피조사자의 최근 식이섭취 정보와 대비시키면 근래의 식이 변화(예를 들면, 질병으로 인한)를 감지할 수 있어 환자의 영양상담 등에 이용된다.

표 7-5 식품섭취빈도 조사지의 예

단순 식품섭취빈도조사

식품	하루 3회	하루 1~2회	주 4~6회	주 2~3회	주 1회	한달 1~3회	가끔 또는 전혀 안 먹음
채소류(시금치, 당근, 콩나물)							
잡곡밥							
과일류(사과, 배, 귤, 딸기)							
해조류(다시마, 미역, 김)							
콩류(두부, 순두부, 콩)							
감자류(감자, 고구마)							
우유류(우유, 요구르트)							

반정량 식품섭취빈도조사

음식명	1회 섭취분량	하루			일주일			한달		1년	거의 안 먹음
		3회 이상	2회	1회	5~6회	3~4회	1~2회	2~3회	1회	6~11회	
밥	1공기 : 240g										
보리	10g										
국수류, 수제비 자장면 등	1그릇 : 200g										
라면류	1그릇 : 120g										

정량적 식품섭취빈도조사

빵 종류	지난 일주일 동안 섭취한 평균 횟수							한번 먹을 때 섭취하는 양
	안 먹거나 거의 안 먹음	주 1회	주 2~3회	주 4~6회	매일 1회	매일 2회	매일 3회이상	
흰빵, 식빵, 토스트								□ 1쪽 □ 2쪽 □ 3쪽 □ (　　)쪽
도넛, 꽈배기, 크로켓, 케이크								□ 1개 □ 2개 □ 3개 □ (　　)개(조각)
기타 빵(팥빵, 크림빵, 샌드위치, 곰보빵, 야채빵 등)								□ 1개 □ 2개 □ 3개

표 7-6 음식 기반 식품섭취빈도조사표의 예

다음 각 항목의 음식을 최근 1년 동안 얼마나 자주 섭취했는지 응답해 주시고, 1회 평균 섭취량도 답해 주십시오.

섭취빈도(회) / 음식명	거의 안 먹음	1개월		1주			1일			기준분량	1회 평균 섭취량			
		1	2~3	1	2~4	5~6	1	2	3					
1. 쌀밥	(1)	(2)	(3)	(4)	(5)	(6)	(7)	(8)	(9)	1공기(300mL, B1T)	(1) $\frac{1}{2}$	(2) 1	(3) 1$\frac{1}{2}$	(4) 2
2. 잡곡밥(콩밥 포함)	(1)	(2)	(3)	(4)	(5)	(6)	(7)	(8)	(9)	1공기(300mL, B1T)	(1) $\frac{1}{2}$	(2) 1	(3) 1$\frac{1}{2}$	(4) 2
3. 비빔밥, 볶음밥	(1)	(2)	(3)	(4)	(5)	(6)	(7)	(8)	(9)	1인분(외식제공량 =500mL)	(1) $\frac{1}{2}$	(2) 1	(3) 1$\frac{1}{2}$	
4. 김밥	(1)	(2)	(3)	(4)	(5)	(6)	(7)	(8)	(9)	1줄(=삼각김밥 2개)	(1) $\frac{1}{2}$	(2) 1	(3) 1$\frac{1}{2}$	(4) 2
5. 카레라이스	(1)	(2)	(3)	(4)	(5)	(6)	(7)	(8)	(9)	1인분(외식제공량 =500mL)	(1) $\frac{1}{2}$	(2) 1	(3) 1$\frac{1}{2}$	
6. 라면, 컵라면	(1)	(2)	(3)	(4)	(5)	(6)	(7)	(8)	(9)	1개	(1) $\frac{1}{2}$	(2) 1	(3) 1$\frac{1}{2}$	
7. 국수, 칼국수, 우동	(1)	(2)	(3)	(4)	(5)	(6)	(7)	(8)	(9)	1인분(외식제공량 =1000mL)	(1) $\frac{1}{2}$	(2) 1	(3) 1$\frac{1}{2}$	
8. 짜장면, 짬뽕	(1)	(2)	(3)	(4)	(5)	(6)	(7)	(8)	(9)	1인분(외식제공량 =1000mL)	(1) $\frac{1}{2}$	(2) 1	(3) 1$\frac{1}{2}$	
9. 냉면	(1)	(2)	(3)	(4)	(5)	(6)	(7)	(8)	(9)	1인분(외식제공량 =1000mL)	(1) $\frac{1}{2}$	(2) 1	(3) 1$\frac{1}{2}$	
10. 떡국	(1)	(2)	(3)	(4)	(5)	(6)	(7)	(8)	(9)	1인분(외식제공량 =1000mL)	(1) $\frac{1}{2}$	(2) 1	(3) 1$\frac{1}{2}$	
11. 만두(찐만두, 군만두)	(1)	(2)	(3)	(4)	(5)	(6)	(7)	(8)	(9)	1인분(외식제공량= 만두 6개)	(1) $\frac{1}{2}$	(2) 1	(3) 1$\frac{1}{2}$	
12. 식빵	(1)	(2)	(3)	(4)	(5)	(6)	(7)	(8)	(9)	2장	(1) 1	(2) 1	(3) 3	
12-1. 버터, 마가린	(1)	(2)	(3)	(4)	(5)	(6)	(7)	(8)	(9)	2ts(10mL)	(1) 1	(2) 1	(3) 3	
12-2. 잼	(1)	(2)	(3)	(4)	(5)	(6)	(7)	(8)	(9)	2ts(10mL)	(1) 1	(2) 1	(3) 3	
13. 단팥빵, 호빵, 크림빵	(1)	(2)	(3)	(4)	(5)	(6)	(7)	(8)	(9)	1개	(1) $\frac{1}{2}$	(2) 1	(3) 2	
14. 카스텔라, 케이크, 초코파이	(1)	(2)	(3)	(4)	(5)	(6)	(7)	(8)	(9)	1개(조각)	(1) $\frac{1}{2}$	(2) 1	(3) 2	
15. 피자	(1)	(2)	(3)	(4)	(5)	(6)	(7)	(8)	(9)	2조각($\frac{1}{2}$F3×2)	(1) 1	(2) 1	(3) 3	
16. 햄버거, 샌드위치	(1)	(2)	(3)	(4)	(5)	(6)	(7)	(8)	(9)	1인분(외식제공량)	(1) $\frac{1}{2}$	(2) 1	(3) 1$\frac{1}{2}$	
17. 백설기, 시루떡, 인절미, 절편	(1)	(2)	(3)	(4)	(5)	(6)	(7)	(8)	(9)	백설기 $\frac{1}{2}$개(=시루떡 $\frac{3}{4}$개=인절미, 절편 3조각)	(1) $\frac{1}{4}$	(2) 1	(3) 1	
18. 떡볶이	(1)	(2)	(3)	(4)	(5)	(6)	(7)	(8)	(9)	1컵(200mL)	(1) $\frac{1}{2}$	(2) 1	(3) 1$\frac{1}{2}$	
19. 시리얼	(1)	(2)	(3)	(4)	(5)	(6)	(7)	(8)	(9)	1대접(250mL, D1B, 우유 포함)	(1) $\frac{1}{2}$	(2) 1	(3) 1$\frac{1}{2}$	

자료 : 질병관리본부(2018)

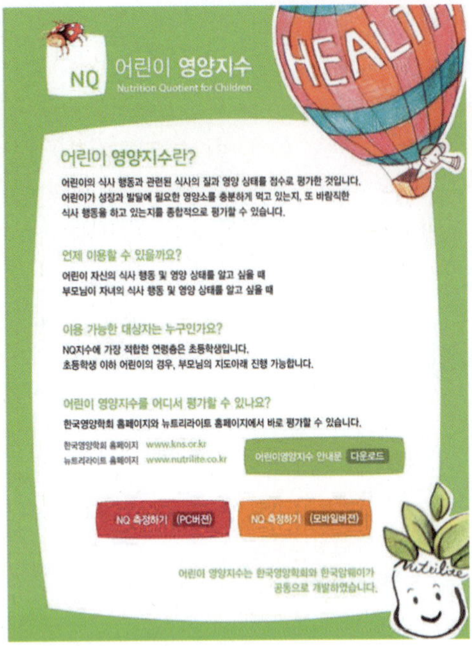

그림 7-3 어린이 영양지수(NQ)

자료 : 한국영양학회, 한국암웨이(2018)

(4) 식습관 조사

식습관 조사 결과는 개략적인 영양문제를 추정할 수 있게 하며, 특히 식품섭취량 조사와 병행될 경우 영양판정을 더욱 정확하게 해 줄 뿐만 아니라 영양문제의 원인이 될 수 있는 식행동의 특징을 제공함으로써 영양문제 해결을 위한 영양교육이나 상담의 내용과 방향을 구체적으로 제시해 준다. 또한 간단한 설문지 조사로 식습관 파악이 가능하므로 영양교육이나 상담과정에 반복 사용함으로써 단계별 개선과정을 파악할 수 있다. 식습관 조사표는 대상자가 속한 지역사회의 식생활 패턴에 근거해 개발되고 표준화된 것이 가장 바람직하며 비교 분석이 가능하다.

예로는 2012년에 한국영양학회와 한국암웨이가 개발한 어린이 영양지수(그림 7-3)를 들 수 있다. 이는 총 19개 문항으로 이루어져 있어 인터넷이나 모바일을 통해 쉽게 진행할 수 있으며 100% 만점으로 점수를 제시할 뿐만 아니라 1등급에서 5등급까지 위험도를 구분한다. 더불어 식생활의 다양한 분야를 '균형', '다양', '절제', '규칙', '실천'의 다섯 분야로 정리하고 각 분야를 평가해 주어 어린이 식생활을 어떻게 개선시킬지에 대한 방향 설정도 가능하다.

건강한 식생활 전반에 대한 조사도 가능하지만 특정 질병과 관련한 식습관 조사표도 개발되어 있다. 표 7-7은 암 예방에 중점을 둔 식생활 자가진단표이다. 이러한 도구들은 앞에서 설명한 영양스크리닝에도 활용할 수 있다. 주의할 점이 있다면 도구는 어디까지나 시작점을 알려 줄 뿐이며, 문제가 되는 식생활 영역의 개선방법은 제시해 주지 않는다는 것이다.

2) 식사 평가

식사조사 결과는 식품구성자전거에 기초한 식품군별 구성과 섭취 식품의 다양성을 분석하여 식사의 영양적 균형 여부를 질적으로 평가하거나, CAN-Pro 등을 사용하여 영양소섭취량을 산출하고 영양섭취기준과 양적으로 비교 평가한다.

표 7-7 암 예방을 위한 식생활 자가진단표

평상시 나의 식생활은

구분	총점	예 (5점)	가끔 (3점)	아니오 (1점)
나의 식생활 자가진단표	1 하루 3번 식사하는 날이 일주일에 5일 이상이다.	○	○	○
	2 식사 속도는 평균 10분 이상이다.	○	○	○
	3 식사 시 국과 김치를 제외한 3가지 이상의 반찬을 먹는다.	○	○	○
	4 과식하지 않는다.	○	○	○
	5 영양소를 고려한 균형 잡힌 식사를 한다.	○	○	○
	6 잡곡밥을 거의 매일 먹는다.	○	○	○
	7 육류나 계란을 일주일에 5번 이상 먹는다.	○	○	○
	8 어패류(생선, 오징어, 조개 등)를 일주일에 3번 이상 먹는다.	○	○	○
	9 김치를 제외한 채소, 해조류, 버섯 등을 매끼 먹는다.	○	○	○
	10 과일을 매일 먹는다.	○	○	○
	11 우유나 유제품(요구르트, 요플레 등) 등을 매일 먹는다.	○	○	○
	12 외식할 때 음식이 짜다고 느낀다	○	○	○
	13 심하게 탄 부분은 먹지 않는다.	○	○	○
	14 곰팡이가 핀 음식은 먹지 않는다.	○	○	○
		예 (1점)	가끔 (3점)	아니오 (5점)
	15 밑반찬, 젓갈류, 자반 등의 짠 음식을 매일 섭취한다.	○	○	○
	16 뜨거운 음식을 즐겨 먹는다.	○	○	○
	17 지방이 많은 육류(삼겹살, 갈비 등)를 3일에 1회 이상 먹는다.	○	○	○
	18 외식 시 숯불구이나 고기집을 1주일에 1회 이상 간다.	○	○	○
	19 육가공식품(햄, 베이컨, 소시지 등)이나 라면, 인스턴트식품을 1주일에 3회 이상 먹는다.	○	○	○
	20 단 음식(아이스크림, 케이크, 스낵, 탄산음료, 꿀, 엿, 설탕 등)을 매일 섭취한다.	○	○	○

구분	평가기준	평가내용
나의 식생활 평가표	80~100점	지금까지의 식생활이 양호하다고 할 수 있습니다. 즉, 건강을 유지하고 암을 예방할 수 있는 식생활을 하고 있다고 생각하시면 됩니다. 앞으로도 현재의 식생활을 유지하면서 암 예방을 위한 식생활지침을 실천해 가시기 바랍니다.
	60~79점	지금까지의 식생활에 큰 문제는 없으나 좋지 않은 식습관도 존재합니다. 암 예방 및 건강한 삶을 위해 식생활 개선의 노력이 필요하며, 암 예방을 위한 식생활지침을 염두에 두고 생활하시기 바랍니다.
	0~59점	지금까지의 식생활에 문제가 있으며, 이러한 식생활을 계속할 경우 암에 걸릴 위험이 높습니다. 또한 나쁜 식습관은 다른 만성질병을 일으킬 수도 있습니다. 지금까지의 식생활에 대해 반성을 하면서 암 예방을 위한 식생활지침에 따라 현재의 식생활을 변화시키기 바라며, 식생활 전문가와 상담하시길 권장합니다.
	점수가 59점 이하라면 현재 여러분의 식생활에 문제가 있을 수 있으므로 식생활 전문가(영양사)와의 상담이 요구됩니다.	

자료 : 국가암정보센터(2018)

(1) 식품 섭취 평가

영양소섭취 정도와 별개로 혹은 더불어 섭취한 식품 자체를 평가하는 것은 영양교육과 상담에 있어 중요하다. 영양교육과 상담을 통하여 대상자들의 식생활을 변화시키려면 식품 섭취 양상을 정확하게 파악하고 있는 것이 중요하기 때문이다. 대체로 식품구성자전거에서 제시하는 균형 잡힌 식품군별 섭취를 하고 있는지 다양한 식품군을 섭취하고 있는지를 파악하게 된다.

① 식품군 섭취패턴

식품구성자전거(그림 7-4)가 제시하는 식품군 섭취 패턴과 대상자의 식품군 섭취 양상을 비교하여 적절성을 평가할 수 있다. 예를 들면, 섭취가 부족하거나 아예 섭취하지 않는 식품군이 있다면 그 식품군에 속한 식품에 대한 교육을 진행할 수 있을 것이다.

식품군 섭취패턴(food group intake pattern)은 상용식품을 곡류 · 감자군, 육류군(육류, 어패류, 난류, 두류), 과일군, 채소군, 우유 · 유제품군의 다섯 개 식품군으로 나눈 다음, 곡류 및 감자류 60g, 육류 30g(액체 형태 60g), 과일 30g(액체 형태 60g), 채소 30g(액체 형태 60g), 우유 · 유제품 60g(고형 유제품 15g)을 기준으로 하여 하루에 섭취한 식품의 중량이 각 군에서 기준량 이상을 섭취했으면 1, 섭취하지 못했

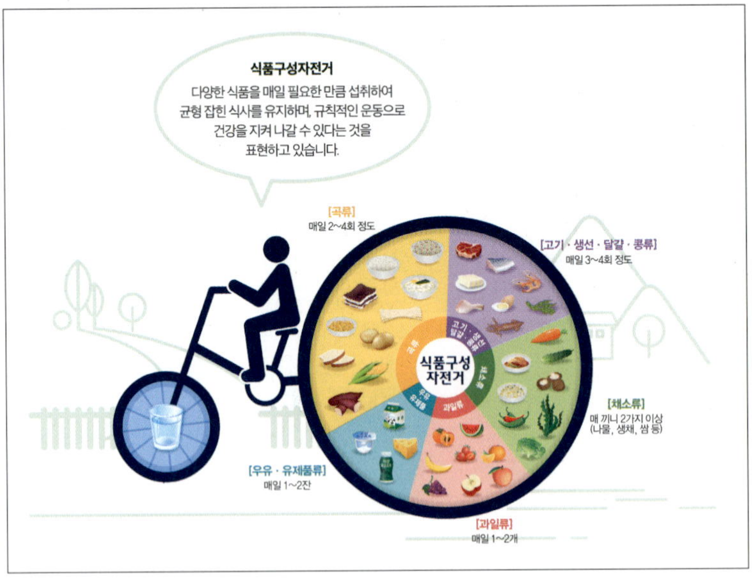

그림 7-4 식품구성자전거

표 7-8 식품군 섭취패턴 평가

식품군	최소 섭취 기준량(g)	실제 섭취량(g)	점수	평가
곡류 · 감자류	60	쌀 180	1	GMFVD=10110 DDS=3
육류 고체상태 액체상태(두유)	 30 60	달걀 1/2개 25	0	
과일류 고체상태 액체상태(주스)	 30 60	참외 1/2개 100	1	
채소류 고체상태 액체상태(주스)	 30 60	김치 2접시 80 당근 주스 100	1	
우유 · 유제품 고체상태(치즈) 액체상태	 15 60		0	

으면 0으로 표시하여 식품 섭취의 균형성과 다양성을 평가하는 것이다. 식품군 섭취패턴은 다섯 개 식품군의 앞글자를 따서 GMFVD(Grain, Meat, Fruit, Vegetable, Dairy product)로 표시한다. 예를 들어 표 7-8과 같이 식품을 섭취한 경우 식품군 섭취패턴은 GMFVD = 10110으로 표기하며 곡류, 과일, 채소군은 섭취했고 육류와 우유류는 섭취하지 않은 것으로 보면 된다. GMFVD의 1은 1점, 0은 0점을 매겨 0~5점까지 점수화한 것을 다양성 점수(DDS : Dietary Diversity Score)라고 한다. 표 7-8의 경우 DDS는 3점이 된다.

앞에 기술한 식품군이나 양은 지역, 인구집단, 조사목적에 따라 달라지기도 한다. 영양불량을 예방하기 위한 프로그램을 설계하기 위한 준비단계 혹은 개발된 프로그램의 효과평가단계의 일환으로 다양성 점수를 조사하기도 하는데, FAO(Food and Agriculture Organization)에서는 16가지 식품군을 권하고 있다.

② 섭취식품 가짓수

섭취식품 가짓수(DVS : Dietary Variety Score)는 개인이 하루 동안 섭취한 모든 개별식품 종류의 수가 곧 점수(DVS)가 되는 것으로, 섭취한 식품의 가짓수가 많을수록 영양소 섭취상태가 균형 잡히고 양호해진다는 연구 결과에 근거를 두고 있다.

조미료와 양념으로 소량 쓰인 파, 마늘 등은 가짓수에서 제외시킨다. 일본 암예방 학회에서는 하루 30가지 식품 섭취를 권장하고 있다.

(2) 영양소 섭취평가

영양소 섭취량은 한국인을 위한 영양섭취기준(DRIs : Dietary Reference Intakes)에 근거하여 충족 여부를 평가한다. DRIs에는 영양소별로 평균필요량(EAR : Estimated Average Requirement), 권장섭취량(RNI : Recommended Nutrient Intake), 충분섭취량(AI : Adequate Intake) 및 상한섭취량(UL : Tolerable Upper Intake Level)의 네 가지 기준치가 있으며, 탄수화물과 지질의 섭취기준으로 에너지적정비율(AMDR : Acceptable Macronutrient Distribution Range)이 있다.

아래의 네 가지 기준치가 개인과 집단의 식사를 평가할 때 어떻게 사용되는지는 표 7-9에 요약하였으며, 실제 집단의 예는 그림 7-5에, 개인의 영양소 섭취를 평가하는 예는 표 7-10에 제시하였다.

표 7-9 개인과 집단의 영양소 섭취평가를 위한 DRI 기준치 사용

	개인	집단
평균필요량(EAR)	• 일상섭취량*이 부적절할 확률을 조사하는 데 사용 • 일상섭취량 ≤ EAR : 부족할 확률 50% 이상 • EAR보다 낮아질수록 부족할 확률이 높아짐	• 부적절한 섭취자의 집단 내 비율을 추정하는 데 사용 • 일상섭취량이 EAR 이하인 사람의 비율 : 부족률
권장섭취량(RNI)	• 일상섭취량 ≥ RNI : 부족할 확률이 낮음	• 집단의 섭취량을 평가하는 데 사용하지 않음
충분섭취량(AI)	• 일상섭취량 ≥ AI : 부족할 확률이 낮음	• 일상섭취량의 중앙값이 AI 수준이면 부족률이 낮음
상한섭취량(UL)	• 과잉섭취 가능성 조사에 사용 • 일상섭취량 ≥ UL : 과잉섭취로 인한 건강장애증상이 일어날 수 있음 • UL보다 높을수록 건강장애 위험도가 높아짐	• 영양과잉으로 인한 건강장애 위험도를 추정하는 데 사용 • 일상섭취량이 UL이상인 사람의 비율 : 과잉섭취율

* 일상섭취량이란 평상시에 섭취하는 양을 가리키며, 장기간에 걸쳐 측정된 섭취량의 평균치를 이용한다. 그러나 실제 식사조사에 적용 가능한 최소 조사 일수로서 비연속 2일 이상 또는 연속 3일 이상을 측정하여 구한 평균치를 이용한다.

한국인 영양섭취기준의 기준치

- **평균필요량** 인구집단을 구성하는 건강한 사람들의 영양소 필요량의 평균치 또는 중앙치를 말하며 인구집단의 50%에 해당하는 사람들의 하루 필요량을 충족하는 수준이다.
- **권장섭취량** 평균필요량에 2배의 표준편차를 더한 값으로서 건강한 인구집단의 97~98%가 영양소 필요량을 충족하는 양이 된다.
- **충분섭취량** 평균필요량이나 권장섭취량을 설정하기에 과학적 근거가 충분하지 않은 영양소에 대한 섭취기준으로서 거의 모든 집단구성원의 필요량을 충족하는 수준이다.
- **상한섭취량** 인체 건강에 유해 영향이 나타나지 않는 최대 영양소 섭취수준이다. 과량 섭취할 경우 건강에 해로운 영향의 위험이 있다는 자료가 있는 영양소에 설정하였다.

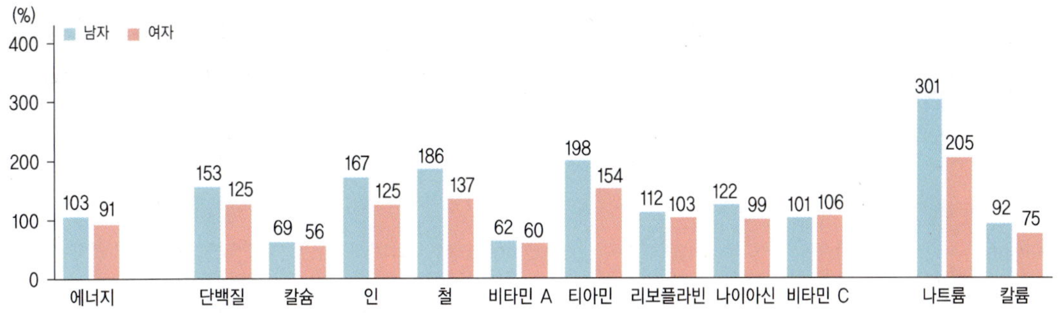

※ 영양소 섭취기준에 대한 섭취비율 : 영양소 섭취기준에 대한 개인별 영양소 섭취량 백분율의 평균값, 만 1세 이상
※ 영양소 섭취기준 : 2015 한국인 영양섭취기준 개정판(보건복지부, 2015) : 에너지, 필요추정량, 나트륨, 칼륨, 충분섭취량, 기타, 권장섭취량

만 1세 이상 영양소별 영양섭취기준 미만 섭취자 분율(2016)

영양소	남자	여자
	비율(표준오차)	비율(표준오차)
에너지	26.7(1.1)	35.2(1.1)
단백질	15.9(0.9)	27.3(1.0)
지방	21.7(0.9)	29.9(1.0)
칼슘	70.1(1.1)	78.6(0.8)
인	11.2(0.8)	25.6(0.9)
철	9.6(0.7)	26.7(0.9)
비타민 A	73.2(1.1)	77.3(0.8)
티아민	6.7(0.6)	14.6(0.7)
리보플라빈	40.4(1.2)	42.9(1.0)
나이아신	24.6(1.1)	40.3(1.1)
비타민 C	57.0(1.3)	54.4(1.2)

※ 에너지, 필요추정량(또는 권장량)의 75% : 지방, 지방에너지적정비율의 하한선 : 그 외 영양소, 평균필요량(또는 권장량의 75%)

만 1세 이상* 영양소별 상한치 이상 섭취자 분율(2016)

영양소	남자	여자
	비율(표준오차)	비율(표준오차)
에너지	26.2(0.9)	15.3(0.7)
지방	22.0(1.0)	17.9(0.8)
나트륨	88.1(0.7)	68.4(1.0)

* 나트륨의 경우 만 9세 이상
※ 에너지과잉섭취자 분율 : 에너지 섭취량이 필요추정량의 125% 이상을 섭취한 분율
※ 지방과잉섭취자 분율 : 지방 섭취량이 지방에너지적정비율의 상한선을 초과한 분율
※ 나트륨과잉섭취자 분율 : 나트륨 섭취량이 목표섭취량 이상인 분율

그림 7-5 집단의 영양소평가-영양소별 영양섭취기준에 대한 평균 섭취비율(2016)

자료 : 2016 국민건강통계(2017)

표 7-10 개인의 영양소 섭취평가

내담자의 영양평가의 예

내담자 이갑순 씨(57세, 여자)의 영양소 섭취량 평가

- 비연속 3일 식사조사
- 체중 상태 : 체중 59kg, 신장 162cm, BMI 22.5
- 혈중 헤모글로빈 농도 : 10.8g/dL
- 칼슘 보충제 복용 : 1일에 아침, 저녁으로 2정씩 먹음(1정 600mg)
- 활동 수준 : 주부 → 저활동적

영양소		1일 평균치	평균 필요량	권장 섭취량	충분 섭취량	상한 섭취량	부적절한 확률	섭취량 평가
에너지(kcal)		1790	1896*				–	필요추정량에 가깝게 섭취
단백질(g)		58	40	50			3% 미만	적절할 가능성이 매우 높음
칼슘(mg)		500+2,400**	580	800		2,000	UL 초과	과잉섭취 위험 있음
철(mg)		7	6	8		45	3~50%	증가시킬 필요가 있음
비타민 A(μgRE)		550	430	600		3,000	3~50%	증가시킬 필요가 있음
비타민 D(μg)		5			10	100	–	증가시킬 필요가 있음
비타민 E(mgαTE)		14			12	540	–	적절할 가능성이 매우 높음
비타민 C(mg)		118	75	100		2,000	3% 미만	적절할 가능성이 매우 높음
티아민(mg)		1.7	0.9	1.1			3% 미만	적절할 가능성이 매우 높음
리보플라빈(mg)		2.1	1.0	1.2			3% 미만	적절할 가능성이 매우 높음
니아신(mg)		21	11	14			3% 미만	적절할 가능성이 매우 높음
비타민 B_6(mg)		1.9	1.2	1.4		100	3% 미만	적절할 가능성이 매우 높음
엽산(μg)		200	320	400		1,000	50% 이상	증가시킬 필요가 매우 높음
에너지 적정 비율	탄수화물	304	탄수화물 : 지방 : 단백질 = 68 : 19 : 13 (권장비율) 탄수화물 : 지방 : 단백질 = 55~65 : 15~30 : 7~20				권장비율 범위에 있음	에너지 섭취비율이 적절함
	지방	38						
	단백질	58						

* 에너지 필요추정량(EER)은 내담자의 성, 연령, 체중, 신장 및 활동 정도에 따라 개인별로 산출한다.
이갑순 씨의 EER = 354−6.91×57(세)+1.12(저활동적)[9.36×59(kg)+726×1.62(m)
= 1896 kcal

** 식사 중의 칼슘함량+칼슘제제 섭취량 = 500mg+(600mg×2정×2회) = 2,900mg

전체적인 영양평가

1) 이갑순 씨의 에너지 섭취량은 평균필요량에 비해 약간 적으나 BMI가 정상범위이므로 일상 에너지 섭취량은 적절하다고 보며, 에너지적정비율도 적절하다고 봄.
2) 단백질과 비타민 E, 비타민 C, 티아민, 리보플라빈, 니아신, 비타민 B_6의 섭취는 필요량을 만족시킬 가능성이 큼.
3) 엽산의 섭취는 필요량에 부족할 확률이 매우 높으므로 엽산 섭취량을 반드시 증가시키도록 함.
4) 비타민 A와 비타민 D는 부족할 가능성이 있으므로 섭취량을 늘릴 필요가 있음.
5) 철 섭취는 평균필요량과 같은 수준이어서 섭취량을 늘릴 필요가 있음. 그러나 혈중 헤모글로빈 농도가 정상 판정기준치인 12g/dL에 미치지 못하므로 철 섭취를 반드시 증가시키도록 함.
6) 칼슘섭취량은 식사를 통해서 500mg으로서 부족할 확률이 50% 이상이었지만 칼슘제를 매일 2,400mg 복용하므로 총 2,900mg을 섭취한 셈이 되어 부족할 염려는 없어졌으나 반대로 상한섭취량 2,500mg을 초과하여 과잉 섭취로 인한 건강위해 증상이 나타날 위험성이 커짐. 그러므로 칼슘제제를 하루 1~2정만 복용하도록 권장함.

4. 신체계측

신체계측은 간단하고 안전하며 조사 대상에게 비교적 불편을 주지 않아 영양교육과 상담에서 식사조사와 함께 자주 이용되는 영양판정방법이다. 비용도 저렴하고, 표준화된 기술만 사용하면 장기간에 걸친 영양상태를 반영하는 신뢰성 있는 정보를 제공한다. 본격적인 영양교육이나 상담이 필요한 대상자를 찾아내는 영양스크리닝 도구로도 이용된다. 영양상태는 신체의 성장률과 체지방, 근육량 등의 신체조성에 중요하게 영향을 미치므로 신체계측법은 성장기 아동뿐만 아니라 성인의 영양판정에도 유용하다.

그러나 신체계측은 개별 영양소에 비특이적이거나 덜 민감하고, 단기적 영양상태는 반영하지 않으며 질병, 유전, 하루 변동, 에너지 소비 감소 등 다른 인자들의 영향을 배제할 수 없다는 단점이 있다. 따라서 영양교육과 상담의 목적과 지역사회의 일반적인 영양문제를 고려하여 적절한 계측 부위 및 신체지수를 선택해야 한다.

신체계측을 통한 영양판정은 기준치를 근거로 이루어지는데, 우리나라 기준치로는 질병관리본부와 대한소아과학회가 만든 한국 소아청소년 표준성장도표(2017)가 있다(부록 참조).

1) 신장 · 체중 · 두위 · 흉위

신장과 체중은 가장 중요하고 기본으로 계측되며 성장기의 가장 예민한 건강지표가 된다. 성인의 경우 체중은 현재의 특히 에너지 영양상태를, 신장은 과거의 영양상태를 반영하는데, 주로 체질량지수로 산출되어 체지방 평가에 사용된다.

성장기의 신장과 체중에 의한 영양판정은 한국 소아청소년 표준성장도표의 연령별 신장과 체중의 표준치에 대한 백분율로 하거나 백분위의 위치로 이루어진다. 특히, 영유아는 월령 또는 연령별 성장표(growth chart)를 기록하여 현재의 평가뿐만 아니라 성장의 경과를 보는 발육곡선을 평가해야 하며, 체중이나 신장이 3th~97th 백분위수(또는 5th~95th) 사이는 정상, 3th(또는 5th) 백분위수 미만인 경우는 성장부진 또는 영양불량으로 판정한다(부록 참조).

두위는 특히 12개월 이내의 성장속도가 빨라서 연령별 기준치를 참고로 두뇌 성장의 이상 여부 판정하기에 효과적이다. 흉위는 질병이나 영양불량이 오면 체중보다 민감하게 감소되고 회복 속도도 체중보다 빠르다. 흉위는 출생 시 두위보다 작으며 만 1세가 되면 두위와 같아지고 그 후 점점 커진다. 만 1세 때 흉위/두위의 비가 1보다 작으면 성장부진 또는 영양불량을 의심한다.

2) 신체지수

신체지수는 체격의 모양이나 신체밀도를 반영하여 영양적 충실 정도, 비만 여부를 판정하는 지표로 이용된다. 영양교육과 상담에서 자주 이용되는 지수는 다음과 같다.

(1) 체질량지수

체질량지수 = 체중kg/신장m^2

체질량지수(body mass index)는 Quetelet 지수라고도 하며 가장 보편적인 비만 판정지수로 쓰인다. 우리나라에서 일반적으로 사용하는 판정기준은 표 7-11과 같다. 65세 이상 노인, 임신부, 수유부, 상체/하체 비율이 비정상인 사람에게는 다당한 체지방 측정지수가 되지 못한다. 소아 · 청소년은 성장하고 있기 때문에 일정 수치를 적용하기 어려워서 체질량지수의 연령별 백분위 위치로 비만상태를 평가한다. 표준치 BMI 성장곡선에서 95백분위수 이상 또는 BMI가 25 이상이면 비만군으로, 85~95 백분위수 사이이면 비만위험군으로 선정한다. 2017 한국 소아청소년 성장도표는 부록에 제시하였다.

표 7-11 체질량지수의 평가기준

대한비만학회/WHO-아시아		WHO	
<18.5	저체중	<18.5	저체중
18.5~22.9	정상	18.5~24.9	정상
23~24.9	과체중	25~29.9	과체중
≥25	비만	≥30	비만

(2) 카우프지수

카우프지수 = 체중g × 10/신장cm^2

영유아 특히 2세 미만의 영양판정에 쓰이는 것으로 성인의 체질량지수와 같다. 판정기준은 표 7-12와 같으며 생후 3개월 이전의 영아는 카우프지수(Kaup index)

표 7-12 카우프지수에 의한 영유아의 영양판정

1세 미만	판정	1~2세
15 이하	영양불량	14 이하
15~18	정 상	14 ~17
18 ~20	비만 경향	17~18.5
20 이상	비 만	18.5 이상

의 변동이 많아 적용되지 않는다.

(3) 뢰러지수

뢰러지수 = 체중kg/신장cm^3 × 10^7

뢰러(Röhrer)지수는 신체충실지수로 학동기의 영양상태를 나타내며 156 이상은 고도 비만, 156~140은 비만, 140~110은 정상, 109~92는 수척, 92 이하는 고도 수척으로 판정한다(또는 신장 110~129cm에서는 180 이상, 130~149cm에서는 170 이상, 150cm 이상에서는 160 이상을 비만으로 본다).

(4) 비만지수

비만지수 = [(실제체중－표준체중)/표준체중]×100 또는

상대체중 = (실제체중/표준체중)×100

비만지수 또는 상대체중은 비만판정지수로, 학동기 이후의 연령층에게 가장 많이 이용된다. 키가 너무 크거나 작은 사람에게는 적절하지 않다. 비만지수(또는 상대체중)가 ±10%(90~110)는 정상, 10.1~20%(110~120)는 체중과다, 20.1% 이상(120.1 이상)은 비만, －10%보다 낮은 경우(90 미만)는 수척으로 판정한다.

표준체중은 선택이 매우 중요한데, 학동기부터 청소년기까지는 한국 소아청소년 표준성장도표의 신장별 체중의 50th 백분위값을 표준체중으로 삼는다(부록 참조). 성인은 보통 브로카(Broca)법을 응용한 공식을 이용하여 표준체중을 산출한다.

- 브로카법 응용 공식
  161cm 이상 : 표준체중kg = (신장cm－100)×0.9
  160~150cm : 표준체중kg = (신장cm－150)÷2+50

150cm 미만 : 표준체중kg = (신장cm−100)

• 대한당뇨병학회

남자 : 표준체중kg = $(\text{신장m})^2 \times 22$

여자 : 표준체중kg = $(\text{신장m})^2 \times 21$

이들 공식은 편리성 등의 이유로 과거에 많이 사용되었으나 요즈음에는 비만과 관련해서는 체질량지수를 이용하는 것으로 통일되었다. 아직 위 방법이 사용되는 경우는 과거 수치와 연속하여 추이를 보기 위해서이다.

3) 제지방조직

제지방조직(fat-free mass)이란 주로 근육을 말하며 이외에도 연조직과 골격이 이에 포함된다. 제지방조직의 평가는 체단백질 보유상태의 지수가 될 수 있다. 제지방조직 측정의 대표가 되는 신체부위는 왼쪽 팔의 상완둘레로 비만이 아닌 경우에는 총 근육량과 상관성이 높아 단백질 영양상태의 좋은 평가도구가 된다. 상완위근육둘레는 상완에서 피하지방의 두께를 제외시킨 근육둘레를 말하는 것으로, 비만한 경우도 다음 공식에 의해 계산될 수 있다.

상완위근육둘레cm = 상완둘레cm−3.14×상완삼두근 피부두겹두께

상완둘레는 반드시 유리섬유나 스틸 줄자로 측정해야 하며, 피하지방 두께 측정과 함께 만성적 영양부족 또는 과잉 여부 평가와 장기적 영양보충에 의한 체조성 변화 점검에 적용된다.

4) 체지방

체지방(fat mass)은 생리적으로 필수적인 지방과 저장지방으로 나뉘며, 저장지방은 근육 내 또는 사이에, 내장을 둘러싸거나 피하에 존재한다. 이 중에서 특히 저장지방은 가장 변화가 많은 성분으로 장기간의 에너지 결핍 또는 과잉을 예민하게 반영한다.

(1) 피부두겹두께

피하지방 두께로서 캘리퍼(caliper)를 사용하여 상완삼두근 후면, 복부, 견갑골 아래의 등, 장딴지, 옆구리(suprailiac) 부위의 피부두겹두께(skinfold thickness)를 측정한다. 부위에 따라 차이가 있으나 상완삼두근 피부두겹두께(TSF : Triceps Skinfold Thickness)가 가장 흔히 계측되며 연령별 기준치 또는 백분위값과 비교하여 평가한다.

(2) 허리둘레 · 허리-엉덩이 둘레비

허리둘레(Waist circumference) 및 엉덩이둘레비(WHR : Waist-Hip circumference Ratio)는 AGR(Abdominal-Gluted Ratio)이라고도 하는데, 피하지방과 복강 내 지방의 분포를 반영한다. WHR값이 성인 남자의 경우 0.95, 여자의 경우 0.85보다 크면 복부비만으로 분류하며, 심혈관질환의 위험률이 증가하는 기준점이 된다.

그러나 허리와 엉덩이 둘레가 모두 커지면 WHR이 변화되지 않으므로 허리둘레만을 이용하여 복부비만을 평가하는 것이 WHR보다 유용할 수 있다. 우리나라 건강검진에서는 정상 허리둘레의 기준으로 남자 90cm 미만, 여자 85cm 미만을 제시하고 있다.

(3) 기기를 이용한 체지방 측정

최근 정밀기기의 발달로 체지방을 포함한 전반적인 신체 조성을 직접 정확하게 측정할 수 있게 되었다. 대부분 장비가 고가여서 사용에 제한이 있으나 생체전기저항측정법(BIA : Bioelectrical Impedence Analysis)은 비교적 널리 보급되어 있어 자주 이용된다. 생체전기저항측정법을 이용한 체지방률 측정은 가정용 체중계에도 장착되어 나올 정도로 보편화되었고 손가락만 한 휴대용 기기도 개발되어 시판 중이다. 이외에 초음파진단법, 컴퓨터단층촬영법, 자기공명영상법, DEXA(dual-energy X-ray)법 등이 있다.

5. 임상조사

임상조사는 영양불량과 관련되어 나타나는 신체적 징후를 시각적으로 진단하는 영양판정방법이다(표 7-13). 임상증세는 주로 영양결핍이 만성적으로 심해진 단계

표 7-13 영양불량을 나타내는 신체 징후

부위	유용한 징후	관계되는 영양소: 비만	저영양	단백질·에너지 영양실조	비타민 A 결핍	비타민 B1 결핍	비타민 B2 결핍	비타민 니아신 결핍	비타민 C 결핍	칼슘·비타민 D 결핍	철 결핍	요오드 결핍	불소 과잉
모발	광택이 없어진다.			○									
	가늘어진다.			○									
	숱이 적어진다.			○									
	탈색 또는 변색			○									
	빠지기 쉽다.			○									
안면	창백										○		
	둥글고 슬픈 모습(moon face)			○									
	코 주위에 지방이 낀다.						○						
	볼과 눈 밑의 색소침착							○					
눈	각막 · 결막건조증				○								
	비토점(Bitot's spot)				○								
	각막연화증				○								
	각막혈관신생, 충혈						○						
구순	구각염				○		○						
	구각의 반흔						○						
	구순염						○						
혀	혀가 붓거나 물집이 생김				○			○					
	선홍색을 띠는 설염							○					
	자주색을 띠는 설염						○						
	균열							○					
	혀유두위축						○	○					
이	이 표면이 거칠고 반점이 있음(반상치)												○
잇몸	해면상								○				
	출혈								○				
	잇몸의 위축							○			○		
피부	건조증				○								
	모낭각화증				○				○				
	점·반점 모양의 내출혈								○				
	펠라그라 피부염							○					
	넓게 번지는 탈색			○									
	탄력성의 소실		○										
	음낭 · 음문의 피부병						○						

(계속)

부위	유용한 징후	관계되는 영양소											
		비만	저영양	영양실조 단백질·에너지	비타민					칼슘·비타민 D 결핍	철 결핍	요오드 결핍	불소 과잉
					A 결핍	B_1 결핍	B_2 결핍	니아신 결핍	C 결핍				
손톱	숟가락 모양의 손톱										○		
분비선	갑상선비대											○	
근육·골격	근육쇠약			○									
	장딴지근육 쇠약(동통)					○							
	근육이완									○			
	두개연화증									○			
	전두 및 두정의 융기									○			
	X다리, O다리									○			
	골연화증									○			
	흉곽변형									○			
	늑골골단부팽장(염주모습)									○			
	골단비후(비동통성)									○			
	골단비후(동통성)								○				
심근·혈관계	기능장해					○							
	심장비대					○							
신경계	수의운동의 변화			○									
	정신착란					○							
	건반사 소실					○							
	지각상실					○							
	운동기능의 감퇴					○							
전신증상·체형	부종			○									
	저체증			○									
	체중/신장비 과대	○											
	체중/신장비 과소		○										
	피하지방의 과대	○											
	피하지방의 저하		○										
	복위/흉위비 과대	○											

에서 발견되므로 임상조사를 이용해서 영양결핍의 초기 단계를 파악하기는 어렵다. 또한 일부 임상증세는 특정 영양소에 특이적이지 않고 몇 가지 영양소 결핍과 관련되며 더욱이 기후, 위생, 질병과 관련되어 나타날 수도 있다. 따라서 임상조사는 특정 영양소의 전형적인 결핍증이 현저한 경우를 제외하고는 단독적인 영양판정보다는 다른 영양판정방법의 결과와 함께 검토하는 것이 바람직하다.

조사자는 의사가 가장 좋으며 임상증세에 관해 철저한 사전 훈련이 필요하고 결핍 정도의 양적 평가는 하지 않는 것이 좋다.

6. 생화학적 검사

생화학적 검사는 다른 방법에 비해 가장 객관적이고 정량적인 영양판정법이다. 영양소 섭취 부족에 따른 생화학적 변화는 체내 저장이 고갈되는 초기부터, 그러나 임상 증상이 발견되기 전에 일어나므로 생화학적 검사는 근래의 영양소 섭취수준을 반영하는 유용한 지표가 된다. 우리나라는 건강검진이 활발하게 이루어지고 있고 많은 생화학적 검사가 건강검진의 일부로 진행되므로 비입원 환자를 대상으로 하는 교육이나 상담에서도 활용할 수 있다.

영양판정을 위한 생화학적 검사는 성분검사(static tests)와 기능검사(functional tests)로 분류될 수 있다. 성분검사는 혈액, 소변 또는 조직 내 영양소나 그의 대사물 농도를 측정하는 것으로 가장 많이 실시된다. 만성퇴행성 질환의 주요 지표인 고지혈증 등 지질대사 이상 여부도 평가된다. 기능검사는 영양소에 의존적인 생리적 기능의 장애 여부를 측정하는 것으로 효소활성, 면역기능 등을 분석한다.

그러나 생화학적 검사는 시설과 기기, 전문요원, 비용, 시간, 시료 채취의 어려움 등이 있고 더욱이 판정을 위한 지역기준치의 확보도 쉽지 않아 검사의 수행과 결과 해석에 제한점이 많다. 현재 우리나라 건강검진에서 기본적으로 검사되는 판정 기준치는 표 7-14와 같다.

표 7-14 성인 대상 건강검진 생화학적 검사의 판정 기준치

목표질환	검사항목	단위	1차 검진			2차 검진
			정상A	정상B(경계)	질환의심	정상
고혈압	혈압 - 수축기 - 이완기	mmHg	120 미만 이며 80 미만	120-139 또는 80- 89	140 이상 또는 90 이상	120 미만 이며 80 미만
비만	키, 몸무게	BMI(kg/m^2)	18.5~24.9	25~29.9 18.5 미만	30 이상	-
	허리둘레	cm	남 90 미만 여 85 미만		남 90 이상 여 85 이상	-
빈혈	헤모글로빈 - 남 - 여	g/dL	13.0-16.5 12.0-15.5	12.0-12.9 10.0-11.9	12.0 미만 10.0 미만	-
당뇨병	공복 혈당	mg/dL	100 미만	100-125	126 이상	100 미만
이상지질혈증	총콜레스테롤	mg/dL	200 미만	200-239	240 이상	-
	HDL콜레스테롤	mg/dL	60 이상	40-59	40 미만	-
	중성지방 (트리글리세라이드)	mg/dL	150 미만	150-199	200 이상	-
	LDL콜레스테롤	mg/dL	130 미만	130-159	160 이상	-
간장질환	AST(SGOT)	IU/L	40 이하	41-50	51 이상	-
	ALT(SGPT)	IU/L	35 이하	36-45	46 이상	-
	γ-GTP - 남 - 여	IU/L	11-63 8-35	64-77 36-45	78 이상 46 이상	-
신장질환	요단백		음성(-)	약양성(±)	양성(+1) 이상	-
	혈청크레아티닌	mg/dL	1.5 이하		1.5 초과	-
	신사구체여과율 (e-GFR)	mL/min/ 1.73m^2	60 이상		60 미만	

자료 : 보건복지부 건강검진 실시기준(2013)

CHAPTER 8 미디어를 활용한 영양교육과 상담

1 미디어의 종류와 특성

2 미디어 활용방법

3 미디어 활용효과

4 미디어 활용 방향

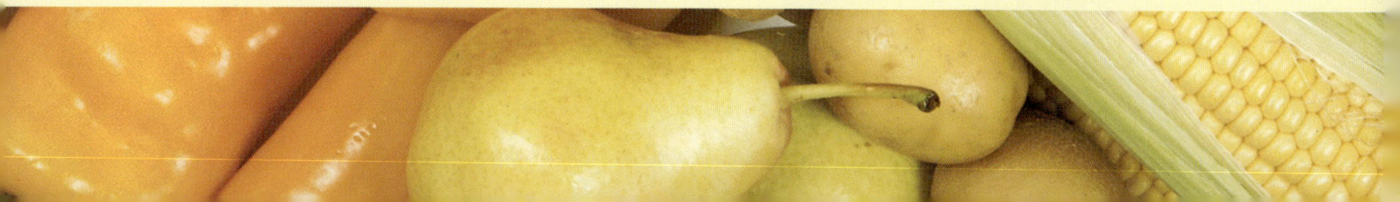

미디어(media)란 어떤 사실이나 정보를 담아서 수용자들에게 보내는 역할을 하는 매개체로서 대체로 텔레비전, 라디오, 신문, 인터넷 등 매스미디어(mass media : 대중매체)를 가리킨다. 매스미디어는 현대 사회에서 정보를 대중에게 동시에 전달하는 매스커뮤니케이션(mass communication)의 주요 수단이다. 특히 인터넷은 정보 전달의 쌍방향성을 가능하게 하였고 전달속도를 높이고 전달영역을 크게 확대시켜 지금은 전 세계 사람들이 실시간으로 소식을 접하고 그에 대한 각자의 의견을 공유할 수 있게 되었다. 인터넷의 발달은 또한 개인 간의 미디어, 즉 소셜 네트워킹 서비스(SNS : Social Networking Service)를 가능하게 하여 정보 전달의 양상을 완전히 바꾸어 놓았다. 이러한 흐름은 개인을 정보의 소극적 수용자 입장에서 정보를 적극적으로 찾아서 가공하고 나누는 수용자이자 제공자로 변화시켰다. 건강에 대한 관심이 날로 높아지는 현대사회에서 다양해진 영양정보를 전달하는 방법을 잘 이해하고 활용할 수 있는 능력을 키우는 것은 영양교육과 상담의 효과적 수행에서 중요한 일이다.

1. 미디어의 종류와 특성

1) 미디어의 종류

미디어는 크게 매스미디어와 개인 미디어(personal media)로 나눌 수 있다. 매스미디어는 불특정 다수에 대한 정보 전달을 목적으로 하지만, 개인 미디어는 한 사람이 특정한 한 사람 혹은 소수의 사람에게 정보를 전달하는 것을 목적으로 한다. 신문, 잡지, 라디오, 텔레비전, 인터넷 포털 사이트를 매스미디어로 묶기도 하고 표 8-1과 같이 종류별로 그 기능성을 분류하기도 한다. 대표적인 개인 미디어로는 트위터(Twitter), 라인(LINE) 등의 짧은 글을 위주로 하는 서비스와 블로그(blog), 페이스북(facebook), 인스타그램(instagram) 등 비교적 긴 글과 사진 등을 전달할 수 있는 서비스가 있다. 근래에는 동영상을 스트리밍하는 유튜브(YouTube)에 채널을 개설하여 개인 방송을 하는 경향도 활발하게 나타난다. 개인 미디어는 서비스가 활발하게 개발되고 있어서 지속적으로 새롭고 다양한 서비스가 나올 것으로 기대된다.

2) 매스미디어의 효과와 기능

매스미디어를 통해 대중에게 정보를 전달하거나 소통하는 과정을 매스커뮤니케이션(mass communication, 대량의사소통)이라고 한다. 매스커뮤니케이션 현상은

표 8-1 매스미디어의 종류와 기능성

구분	텔레비전	라디오	신문	인터넷 포털사이트
영상	✓			✓
소리	✓	✓		✓
즉시성	✓	✓		✓
검색기능				✓
상호소통				✓
특정 시간에 구애받지 않음			✓	✓
개인 맞춤 기능				✓
개인 참여 기능				✓
기술 숙련도 필요				✓

자료 : Parket & Thorson(2009)

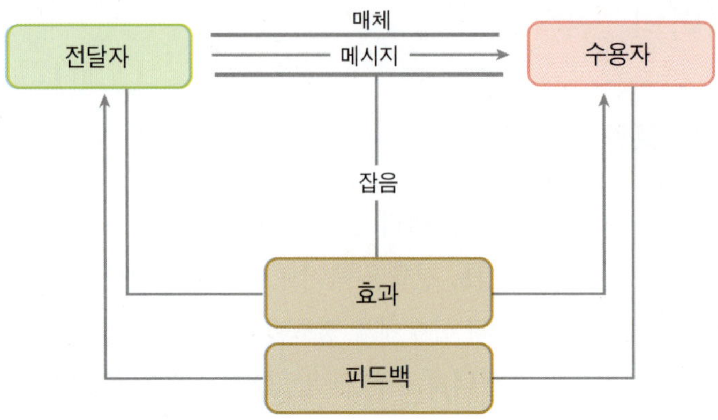

그림 8-1 매스커뮤니케이션의 기본 모델

전통적인 커뮤니케이션 모델에 기반을 두어 다섯 가지 요소로 구성된다고 보는데, 정보를 만들고 전달하는 전달자(communicator), 정보를 전달받는 수용자(audience), 정보의 내용(message), 정보가 담겨 있는 매체(channel) 및 수용자에게 전달된 정보가 초래하는 효과(effect)가 바로 그 구성요소이다(그림 8-1). 전달되는 정보의 내용은 잡음(noise)에 의해 흐려지거나 왜곡될 수도 있다. 전달받은 정보로 인하여 수용자에게 일어나는 변화를 효과라고 한다면 이는 전달자가 실시한 정보 전달에 대해 확인할 수 있는 피드백의 역할도 수행할 수 있다.

(1) 매스미디어의 효과

매스미디어를 통한 매스커뮤니케이션의 효과는 전달받은 정보로 인하여 수용자에게 일어나는 인지, 태도, 행동 등 다양한 변화이다. 매스미디어를 통한 정보 전달의 효과는 어떠한 정보를 어떠한 매체를 통해, 어떠한 상황(context)에서 전달하였는가에 따라 전혀 없을 수도 있고 지속적으로 나타날 수도 있다. 예를 들어, 식품위생에 대한 정보가 뉴스 프로그램의 단신으로 처리되었을 때는 수용자(시청자)들에게 어떠한 영향도 미치지 못하다가 예능 형식의 프로그램에서 실례와 함께 소개되었을 때는 지대한 파급력을 갖기도 한다. 즉, 매스미디어를 통한 정보 전달이 수용자에게 영향을 미치려면, 수용자가 현재 필요한 요구(needs)를 충족시키거나 어떤 주제를 중요한 것으로 인식하도록 만들거나 문화적 규범이나 여론을 형성하여 수용자의 인식과 행위에 간접적으로 영향을 주거나 관찰학습을 통해 모방하게 하는 등 다양한 방법으로 자극을 주어야 한다.

(2) 매스미디어의 기능

매스미디어가 대중에게 미치는 효과를 고려하여 매스미디어의 기능을 다음과 같이 정리할 수 있다.

> **매스미디어의 기능**
>
> - **환경 감시** 전 세계에서 일어나는 정치, 경제, 사회, 문화 등 모든 부문의 사건과 정보를 제공함으로써 사람들이 자신의 환경을 감시하고 위험에 대처하도록 돕는다. 그러나 매스미디어가 전하는 정보는 때로 허위, 조작된 것, 무의미하고 무익한 것일 때도 있다.
> - **사회적 조정 역할** 사건과 정보를 설명하고 해석하고 평가해 줌으로써 여론을 형성하고 사회적 가치나 행동 유형을 형성시키며, 정부나 산업체 등을 감시하고 견제한다. 그러나 강자를 위한 여론 조작이나 기존 질서에 대한 순응성을 강화시킬 수도 있다.
> - **사회적 유산의 전수** 전통과 규범을 가르치는 사회화의 역할을 수행함으로써 대중매체는 사람들의 소외감을 줄이고 공통적 경험을 넓혀 국민 통합을 이루도록 한다. 그러나 사람의 가치와 사고방식을 획일화 · 표준화시켜 문화의 다양성과 창의성을 감소시킬 수 있다.
> - **오락 제공** 매스미디어는 즐거움, 기분 전환, 휴식 등의 오락 수단을 제공하고, 특히 대중예술의 창조와 발전에 기여한다. 그러나 오락이 지나치면 사회적 · 정치적 무관심이 증가하고 문화적 순응주의, 저급문화가 야기된다.

이와 같이 매스미디어의 기능은 긍정적인 영향(순기능)과 부정적인 영향(역기능)을 함께 가지는 양면성이 있다. 순기능과 역기능의 판단은 가치관, 이해관계 등에 따라 달라질 수 있지만, 매스미디어의 순기능이 강조되려면 제공하는 정보의 정확성, 균형성, 객관성, 전문성, 공정성 등을 확보하는 것이 중요하다.

3) 개인 미디어의 효과와 기능

SNS 등 개인 미디어가 최근에 발견 혹은 발명된 것처럼 회자되지만, 사실 과거에도 개인이 특정한 개인 혹은 소수의 대중에게 정보를 전달하는 일은 강의, 강연 등으로 이루어졌다. 다른 점이라면 인터넷을 이용한 요즈음 개인 미디어는 파급력이 매스미디어와 비교될 정도로 커지고 있다는 점이다. 특히 한국에서는 많은 사람이 신문기사를 종이신문으로 읽거나 신문사 홈페이지를 통해 읽는 것이 아니라 포털사이트에서 접하여 포털사이트에 기사가 어떻게 노출되는지가 중요해졌다. 그뿐만 아니라 본인이 관심 있는 분야에 대한 기사나 정보 검색이 가능하기 때문에 특정 분야에 대한 정보만 골라 접하거나 트위터 등을 통해 다른 사람들과 공유할 수도 있다. 파워블로거(power blogger)나 팔로워(follower)가 많은 트위터 사용자가 선정하는 이슈가 큰 반향을 일으키기도 한다. 즉, 이슈 선정이 과거처럼 신문사나 방송사에 의해서만 이루어지는 것이 아니라 개인들의 개인 미디어를 통한 의견이 모여서 선정되며, 그래야 일정 정도의 파급력을 가지게 된다고 알려져 있다. 그리하여 많은 매스미디어, 단체, 국가기구 등에서 다양한 개인 매체를 별도로 운영하기도 한다.

개인 미디어의 발달은 다양한 이슈가 논의될 수 있는 가능성을 열었다. 불특정 다수가 모두 관심을 가질 만한 내용을 전달해야 하는 신문이나 방송 같은 매스미디어와 달리 개인 미디어는 정보를 만드는 개인에게 중요한 이슈를 같은 의견을 가진 다른 개인들에게 전달하기 때문에 대중매체에서 이야기하는 '뉴스감(news worthy)'의 의미가 없어진 것이다. 이는 현대사회의 특징 중 하나인 다양성에 의해 가능해졌고 개인 미디어는 사회의 다양성에 기여하기도 한다. 이는 영양교육과 상담에서 보다 세분화되고 자세한 내용을 개인 미디어를 통해 전달할 수 있다는 뜻이기도 하다.

개인 미디어도 매스미디어와 마찬가지로 순기능과 역기능이 동시에 존재한다. 앞에서 제시한 매스미디어의 기능을 개인 미디어도 수행할 수 있으나, 다양한 정보가 그 정보에 관심이 있는 개인 사이에서 공유 및 소통되기 때문에 소수의견이나 상대적 소수집단도 정보 전달을 활발하게 진행할 수

개인 미디어의 예

게이츠 재단(Bill & Melinda Gates Foundation) 페이스북

보건복지부 트위터

식품의약품안전처 블로그

있다는 것이 순기능의 예일 것이다. 또한, 대부분의 개인 미디어가 스마트폰을 기반으로 이용되기에 시간과 장소에 구애받지 않으며 어떠한 일이 벌어질 때 바로 사용할 수 있는 현장성은 분명한 이점이다. 우리나라의 경우 이용자 절반 이상이 스마트폰을 통하여 인터넷을 이용하고 있다는 점이 특히 주목할 만하다. 매스미디어를 통해 전달되는 정보와 마찬가지로 정확성, 균형성, 객관성, 전문성, 공정성 등의 확보가 필요하지만, 개인이 정보를 만들고 가공하기에 정보의 질에 편차가 크다는 점은 중요한 역기능이자 단점이다.

2. 미디어 활용방법

우리나라 국민 대다수는 지역, 연령에 상관없이 다양한 미디어를 통해 식품과 영양, 건강에 대한 정보를 제공받고 있다. 많은 사람이 방송, 신문 등 매스미디어를 영양 관련 정보를 얻는 주요한 급원으로 꼽고 있다. 매스미디어는 이미 영양교육의 경로로 활용되고 있으며 더 효과적으로 활용될 수 있다. 개인 미디어는 보다 구체적이고 자세한 내용을 관심 있는 개인들에게 시간과 장소에 구애받지 않고 전달할 수 있다는 장점을 살려 영양교육과 상담에 매우 효과적으로 사용될 수 있으나 활용은 아직 초기 단계이다. 미디어를 이용한 영양교육에는 다음과 같은 이점이 있다.

미디어를 이용한 영양교육의 이점

- 많은 사람에게 다량의 정보를 신속하게 전달할 수 있다.
- 주의집중이 용이하여 동기부여가 강하게 유발된다.
- 시간과 공간적인 문제를 초월하여 구체적인 사실까지 전달할 수 있다.
- 지속적인 정보의 제공으로 행동변화를 쉽게 유도할 수 있다.
- 광범위한 파급효과에 비해 경제성이 높다.
- 개인 미디어를 통해 개인 맞춤형 정보를 전달할 수 있다.

1) 미디어를 이용한 영양교육의 목표

매스미디어나 개인 미디어의 구분 없이 미디어를 이용한 영양교육의 궁극적인 목적은 국민의 영양 개선과 건강 증진이다. 그러나 구체적인 목표는 이용하는 미디어와 주요 수용자 집단의 특성에 따라 설정되어야 한다.

미디어를 이용한 영양교육의 목표

- **국민의 식생활 태도와 가치를 바르게 형성** 일단 대중에게 영양과 건강의 특정 주제에 대한 관심과 주의를 집중시켜 그 주제에 대한 올바른 태도와 가치 형성을 도모한다.
- **정확한 영양정보 제공** 영양과 건강에 대한 대중들의 관심이 높아짐에 따라 다양한 매체가 관련 정보를 쏟아내지만 불확실하고 혼란스러운 정보도 양산되고 있기에 정확한 정보를 제공하고 해결방법을 명확히 제시하여 이해와 활용을 돕는다.
- **소집단이나 개인의 영양문제 해결 방안 제시** 라디오나 텔레비전의 토크쇼, 전화 연결 방식을 이용한 좌담회, 인터넷을 이용한 의사소통, 개인 미디어 등을 이용하여 개별적인 영양문제에 대한 해결을 도울 수 있다.

2) 영양교육과 상담에서 미디어의 활용

미디어는 종류에 따라 수용자의 범위와 태도, 정보 내용과 전달과정, 효과 등이 다르므로 영양교육과 상담의 구체적 목표에 따라 가장 효율적인 것을 활용하도록 한다.

미디어의 이용 현황을 보면 모바일 시대가 열리고 있음을 알 수 있다(표 8-2, 그림 8-2). 텔레비전이 여전히 가장 보편적으로 많이 이용되는 미디어지만 이용률이 서서히 감소하는 추세이다. 반면 미디어 사용 플랫폼은 모바일이 지난 5년간 급신장세를 보이고 있으며 82.3%가 모바일로 인터넷을 사용하고 있었다. 뚜렷한 하향세를 보이고 있는 부분은 종이신문 읽기와 PC를 이용한 인터넷 사용이었다. 종이신문의 경우 미디어를 이용하는 방법이 종이에서 PC 기반 인터넷으로, 또다시 PC 기반 인터넷에서 모바일 기반 인터넷으로 이동하면서 나타난 현상이라고 하겠다. 인터넷 이용은 스마트폰의 보급으로 인해 PC 기반에서 모바일 기반으로 옮겨 가면서 홈페이지 등도 모바일 기기를 기준으로 구축되고 있다.

이러한 변화는 한국의 높은 인터넷 이용률이 뒷받침해 주기에 가능한 일이다(그림 8-3). 3~9세 어린이의 83.9%가 인터넷을 사용하고, 60대 노인층에서도 82.5%의 높은 인터넷 이용률을 나타나고 있다. 10대부터 50대까지의 연령층에서는 거의 모두가 인터넷을 이용하고 있다고 보아도 과언이 아니다.

표 8-2 연령대별 미디어 이용률

(단위 : 이용했다 %)

구분	텔레비전	인터넷			메시징 서비스	SNS	라디오	종이 신문	잡지	팟캐스트
		모바일+PC	모바일	PC						
전체 (5010)	93.2	83.4	82.3	47.8	66.2	45.4	16.7	16.7	3.5	3.1
20대 (893)	82.4	99.9	99.2	80.8	83.2	80.9	5.4	4.7	5.9	6.2
30대 (894)	91.6	99.9	99.2	71.1	82.9	66.6	19.1	11.0	3.2	5.9
40대 (1017)	94.6	96.6	96.0	56.6	78.2	51.4	27.2	20.1	3.6	3.1
50대 (994)	97.1	86.3	85.1	31.8	66.6	28.8	21.7	22.4	3.5	1.3
60대 이상 (1211)	97.8	45.8	43.7	12.2	30.8	12.2	10.4	22.4	2.0	0.3

※ 미디어 이용률은 지난 1주일간 각 미디어를 이용한 사람의 비율임

자료 : 한국언론진흥재단(2017)

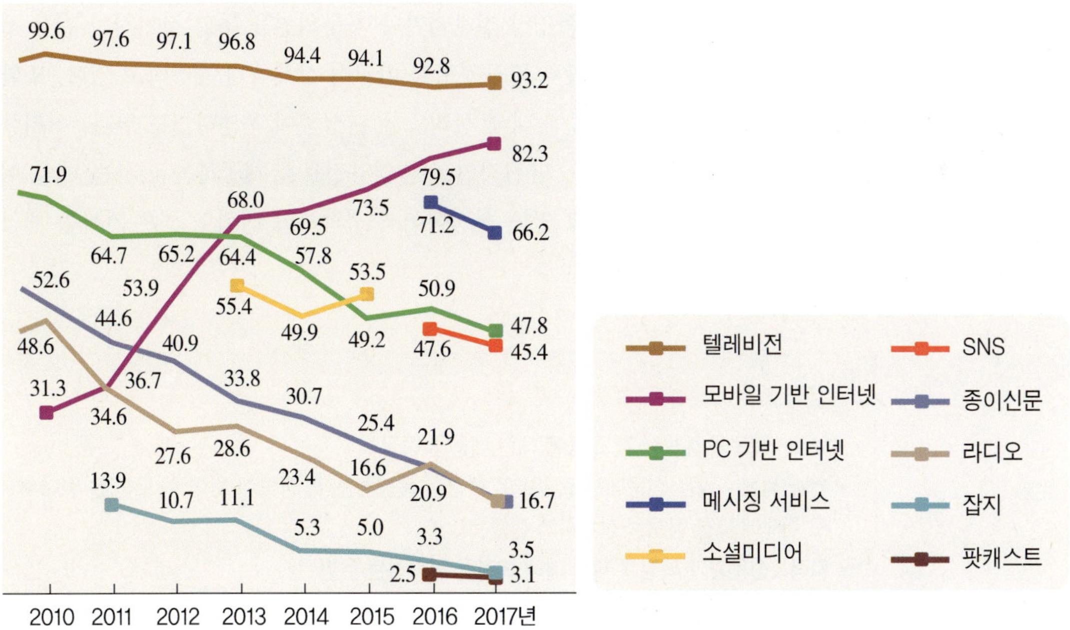

그림 8-2 미디어 이용률 추이(2010~2017)

자료 : 한국언론진흥재단(2017)

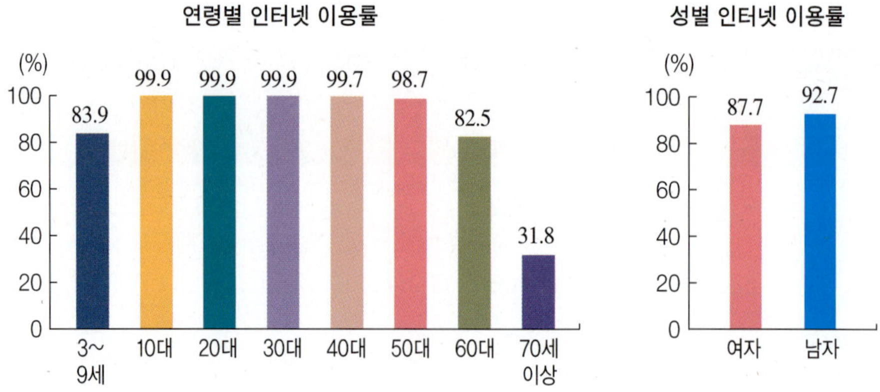

그림 8-3 성별 · 연령별 인터넷 이용률

자료 : 과학기술정보통신부 · 한국인터넷진흥원(2018)

(1) 신문

신문은 가장 전형적이고 오래된 매스미디어의 한 형태로 신문기사에 대한 신뢰도는 한때 절대적이었고 현재도 높은 편이다. 따라서 신문은 독자가 잘 모르는 문제, 알기를 원하는 뉴스에 대해 관심을 유도하고 해결방안을 모색하도록 자극할 수 있다.

많은 신문사가 의학 및 식품영양 전문기자나 자문의원을 두고 정기적인 건강 섹션을 운영하여 다양한 식생활과 영양정보를 비교적 상세하게 제공하고 있다. 또한 소금 적게 먹기 등 특정 이슈에 대해 시리즈를 편성하여 운영하기도 한다. 이러한 심도 있는 기사가 아니더라도 단편적인 식품영양정보를 제공하는 기사는 매일 여러 신문이 다양하게 제공하고 있는 실정이어서 정확하고 신뢰도 높은 기사를 제공하는 것이 중요하다.

영양정보의 신문보도 유형의 예

- **뉴스** 새로운 정보나 제도 등에 대한 내용을 전달
- **건강 섹션** 많은 신문에서 요일별로 섹션을 운영하는데, 정보에 있어 '새로움'은 떨어져도 주제에 대한 정보를 상세하게 전달
- **칼럼** 전문가가 특정 주제에 대해 의견을 피력하는 유형
- **인터뷰 기사** 특정 주제에 대해 관련 인물(예 : 식품알레르기 환자)이나 전문가를 심층 인터뷰하여 정보와 현황을 전달
- **독자란** 영양정보 보도, 영양 관련 활동이나 행사를 공지

영양 기사의 형식

영양정보는 신문기사의 문장 스타일에 맞게 작성되어야 한다. 신문기사는 대개 표제(headline), 리드(lead), 몸글(body)의 세 부분으로 구성되며, 각 부분의 비중은 역피라미드형을 이룬다. 표제나 작은 제목은 전체 내용을 압축 표현한 것으로 그 기사의 광고 기능까지 겸해야 한다. 리드는 몸글보다 먼저 나오는 문장으로 6하 원칙(5W1H)에 따라 쓰인다. 몸글은 리드에 관련된 구체적인 내용이 되며 지면 부족의 경우 우선적으로 삭제되는 부분이다. 몸글의 문장은 명료하고 간결하되 핵심적인 요소는 모두 포함되어야 하며 읽기에 부드럽고 독자의 주목을 끌 수 있어야 한다. 특히, 20~30대의 이른바 영상 독자들은 '읽을거리'보다 '볼거리'를 더 좋아하므로 만화, 삽화 등을 삽입하면 관심 끌기에 더 유리할 것이다.

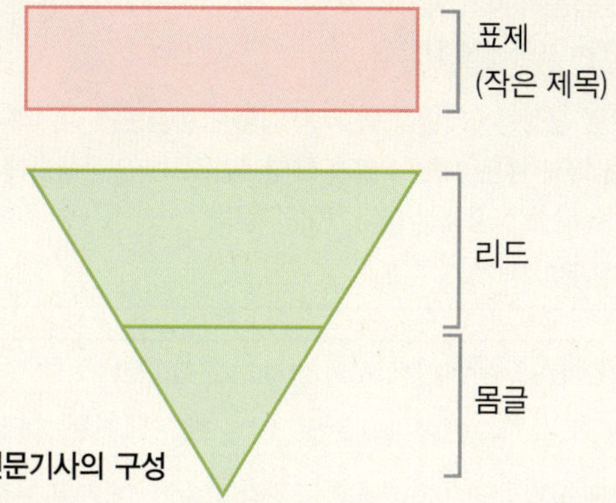

신문기사의 구성

(2) 라디오

라디오는 청취자가 다른 일을 하면서 들을 수 있다는 큰 장점이 있다. 또한 우리나라와 달리 문맹률이 높은 지역에서 매우 효과적인 정보 전달매체이다. 지역 방송이나 학교, 기업체 등에서 운영하는 소규모 라디오 방송을 반복해서 이용하면 학생이나 직장인을 대상으로 해당 영양문제에 대해 효과적인 영양교육을 수행할 수 있을 것이다.

요즘에는 건강 관련 공익광고도 이용되지만 프로그램 내용에 혼합되어 광고 같지 않게 전달하는 방법이 선호된다. 예를 들어 식중독 예방에 대한 정보는 공익광고로 제작하여 방송할 수도 있지만, 그보다는 청취자의 집중도가 높은 프로그램에서 진행자가 관련 내용의 청취자 사연에 그 정보를 붙여서 내보내는 식이다.

신문을 이용한 영양정보 전달의 예

조선일보는 2013년에 '건강한 삶 9988(99세까지 팔팔하게 삽시다) 프로젝트'라는 이름으로 다양한 건강 관련 시리즈 기사를 실었다. 첫 주제로 나트륨을 잡아서 싱겁게 먹기에 대해 크고 작은 이슈를 전달했는데, 몇 가지 예를 들면 다음과 같다.

[건강한 삶 9988(99세까지 팔팔하게 삽시다) 프로젝트]
전문가들이 말하는 '싱겁게 먹기' 5대 실천법

① 음식 주문 때 "맛있게 해줘요" 대신 "짜지 않게 해줘요"
② 소금 5%씩만 줄이면 혀가 못 느껴… 3개월이면 적응
③ 간이 염도계로 정확한 측정을
④ 저염식품 꼼꼼히 따져 먹자
⑤ 싱겁게 먹는 사람에게 칭찬을

"짜게 먹으면 심장병 · 뇌졸중 등 각종 심혈관 질환뿐만 아니라 위암, 골다공증 발생에 취약하다는 것을 이제 많은 사람이 알게 됐다. 앞으로는 일상생활에서 어떻게 싱겁게 먹기를 실천하도록 하느냐에 집중해야 한다."(이하 생략)

- 김철중 의학전문기자, 2013. 7. 2.

[건강한 삶 9988(99세까지 팔팔하게 삽시다) 프로젝트]
직원 몰래 조금씩...현대백, 짠맛 40% 뺀 '싱거운 대작전'

현대백화점은 직원 2만 7천여 명을 감쪽같이 속인 '싱거운 거짓말'을 했다. 사내 식당에서 직원들 모르게 6개월에 걸쳐 나트륨 함량을 조금씩 서서히 줄여나가는 작전으로 '맛이 없어졌다'는 직원 불만도 없애고, 나트륨 함량도 절반 가까이 줄이는 '두마리 토끼'를 잡는데 성공한 것이다.(이하 생략)

- 김성모 기자, 2013. 1. 18.

혼밥의 정석
중앙일보는 1인가구가 증가하면서 간편하고 건강한 방법을 제시하는 유지연 기자의 '혼밥의 정석'을 2017년부터 연재하고 있다. 이는 영양정보보다는 레시피에 가까운 정보이지만 인구구조 변화에 부응하는 식생활 정보 기사라고 하겠다. 종이신문보다는 인터넷 이용자들을 겨냥한 다양한 사진과 동영상을 함께 사용한다.

영양정보에 대한 라디오 방송 유형의 예

- 스팟 방송
- 전문가의 담화 및 토론
- 청취자 참여 토크쇼
- 공익광고
- 전화 상담
- 짧은 드라마
- 연속적인 기획물

과거와는 달리 라디오 프로그램도 음원파일로 인터넷에서 상시 재생이 가능하고 인기 프로그램의 경우 코너별로 음원파일을 홈페이지에 올려놓기도 한다. 그러므로 잘 구상된 라디오 프로그램은 여러 해에 걸쳐 새로운 대중에게 노출될 수 있다.

라디오를 이용한 영양정보 전달의 예

라디오를 통한 영양교육은 그 역사가 길다. 우리나라에서도 1970년에 미국 민간원조단체인 CARE에서 주관하여 KBS 라디오의 스폿 방송(spot announcement)으로 전국의 대중을 위한 영양교육이 연속기획으로 실시되었다. 1년간 매일 30초 동안 쌀에 지나치게 편중된 식사를 균형 잡힌 식사로 유도하기 위한 프로그램으로, 그 내용을 살펴보면 아래와 같다.

할머니 : (불평하며) 이런! 밥이 왜 이 모양이냐?
며느리 : 잡곡을 좀 섞었어요. 건강에 더 좋대요.
할머니 : 무슨 말이냐? 흰 쌀밥이 최고지.
아나운서 : 오랫동안 우리는 쌀밥이 가장 좋은 것으로 믿었습니다. 그런데 쌀밥은 잡곡밥보다 영양가치가 적다고 합니다. 우리는 콩, 보리, 조, 옥수수를 섞은 잡곡밥을 먹어야 합니다.

10개월간 방송 후 면접으로 효과를 평가한 결과 기초조사 자료가 없었으나 면접대상자의 83%(도시), 68%(농촌)가 특히 '균형된 식사를 합시다'와 '잡곡밥을 먹읍시다'에 관한 메시지를 잘 기억하고 있었다고 한다.

(3) 텔레비전

텔레비전은 영상과 음향을 함께 전달하고, 직접 말을 건네는 방식 등으로 시청자로 하여금 텔레비전이 제공하는 허구의 세계가 현실 세계와 공존하는 느낌을 갖게 하여 친근감의 환상을 만들어 낸다. 이러한 친근감의 환상은 정보 전달의 최대 효과를 거두게 하는 주요한 기반이 된다. 우리나라의 텔레비전 보유율이 가구당 한 대 이상이고 일반인의 텔레비전 시청시간이 평균 2~3시간임을 고려할 때 텔레비전은 매우 영향력이 큰 매체이다. 신문 등 인쇄매체가 인터넷의 약진에 어려움을 겪고 있지만, 텔레비전은 여전히 정보와 뉴스 전달면에서 가장 영향력이 있다. 2017년 기준 우리나라 19세 이상 국민의 85.5%가 텔레비전에서 정보와 뉴스를 얻고 있을 정도로 가장 이용률이 높은 미디어이다.

영양정보를 다루는 텔레비전 프로그램의 유형

- 토크쇼
- 전문가 초청 대담회
- 공개토론회
- 생활정보
- 공익광고
- 학습(요리 강습, 강연 등)
- 만화 프로그램
- 퀴즈 게임
- 정보 버라이어티쇼

근래 텔레비전의 건강·영양 관련 프로그램에 대한 관심은 가히 폭발적이다. KBS의 전문 교양기획 프로그램인 '생로병사의 비밀'은 건강에 대한 다양한 정보를 이해하기 쉽게 가공하여 보여 주며, 같은 방송사의 '비타민'은 영양과 건강의 중요성을 인식시키고 관련 정보를 이해하기 쉽고 흥미롭게 전달해 주는 성공적인 영양교육 프로그램이다. 건강과 영양 관련 정보뿐만 아니라 한국인들의 음식문화를 다양한 각도에서 접근하는 '한국인의 밥상'도 음식과 요리에 대한 관심이 높아지는 요즈음 꾸준한 인기를 끌고 있다. 또한 식품안전이 대중의 주된 관심사로 떠오르면서 채널A의 '이영돈 PD의 먹거리 X파일'은 먹거리의 생산, 제조, 유통과정에서의 현장 고발과 사실 보도뿐만 아니라 검증된 사례를 '착한 식당'이라는 이름으로 조명하여 큰 반향을 불러일으켰다가 보도의 정확성이 문제가 되어 폐지되기도 하였다. 종편과 케이블 채널이 많아지면서 다양한 프로그램이 만들어지고 있다. 그 예로 체중 조절과정을 보여 주는 '즐거운 감량생활'과 '집밥요리'라는 큰 반향을 만들어낸 '집밥 백선생' 같은 프로그램이 있다(그림 8-4).

반면 전파력이 높은 뉴스 프로그램에서 시간을 할당받는 것은 무척 어렵다. 그러나 최근 시청자들의 건강과 영양정보에 대한 지대한 관심과 욕구 증가에 맞추어 뉴스에도 관련 기획 보도를 계획하여 방영하는 경우가 늘고 있다.

그림 8-4 영양정보 제공 텔레비전 프로그램의 예

근래에는 시청률이 높은 예능 프로그램(예 : '무한도전' 나비효과편)이나 드라마(예 : '시크릿가든' 세 자녀 낳기) 등에 건강 등 공익 정보를 결합하여 제공하는 시도가 이루어지고 있다. 이러한 시도는 현실 같은 환경에서 매우 구체적인 역할모델을 제시하기 때문에 수용자가 이해하기 쉽고 실행에 도움을 주어 영양교육과 상담 부분에서 효과를 담보할 것으로 기대된다.

(4) 인터넷

인터넷은 시간과 공간을 뛰어넘어 영양정보에 관해 전달자와 수용자, 또는 수용자와 수용자 사이에 쌍방향 의사소통을 가능하게 하므로 영양교육과 함께 영양상담의 효과를 최대화할 수 있다는 큰 장점이 있다. 다만, 수용자에게 컴퓨터와 사용기술이 있어야 한다는 제한점이 있지만, 우리나라의 인터넷 이용률이 2017년 기준 만 3세 이상도 90.3%에 이르고 유선보다는 무선 모바일 기기를 이용하여 인터넷을 사용하고 있으며, 하루 한 번 이상 인터넷을 이용하고 인터넷 이용목적이 '커뮤니케이션(94.6%)', '자료 및 정보 획득(92.5%)'으로 건강과 영양 주제의 다양한 정보 제공원으로써 인터넷은 이미 자리매김하였으며 매우 유용한 영양교육과 상담 매체임이 틀림없다(그림 8-3).

더욱이 텔레비전, 신문 등 매스미디어가 온라인으로도 연결되어 있어 인터넷을 통해 이용할 수도 있다. 2017년도 조사에 따르면 인터넷 이용자의 94.4%가 하나 이상의 매스미디어를 인터넷으로 접하고 있었다. 인터넷 이용자의 다수가 온라인으로 텔레비전(48.7%)이나 영화(70.3%)를 시청하고 88.3%는 온라인 신문을 읽고 있었으며 29.7%가 온라인 잡지나 서적을 읽고 있었다. 따라서 인터넷은 다양한 미디어를 이용할 수 있게 하는 통합적 매스미디어의 역할을 하여 영양교육이나 상담의 중요 경로로서 그 비중이 점차 커지고 있다. 한 가지 콘텐츠를 제작하여 여러 매체에서 다양하게 소비하는 트렌드(one-source multi-use)가 자리 잡고 있는 것이다.

인터넷을 통한 영양정보 제공 시에는 멀티미디어의 장점을 최대한 활용해야 한다. 콘텐츠를 제작할 때 문자 외에 그림, 사진, 소리, 애니메이션, 동영상 등 가능한 다양한 전달도구를 사용하면 친근감과 호기심을 유발하고 흥미를 유지시킬 수 있다. 식품, 영양, 식이요법에 관한 지식 전달과 함께 식생활의 간이진단법, 퀴즈 등 교육 대상자 스스로 참여할 수 있는 프로그램이 포함되면 보다 효과적으로 교육할 수 있다. 인터넷 정보의 내용과 질은 전적으로 홈페이지 제공자인 개인 또는 기관에 달려 있다. 따라서 인터넷 영양교육 제공자는 정확한 정보 제공에 각별히 유의해야 한다.

현재 인터넷을 통해 정부기관, 학교, 영양 관련 학회, 의료기관 또는 영양학자, 의사 등의 개인 전문가가 다양하게 영양 · 건강정보를 대중을 상대로 제공하거나 영양상담을 하고 있다. 정부기관이나 영양·건강 전문가가 제공하고 있는 대표적인 웹사이트의 초기 화면은 그림 8-5와 같다.

영양정보 웹사이트를 제작 및 운영할 때 고려할 사항

- 수용자 또는 교육대상자가 요구하는 영양정보가 무엇인지 파악한다.
- 정보의 내용을 교육대상자의 수준에 맞게 가공한다.
- 잡다한 정보의 나열보다는 특정 분야의 전문화된 정보를 명료하고 쉽게 설명한다.
- 우수한 영양 관련 사이트를 링크하여 영양 정보를 확대시킨다.
- 게시판이나 상담실을 운영하여 영양교육자와 교육대상자 상호간 영양 관련 토론이나 상담을 가능하게 한다.
- 정보 제공자는 웹사이트에 자신의 프로필을 밝히고 정보에 대한 전문적 · 윤리적 책임감을 가져야 한다.
- 교육대상자에게 질 좋은 정보를 취사 선택하는 방법을 교육한다.
- 검색 엔진에 웹사이트를 등록하여 홍보하고 많은 사람이 이용할 수 있게 한다.
- 웹사이트 영양정보를 정기적으로 모니터하며 최신 정보를 업데이트한다.

전통적인 대면 상담에다가 웹사이트를 통한 영양상담을 추가함으로써 전통적인 방법의 영양교육 및 상담보다 효과가 높아졌다거나 웹사이트를 통한 상담만으로도 체중 감량에 효과가 있었다는 연구 결과들이 보고되면서, 인터넷을 통해 단순한 정보 전달이 아닌 특정 목적에 초점을 둔 맞춤형 영양교육이나 상담이 시도되고 있다. 미국에서 가장 큰 체중 감량을 도와 주는 회사인 'Weight Watchers'는 과거의 대면상담과 교육에 온라인 프로그램을 추가하였다. 'eDiets'는 최초의 회원제 유료

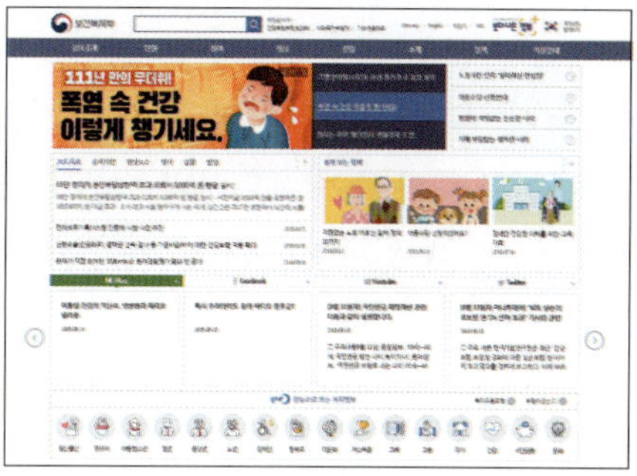

보건복지부

식품의약품안전처(식품안전나라)

대한지역사회영양학회 다이어트넷

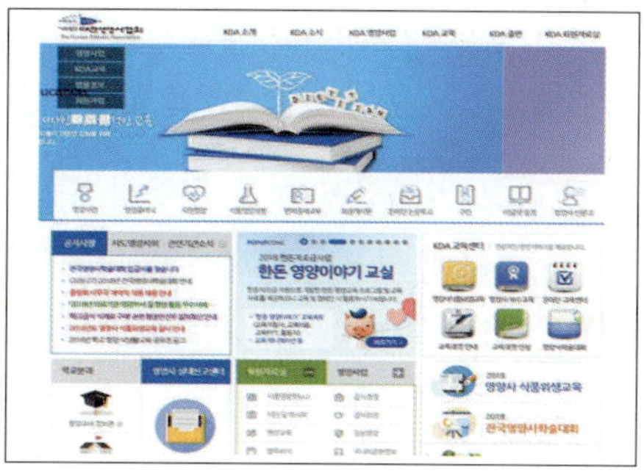

대한영양사협회

농식품종합정보시스템

그림 8-5 영양정보 제공 웹사이트 일부의 초기 화면

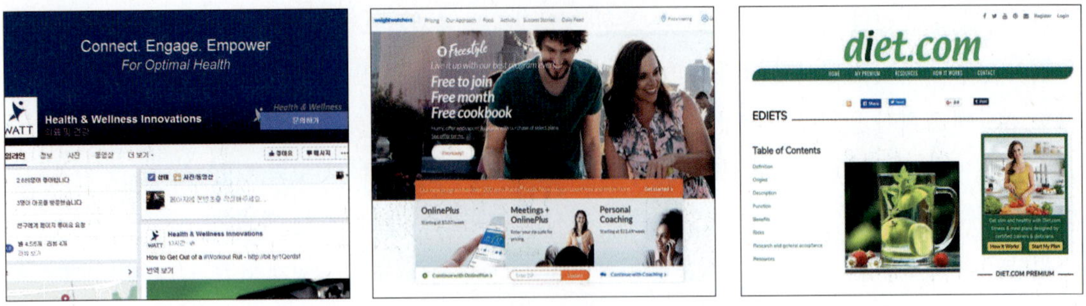

그림 8-6 **인터넷을 통해 영양교육과 상담을 제공하는 회사의 예**

온라인 체중관리 프로그램으로 식사 배달도 서비스에 포함되어 있다. 또한 'nutriinfo'는 인터넷을 기반으로 체중 및 건강관리를 도와 주는 유료서비스를 개인과 회사에게 제공하여 성공을 거두고 있다. 국내에도 눔코리아, 도넛 등 인터넷 기반의 영양상담 제공 서비스가 나타났다(그림 8-6).

스마트폰의 애플리케이션용으로 개발된 프로그램들도 시시히 다양해지고 있다. 식품의약품안전처에서 제작한 '고열량, 저영양 알림-e'는 바코드나 제품명 검색 등을 통하여 고열량 · 저영양식품 여부를 알려 주는 애플리케이션으로, 무료로 다운받아 사용할 수 있다. 농촌진흥청에서 제작한 '어린이푸드 아바타'는 어린이가 본인의 나이, 신장, 체중, 성별 등의 정보를 입력한 후 한 끼 식사를 구성하면 균형 잡힌 바른 식사인지 여부를 알려 주면서 진행되는 영양교육 프로그램이다(그림 8-7). 인터넷 접근 플랫폼이 PC에서 스마트폰으로 이동하면서 위에서 언급한 인터넷 기반 회사들도 웹사이트뿐만 아니라 애플리케이션을 함께 개발하여 운영하고 있다.

현재 인터넷 이용 추세가 PC에서 스마트폰 등 휴대용 전자기기로 이동하고 있는 점과 다양한 건강 측정 기기와 접목이 가능하다는 부분은 앞으로 영양교육과 상담에 활용도가 높으므로 주목할 점이다. 예를 들어 만보기와 같은 신체활동이나 혈당을 측정하는 기기 등 '웨어러블 기기'를 온라인 프로그램에 연결시켜 놓으면 보다 효과적인 교육이나 상담이 가능해진다. 아직 웨어러블 기기 보유율이 전체에서 3.6%이고, 가장 높은 30대에서도 10%를 넘지 못하고 있지만 '심박수, 칼로리 소모량 층적 등 건강관리 기능(56.6%)'이 '스마트폰과 연결하여 문자, 전화 등 송수신(80.2%)'을 이은 두 번째로 많이 사용되고 있는 것을 보면 잠재 가능성이 있다고 하겠다. 개인의 식품 섭취 측정이 어렵다는 점을 휴대폰의 사진 기능을 이용하여

그림 8-7 영양교육 스마트폰 애플리케이션의 예

극복하려는 노력도 이루어지고 있다. 예를 들어 식사 전과 후에 일정 조건에서 사진을 찍어 상담자에게 전송하면 열량 및 영양소 섭취량을 계산하여 평가 결과를 제공하는 식이다. 무료 기본 애플리케이션으로 제공되는 '삼성헬스'와 같이 다양한 프로그램이 시중에 나와 있지만 실생활에 활용할 수 있는 다양하고 복합적인 애플리케이션 개발이 필요한 시점이다.

(5) 팟캐스트, 유튜브 등 개인 방송

아직 전체적인 이용도는 매우 낮지만 젊은 층에서 근래 들어 많이 이용되는 새로운 종류의 매체이다. 이 방송은 특정 회사나 단체가 진행하는 경우도 있지만 대체로 개인이나 소그룹이 적은 비용으로 진행하는 개인 방송 형태로 특정 분야에 집중되는 것이 특징이다. 젊은 층으로 갈수록 정보 전달매체로 활자가 아닌 영상을 선호하므로 이러한 방송이 앞으로 더 활발해질 것으로 생각된다. 영양교육이나 상담에서도 팟캐스트나 유튜브에 개인 채널을 개설하여 방송을 하고 홈페이지에 연결시켜 두면 반복적인 기초 당뇨교육 등을 대체할 수 있을 것이다.

3) 미디어를 통한 영양정보의 일반적 수용태도

미디어를 통해 전달할 영양정보를 제작할 때 대중의 영양이나 건강 메시지에 대한 반응을 이해하고 염두에 두어야 한다. 영양정보에 대한 보편적인 수용 태도는 다음과 같다.

- **건강에 대한 위험성을 막연하게 받아들임** 뉴스로 보도되는 교통사고, 살인사건 등에 의한 위험성은 과대평가하지만, 빈번하게 발생하고 주요 사망원인이 되는 뇌졸중, 당뇨병 같은 건강문제에 대한 자신의 위험도는 과소평가한다.
- **먹는 것은 사소한 일로 생각함** 먹는 것은 극히 일상적인 것으로 영양에 관한 정보는 보다 실체적이고 확실한 다른 문제에 비해 사소한 것일 수 있다.
- **절대적인 답을 원함** 확률이나 가능성의 개념을 이해하지 못하며 좋다, 나쁘다 등의 확실한 정보를 원한다. 과학적으로 확실하지 않은 내용이나 몇 %의 가능성 등의 정보는 일반인을 혼란스럽게 하거나 그릇된 방향으로 이해시킬 수 있다.
- **쉬운 해결방법에 반응함** 일반인은 질병 예방 등에 관해 간단하고 쉬운 정보는 두려움이나 거부반응 없이 수용한다. 정기적인 혈압 측정은 쉽게 수용하지만, 암 예방을 위한 금연 등 복잡한 행동은 어렵게 생각한다. 그러므로 복잡한 주제를 설명할 경우에는 금연을 준비하는 절차 같은 중간단계를 제시하는 것이 바람직하다.
- **과학의 진실성을 의심함** 일반인은 때로 과학자들도 틀릴 수 있음을 알며 과학자의 예측을 믿기에 주저한다.
- **질병 위험은 남의 일로만 여김** 자신의 실제 위험과는 상관없이 일반인은 대체로 심각한 질병이 자신에게 생기지 않는다고 믿는 경향이 강하다.
- **모순된 신념을 가짐** 암이 나에게는 생기지 않는다고 믿으면서 동시에 모든 것이 암을 유발하므로 이를 피할 도리가 없으며 따라서 식생활 습관 등을 바꿀 필요가 없다고 생각한다.
- **미래에 대한 준비가 부족함** 많은 사람, 특히 사회경제 수준이 낮은 계층에서는 미래를 걱정하기보다 현재를 위해 사는 것이 낫다고 생각한다. 많은 건강 위험에 관한 정보는 먼 훗날에 신경 써야 할 이야기로만 받아들인다.
- **과학적 지식이 부족함** 일반인은 기술적 용어, 의학적인 용어, 통계 수치 등을 이해하지 못하므로 쉬운 용어 사용이나 용어 설명이 필요하다.

3. 미디어 활용효과

미디어를 통한 영양교육 또는 영양정보 제공은 국민의 전반적인 영양문제에 대한 인식 전환, 식행동 변화의 동기부여 등 많은 긍정적 영향을 주고 있다. 반면 잘못된 정보의 무차별적 제공과 과장된 광고는 국민을 혼란스럽게 하기도 한다.

대한영양사회에서 매스미디어의 식품영양정보를 모니터하여 보고한 결과를 토대로 매스미디어를 활용한 영양교육의 효과를 살펴보면 아래와 같다.

1) 긍정적 효과

- **국민 개인의 식생활에 대한 관심과 개선 의지 고취** 최근 질병과 건강에 대한 식생활의 기능을 중심으로 다양한 정보가 신문, 텔레비전을 통해 제공됨으로써 잘못된 식생활에 대한 경각심과 질병 예방을 위한 바른 식생활 습관 형성을 위한 노력이 고취되고 있다.
- **식생활 관련 사고에 대해 즉각적이고 정확한 대처방안 제시** 식품위생과 안전성에 관련된 사고가 발생할 때 시청자에게 정확한 정보를 즉각적으로 제공하고 대처방안을 마련해 줌으로써 불안을 해소시켰다.
- **과장되고 잘못된 광고로부터 소비자 보호** 다이어트 상품을 비롯한 건강기능식품, 영양보충제 효능의 허와 실, 부작용 등에 관한 정보를 제공하였다.
- **고유의 식생활 전통과 문화 전파** 김치 등의 전통음식의 퓨전화와 세계화를 소개한 텔레비전 프로그램, 신문의 특집 등은 시청자의 호기심을 높이면서 고유의 음식 문화에 대한 자부심과 세계로 전파하려는 의지를 갖게 하였다.
- **식품 수급 조절 역할** 양파나 마늘 파동이 있을 때 이들 식품의 간과되기 쉬운 영양적 가치와 효능을 새롭게 인식시키고 조리방법을 소개함으로써 과잉 생산된 식품의 소비를 촉진시켰다.

2) 부정적 효과

- **잘못되거나 과장된 영양정보 제공으로 국민을 오도** 어떤 식품의 효능을 만병통치약인 양 과장하거나, 과학적인 근거가 불충분하고 전문적인 내용을 지나치게 단순화하여 오해의 소지를 제공하였다. 불완전한 영양정보로 시청자 혼란

가중 흥미, 유행, 시청률 위주의 진행, 단편적 사건보도와 대처방안 제시 결여 등은 시청자를 혼란스럽게 하고 불신을 갖게 한다.

- **식품 광고의 잘못된 식행동 충동** 식품 광고 메시지는 수용자에게 무의식적으로 영향을 주어 잘못된 영양지식을 인식시키고 불균형적인 식생활 태도와 습관으로 이끌어 건강에 지장을 줄 수 있다. 특히, 판단력이 떨어지는 어린이의 성장발달에도 영향을 미칠 수 있다. 조사에 따르면 어린이가 광고되는 상품 중 가장 사고 싶은 것이 식품류이며 광고를 토대로 직접 구매하는 경우가 매우 많았다. 우리나라 정부는 2010년부터 어린이 프로그램 방영시간에는 고열량 · 저영양 식품의 광고를 하지 못하도록 규제하고 있다.

4. 미디어 활용 방향

1) 영양정보 제공자의 신중한 태도

매스미디어 기관이나 기자, 인터넷의 홈페이지 운영자들은 제공되는 영양정보가 국민 개인의 건강과 국가에 미치는 영향력을 깊이 인식하여 신중하고 정확한 영양 관련 내용을 제공하려는 태도를 갖추어야 한다(그림 8-8).

2) 영양 전문가와 언론계의 협력

국민의 영양교육효과를 높이기 위해서는 학계, 언론계 및 정부의 협력이 필요하다. 영양전문가는 영양교육방법과 매체의 개발에 관심을 가져야 하며, 영양 전문가는 언론계와 협력체계를 만들어 필요할 때마다 언론계에 시의적절한 영양정보를 일반인이 이해하기 쉽게 제공하는 데 적극적이어야 한다. 언론계에서는 전문기자 제도를 더욱 활성화시키고, 공익방송시간 등을 마련하여 국민을 위한 영양교육의 장을 제공해야 한다. 그렇게 하면 보도내용의 전문성과 신뢰성을 보장할 수 있을 것이다.

3) 정부의 영양표시제도 시행 및 식품광고 규제

현재 시행되고 있는 가공식품과 일부 외식메뉴의 영양표시제는 효과적인 영양교

매스컴 종사자 님, 이렇게 해 주세요!

1. 제시하는 정보에는 반드시 출처를 기입해 주세요.
2. 과잉, 결핍 등 주의사항과 함께 적정량 섭취에 대한 가이드라인을 제시해 주세요.
3. 인간을 대상으로 한 실험에서 반드시 대조군을 넣어 주세요.
4. 요리 프로그램에서는 입에 음식을 넣고 이야기하는 것을 자제해 주세요.
5. 요리 프로그램에서는 도구를 사용하여 음식물을 집도록 해 주세요.

인터넷 매체 운영자 님, 이렇게 해 주세요!

1. 주제, 내용 및 디자인 등에서 눈높이를 운영자가 아닌 이용 대상(어린이, 청소년, 노인, 시각장애인 등)에 맞추어 다양하게 제공해 주세요.
2. 자료의 업데이트 및 지속적인 관리에 신경 써 주세요.
3. 정보의 정확성과 신뢰성을 위해 제공하는 자료의 근거나 출처를 제시해 주세요.
4. 제품에 대한 좋은 점만 나열하지 말고 자세한 설명과 부작용 및 주의사항 등도 함께 제시해 주세요.
5. 광고나 표시내용이 소비자를 기만 · 오인 · 혼동시키거나 현혹시켜 단속 대상이 되지 않도록 해 주세요.

그림 8-8 매스미디어 운영자 님! 이렇게 해 주세요!

육의 수단이 되고 있으며, 식품광고심의제에 영양 전문가를 포함시킨다면 식품광고의 부정적인 효과를 줄이고 오히려 적절한 영양정보 제공의 한 수단으로 활용할 수 있을 것이다.

4) 매스미디어 영양정보의 모니터링과 감시

매스미디어의 모니터 활동이란 일종의 수용자 감시운동으로 보도내용과 방송 프로그램을 양적, 질적으로 평가하여 언론계에 피드백하는 과정이다. 식품영양정보에 대해서는 1994년부터 대한영양사회에서 인터넷을 포함한 매스미디어에 대해 모니터링을 계속하고 있다. 영양정보 모니터링의 주된 목적은 국민의 건강에 직간접적으로 영향을 미치는 각종 매체에서의 잘못된 식품영양정보의 확산을 방지하고 개선방안을 제시하여 궁극적으로는 국민건강 증진에 기여하는 것이다.

따라서 보도 또는 방송 프로그램에 대한 모니터링을 효과적으로 하려면 영양정보의 관찰 및 평가, 개선방안의 제시, 토론과 보고서 작성 등에서 끝나는 것이 아니며, 평가 결과에 문제의 소지가 있을 경우 해당 방송국이나 언론사에 전달하고 홍보하거나 때로는 전화, 편지, 서명, 집회 등으로 여론화하고 압력 행사까지 해야 하며, 개선될 때까지 해당 프로그램 등을 지속적으로 모니터해야 한다.

영양정보를 모니터할 때는 다음의 원칙을 고려하여 정보를 평가한다.

영양정보 모니터링 할 때 고려사항

- (공익성) 공공의 이익과 국민문화에 기여하고 있는가?
- (공정성) 공공생활과 관련된 문제는 공정한 가치판단에서 보도하였는가?
- (객관성) 제공하고자 하는 내용을 공정하고 객관적으로 다루고 있는가?
- (전문성) 풍부한 지식과 정보를 제공하고 있는가? 연구결과가 다양하게 해석되었는가?
- (해설성) 수용자가 이해하기 쉽게 구성, 제작되었는가?
- (시의성) 필요한 정보를 제때에 전달하였는가?
- (윤리성) 윤리적으로 어긋나는 점은 없는가?
- (신뢰성) 정보의 출처가 정확하고 내용은 믿을 만한가? 홍보나 광고의 목적은 없는가?

TV 프로그램 모니터링의 사례

프로그램명 : 무엇이든 물어보세요

소주제명 : 미각중독! 너무 짜게 먹는다

- **내용** : 우리나라 사람들의 소금 섭취 실태를 파악하고 그 문제점 및 대응책을 알아본다.
- **긍정적인 면**
  - 우리나라 사람들의 소금 섭취 실태를 통해 문제점을 지적함
  - 나트륨 함량이 높은 식품을 제시하고 실생활에서 나트륨 섭취 감소를 위한 대처방안을 보도함
  - 나트륨의 부정적인 면만 나열하기보다는 체내 역할에 대해서도 언급함
  - 역치에 관한 전문용어의 설명으로 시청자의 이해를 도움
- **부정적인 면**
  - 고혈압 환자인 시청자가 음식이 싱거우면 밥을 못 먹겠다는 전화문의 상담이 미흡함
  - 상담내용 : 신선한 채소를 먹으면 짠 음식 먹는 양이 줄어든다. 운동을 많이 한다.
  - 그러나 두 가지 대응책은 모두 나트륨 섭취 감소방법으로는 직접적이고 타당하지 못했음
  - 나트륨 섭취 감소를 위한 실제적인 대처방안이 미흡. 단순히 나트륨 양을 줄여야 한다고만 함
- **개선과제** : 시청자들이 대략적인 양을 알 수 있는 1일 섭취량을 제시하여 어느 정도 섭취해야 한다는 정확한 양을 제시하는 것이 바람직함

자료 : 대한영양사회 식품영양정보 모니터 게시판

미디어의 영양정보를 볼 때 확인해야 할 사항

- 실생활에 활용할 수 있는 구체적인 대안을 주고 있는가?
  → 하루 섭취량에 대한 정보가 있는지 확인한다.
- 식품이 마치 약효를 가진 듯 표현하고 있지 않은가?
  → 식품효능의 장점과 단점, 섭취의 과잉과 유의점에 대한 정보가 있는지 확인한다.
- 주제의 과학적인 근거가 충분한가?
  → 한 사람의 체험에 근거한 이야기를 보편화하지 않았는지, 공익성이 있는 기관의 연구 자료인지 확인한다.
- 동물실험 결과를 인간에게 적용하여 발표하지 않았는가?
  → 사람에 대한 임상실험을 거치지 않은 연구 결과를 과장되게 보도하지 않았는지 확인한다.
- 기사 형식으로 특정 회사 제품을 광고하지 않았는가?
  → 특히 광고에서 기사인지 광고인지 구별이 어려운 경우나 방송에서 협찬사의 제품을 효능 비교하여 여과 없이 방송하지 않는지 확인한다.
- 영양가를 비교할 때 비교 기준을 제대로 설정하여 비교하였는가?
  → 100g당 비교했는지, 한 그릇으로 비교했는지, 한번에 보통 섭취하는 음식 분량으로 비교했는지 확인한다.

자료 : 보건복지부, 대한영양사회(2004)

5) 영양정보 선별에 대한 소비자교육

무차별적인 정보의 홍수 속에서 정확한 식생활 정보의 선별능력 함양을 위해 바른 선택방법이나 요령을 일반인에게 교육시키는 것은 영양교육의 중요한 부분이다. 영양정보가 바르고 정확한지 알아보기 위해 점검할 사항은 다음과 같다.

- **정보 제공자의 확인** 정보 제공자가 영양전문가이거나 공인된 기관이나 단체로서 신뢰성이 있어야 하고, 비상업적이어야 타당도가 높은 정보라고 할 수 있다.
- **정보의 출처 확인** 정보 내용의 출처나 의견을 제공한 전문가 이름이 밝혀져 있고, 출처나 전문가의 전문성이 적합해야 하며, 각 주제에 대해 풍부한 최신 정보를 제공했는지 확인한다. 건강기능식품 판매를 위한 광고나 웹사이트의 경우 제품의 신뢰를 주기 위해 전문가의 의견인 것처럼 문구를 사용하면 오히려 허위 · 과대광고에 이용될 수 있으므로 유의해야 한다. 인터넷의 경우 링크

되어 있는 사이트의 내용이 서로 관련되어야 하며, 자료의 업데이트 및 관리가 지속적으로 유지되는 사이트가 신뢰할 만하다.

- **사용의 편리성** 특히 인터넷의 경우 필요한 정보를 쉽게 찾을 수 있어야 하고, 정보제공자와 상호 의견 교환이 가능해야 한다. 최근 신문의 영양·건강 정보를 제공할 때 기자 실명제와 이메일 주소를 밝혀 독자에게 의견 교환의 기회를 주고 있다. 디자인 이미지가 정보 이용 대상의 수준에 적합하여 흥미를 유발할 수 있다면 더욱 좋다.
- **정보 내용의 평가** 영양정보가 타당하고 믿을 만한지 다음 사항을 체크함으로써 평가해 볼 수 있다.

CHAPTER 9 식품 선택과 영양교육

오늘날 우리는 자기가 사용할 수 있는 재화를 의식주 생활을 영위하는 데 소비하고 있다. 이 중 '식생활'에서 바람직하게 재화를 소비하기 위해서는 합리적인 식품 선택이 중심이 되어야 한다. 합리적인 식품 선택의 전제 조건으로 생산자는 상품에 관한 올바른 정보를 제공해야 하고, 소비자는 정보를 정확하게 해석할 수 있어야 한다. 따라서 식품 선택과 관련된 모든 영양교육은 소비자 대상과 식품 생산자 대상으로 이루어져야 한다.

1. 영양표시제

식품표시제라고 하면 보통 저장수명을 연상하지만 실제로는 이외에 제품에 관한 다양한 내용을 표시하도록 하고 있다. 국제적으로는 국제식품규격위원회(Codex Alimentarius Commission)가 제안한 표시기준이 있지만 나라마다 실제 적용하고 있는 식품표시제는 서로 차이가 있다. 영양표시는 식품표시의 일부인데 식품, 식품첨가물, 건강기능식품, 축산물에 들어 있는 영양성분의 양(量) 등 영양에 관한 정보를 표시하는 것으로서, 허위·과대표시나 광고로부터 소비자를 보호하고 올바른 영양정보를 제공해서 식품 선택에 도움을 주려는 의도에서 마련되었다. 즉 영양표시는 소비자가 자신의 건강에 적합한 제품을 선택할 수 있도록 도와 주고, 생산자가 자사 제품이 가진 영양적 특성을 알릴 수 있도록 하며, 결과적으로 국가 의료비 절감에 기여한다.

1) 영양표시제의 필요성

소비자는 좀 더 건강에 좋은 제품을 선택하고 싶지만 막상 제품을 선택할 때 어느 제품이 좋은 것인지 구별하기가 어렵다. 특별히 건강에 문제가 있어서 일정한 성분을 선택 또는 회피하고자 하는 경우 식품표시에 있는 정보들이 우리가 식품을 선택하는 데 크게 도움을 줄 수 있다. 영양표시제는 식품의 영양에 대한 적절한 정보를 소비자에게 제공함으로써 소비자들이 합리적인 식품 선택을 하도록 돕기 위한 제도이다. 우리나라에 영양표시제를 도입한 배경은 다음과 같다.

- 국민의 영양 불균형이 증가하고 있다. 우리 식생활에서 동물성 식품의 섭취비율 증가, 당류 음료 등의 섭취 증가 등으로 인한 영양과다 내지는 영양불균형의 부작용 증가 등을 들 수 있다.
- 가공식품의 이용이 증가하고 있다. 여성의 사회 진출과 핵가족화, 도시화 등 사회적 환경이 변화함에 따라 가정의 식생활 패턴이 바뀌어 가공식품의 이용이 늘어나고 가정 외 식생활의 비중도 더욱 커질 전망이다.
- 식품산업의 기술 발달 내용을 소비자들이 이해하기 어렵다. 식품업자들은 영양과 건강을 앞세워 특수 영양성분을 통한 제품의 차별화를 강조하며 구매를 유발하려 하므로 소비자들이 인지할 수 있는 영양표시가 필요하다.
- 영양정보가 넘치고 있다. 성인병과 영양이나 특수 영양성분의 생리기능 등에 관한 최신 정보가 대중매체를 통해 빠르게 전파되고 있는 상태에서 소비자가 제품을 선택할 때 이런 정보를 활용하도록 하기 위해서는 영양표시가 필요하다.

2) 우리나라 영양표시제

(1) 식품표시와 영양표시

소비자들은 물건을 살 때 제품에 관한 정보를 보고 구매를 결정하게 된다. 따라서 제품의 표시내용은 소비자가 쉽게 식별할 수 있도록 구성해야 하고 상품의 선택과 소비단계에서 필요한 정보를 포함해야 한다. 식품표시는 제품의 기본사항, 즉 제품명, 원재료명과 함량, 내용량, 유통기한, 품질등급, 원산지 및 제조회사, 보관과 취급 방법 등을 기술한다. 이 중에서 특히 소비자의 영양과 건강에 관련된 정보는 영양표시를 통해 제공되는데, 이것은 영양성분표시와 '무, 저, 풍부' 등의 영양강조표시 등으로 구성된다. '영양성분표시'라 함은 제품의 일정량에 함유된 영양소의 함량을 표시하는 것을 말하며, 보통 영양표시라고 할 때는 이것을 말하는 경우가 많다. '영양강조표시'라 함은 제품에 함유된 영양소의 함유 사실 또는 함유 정도를 '무', '저', '고', '강화', '첨가', '감소' 등의 특정한 용어를 사용하여 표시하는 것을 말한다. 이 중 '영양성분 함량 강조표시'는 영양소의 함유 사실 또는 함유 정도를 '무○○', '저○○', '고○○', '○○ 함유' 등과 같은 표현으로 그 영양성분의 함량을 강조하여 표시하는 것이고, '영양성분 비교 강조표시'는 영양성분의 함유 사실 또는 함유 정도를 '덜', '더', '강화', '첨가' 등과 같은 표현으로 같은 유형의 제품과 비교하여 표시하는 것을 말한다.

우리나라 영양표시제는 1996년 보건복지부와 식품의약품안전청 고시로 '식품 등의 표시기준'이 제정되면서 도입되어 점차 확대되었다. 영양표시 대상식품은 식품위생법 시행규칙 제6조(2017. 12. 19 개정)에 따라 장기보존식품(레토르트식품만 해당), 과자류 중 과자, 캔디류 및 빙과류, 빵류 및 만두류, 초콜릿류, 잼류, 식용 유지류, 면류, 음료류, 특수용도식품, 어육가공품 중 어육소시지, 즉석섭취식품 및 즉석조리식품, 장류(한식메주, 한식된장, 청국장 및 한식메주를 이용한 한식 간장은 제외한다), 시리얼류로 지정되어 있다. 이외에 의무 대상은 아니지만 영양표시를 하

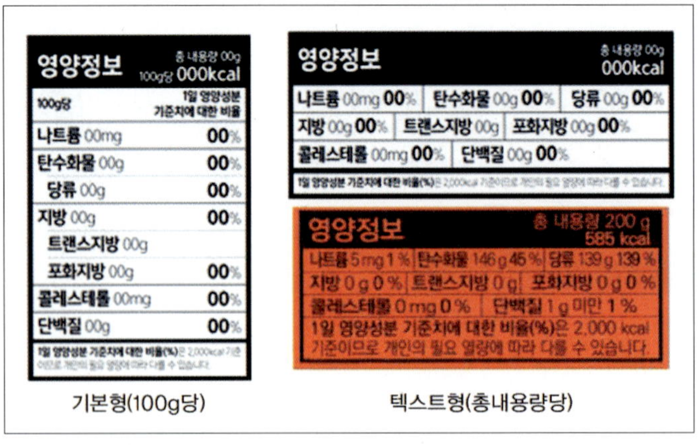

그림 9-1 영양표시의 예

고자 하는 식품이거나 영양강조표시를 하고자 하는 식품은 '식품 등의 표시기준'에 따라 영양표시를 할 수 있다.

영양표시를 할 때는 영양성분표시와 함께 1일 영양성분 기준치에 대한 비율을 표시한다. '1일 영양성분 기준치'는 소비자가 하루의 식사 중 해당 식품이 차지하는 영양적 가치를 보다 잘 이해하고, 식품 간의 영양성분을 쉽게 비교할 수 있도록 식품표시에서 사용하는 영양성분의 평균적인 1일 섭취 기준량을 말한다. '1일 영양성분 기준치'는 2,000kcal 열량 섭취를 기준으로 33종의 영양소에 대한 기준치가 설정되어 있다. 1일 영양성분 기준치에 대한 비율(%) 표시는 영양성분 활자 및 함량의 활자 크기보다 크거나 같아야 하며, 소수점 첫째자리에서 반올림하여 정수로 표시한다. 의무표시 대상 영양성분은 열량, 나트륨, 탄수화물, 당류, 지방, 트랜스지방, 포화지방, 콜레스테롤, 단백질의 아홉 가지이다(그림 9-1).

(2) 어린이 기호식품 표시

어린이들이 즐겨 섭취하는 가공식품은 장기적으로 건강을 해칠 수 있지만 무조건 먹지 말라고 할 수는 없다. 적절한 음식 선택을 할 수 있도록 영양교육을 하는 동시에 당이나 나트륨 등의 섭취에 대한 자율 저감화 모델 개발 및 자발적 추진을 유도하는 정책이 필요하다.

'어린이 식생활안전관리 특별법'은 고카페인 함유식품을 학교나 우수판매업소에서 판매하는 것을 제한하거나 금지하였고, 고카페인 함유식품에 어린이들이 알아보기 쉽게 눈에 띄는 적색의 모양으로 표시하도록 하였으며, 고카페인 함유식품을 광고하는 경우 광고시간의 일부를 제한하거나 광고를 금지할 수 있도록 했다. 또한 어린이가 올바른 식품 선택을 할 수 있도록 "색상 · 모양 표시"(그림 9-2)와 "고열

구분	등급	색상	당류	지방	포화지방	나트륨
간식용	낮음	녹색	3g 미만	3g 미만	1.5g 미만	120mg 미만
	보통	황색	3g 이상, 17g 이하	3g 이상, 9g 이하	1.5g 이상, 4g 이하	120mg 이상, 300mg 이하
	높음	적색	17g 초과	9g 초과	4g 초과	300mg 초과
식사대용	낮음	녹색	3g 미만	3g 미만	1.5g 미만	120mg 미만
	보통	황색	3g 이상, 17g 이하	3g 이상, 12g 이하	1.5g 이상, 4g 이하	120mg 이상, 600mg 이하
	높음	적색	17g 초과	12g 초과	4g 초과	600mg 초과

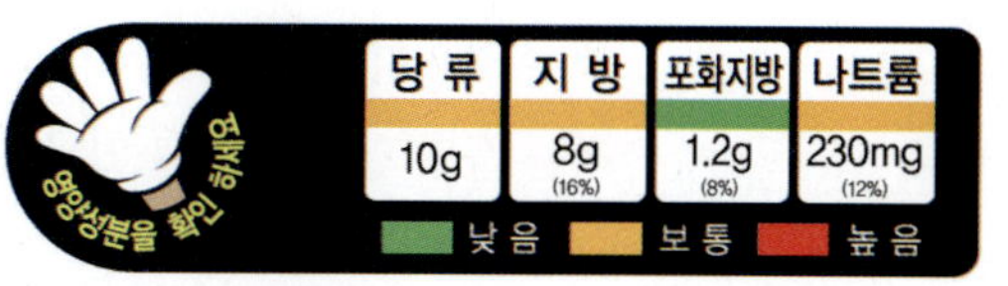

그림 9-2 어린이 기호식품 색상 · 모양 표시 기준과 표시의 예

그림 9-3 고열량 · 저영양 식품 알림 애플리케이션

그림 9-4 어린이 기호식품 품질인증 표시

량 · 저영양 식품" 분류를 도입했다. "색상 · 모양 표시"는 식품에 들어 있는 총지방, 포화지방, 당(糖), 나트륨 등 영양성분의 함량에 따라 높음, 보통, 낮음 등의 등급을 정하여 그 등급에 따라 어린이들이 알아보기 쉽게 녹색, 황색, 적색 등의 색상과 원형 등의 모양으로 표시하고 원형 등의 모양에 어린이 기호식품이 함유하고 있는 각각의 해당 영양성분이 하루 권장섭취량에서 차지하는 비율을 명기하는 제도다. "고열량 · 저영양 식품"이란 식품의약품안전처장이 정한 기준보다 열량이 높고 영양가가 낮은 식품으로 비만이나 영양불균형을 초래할 우려가 있는 어린이 기호식품을 말한다. 고열량 · 저영양 식품을 규제하기 위해 오후 5시부터 오후 7시까지 어린이를 주 시청 대상으로 하는 방송 프로그램 중간에 텔레비전 방송광고를 제한하고 스마트폰 애플리케이션(그림 9-3)을 통해 정보를 제공하고 있는 반면, 안전하고 영양을 고루 갖춘 어린이 기호식품의 제조 · 가공 · 유통 · 판매를 권장하기 위해 식품의약품안전처장이 고시한 품질인증기준에 적합한 어린이 기호식품에 대해서는 품질 인증을 하고 있다(그림 9-4).

3) 영양표시제와 영양교육

앞으로 영양표시제에 대한 소비자교육은 소비자의 필요에 맞는 식품을 선택하는 데 도움을 주는 방향으로 이루어져야 한다. 또한 그 제품에 각 영양성분이 얼마나 들어 있고 하루에 섭취해야 할 영양소의 몇 %가 함유되어 있는지 등의 정보 해석을 기초로 소비자교육이 이루어져야 한다. 현행 식품표시의 규정은 제품명, 첨가물명, 업소명, 영업허가번호, 중량 및 함량, 보관상 주의할 점, 보존기준, 유통기한 등 식품의 안전성에 치우쳐 있다. 앞으로는 소비자가 식품을 현명하게 선택할 수 있도록 영양표시를 강조하고 활용에 관한 교육도 활성화해야 한다.

그림 9-5 영양표시교육 리플릿

자료 : 식품의약품안전처

그런데 소비자들은 100g 또는 100mL가 일상 섭취량의 얼마에 해당하는지 잘 알지 못하므로 표준 1회 분량을 같이 제시하여 소비자가 영양표시를 올바르게 활용할 수 있도록 해야 한다. 소비자의 일상 식생활과 영양지식에 근거한 영양표시 표준을 제시해야 한다.

영양표시제가 소비자의 식품 선택에 도움이 되려면 소비자를 위한 영양교육 프로그램을 제도화해야 한다. 미국에서는 영양표시제가 'Nutrition Labeling and Education Act'인 점에서도 알 수 있듯 교육을 함께 강조하여 중 · 고등학교 보건영양 교육과정에 영양표시제에 관한 내용을 포함시키고 각종 보건영양 조직을 통해 대국민 영양교육을 실시하고 있다. 따라서 우리나라의 영양교사나 보건영양사도 학교나 지역사회의 영양교육에 영양표시교육을 포함시켜 영양표시에 대한 국민의 인식을 높이도록 노력해야 한다.

2. 식품안전성

식품안전(food safety)이란 건강상의 위해와 관련하여 식품의 품질에 광범위하게 적용되는 용어로서, 전염병이나 식품매개성 질환이나 위해의 위험으로부터 소비자들을 보호하는 것이라 할 수 있다.

1) 식품안전성 위해요소

식품안전성과 관련한 위해요소로는 살모넬라, 장 용혈성 대장균, 노로바이러스 등의 미생물학적 위해요소, 곰팡이 독소나 수산물 독소, 식품첨가물, 잔류농약, 수은이나 납, 다이옥신 등의 화학적 위해요소, 그리고 쇳조각이나 모래 등 물리적 위해요소가 있다.

(1) 식중독 유발요소

우리나라에서 식중독은 1년 중 특히 5~6월과 8~9월에 많이 발생하고 있으며, 식중독의 원인으로는 병원성 대장균, 노로바이러스, 살모넬라가 많았고, 발생장소는 집단급식소가 약 60%를 차지하여 위생적인 급식관리의 중요함을 시사한다(2002~2017). 현재 학교급식과 일부 급식업체는 HACCP 시스템을 적용하여 위생적인 급식관리를 하고 있다. 식중독 발생의 대부분은 위생적인 급식관리로 예방할 수 있으므로 위생적인 급식관리를 위한 체계적인 위생교육이 필요하다.

안전관리인증기준(HACCP)은 식품의 원료 관리, 제조 · 가공 · 조리 · 소분 · 유통 · 판매의 모든 과정에서 위해한 물질이 식품에 섞이거나 식품이 오염되는 것을 방지하기 위하여 각 과정의 위해요소를 확인 · 평가하여 중점적으로 관리하는 기준을 말한다. 위해요소분석(Hazard Analysis)이란 식품안전에 영향을 줄 수 있는 생물학적, 화학적 또는 물리적 위해요소와 이를 유발할 수 있는 조건이 존재하는지 여부를 판별하기 위하여 필요한 정보를 수집하고 평가하는 일련의 과정이며, 중요관리점(Critical Control Point : CCP)이란 안전관리인증기준(HACCP)을 적용하여 식품의 위해요소를 예방 · 제어하거나 허용 수준 이하로 감소시켜 당해 식품의 안전성을 확보할 수 있는 중요한 단계 · 과정 또는 공정이다.

(2) 중금속과 환경호르몬

식품 중에 존재하는 중금속은 식품의 제조 · 가공 과정에서 만들어지기보다는 대부분 토양이나 수질 등 환경으로부터 오염되는데 수은, 납, 카드뮴, 비소 등이 대표적이다. 과거 수은이나 카드뮴 등 중금속으로 오염된 공장 폐수로 인해 주민들이 치명적 장애를 입는 사고가 있었고, 근년에는 다이옥신을 섭취한 어패류, 식품포장재의 환경호르몬 문제, 폐광으로 인한 수질오염 문제 등에 대해 관심이 집중된 바 있다. 우리나라는 실제 식품을 통해 섭취하는 중금속 등 오염물질을 허용량과 비교해서 안전성을 평가하도록 권장하고 있다. 소비자들은 먹이사슬로 유입되는 오염물질인 중금속이나 환경호르몬에 대해 위해성, 종류, 방출물질, 오염방지책 등을 알고 있어야 하므로 이에 대한 체계적인 영양교육이 필요하다.

(3) 잔류농약

농산물 등에 살포된 농약이 자연계의 작용 등으로 분해된 후에 농산물, 축산물에 남아 있는 미량성분을 잔류농약이라 한다. 식품에서 잔류농약은 농약의 독성, 국제기준 등을 참고해서 허용기준을 설정해 관리하고 있다. 소비자는 채소나 과일을 섭취할 때 잔류농약이 안전한 수준인지에 관해 높은 관심을 가지고 있다. 특히 외국의 다양한 농산물이 수입됨에 따라 국내 소비자는 식품 선택의 폭이 넓어졌으나 장거리, 장시간 운송을 거치는 수입농산물에 농약이나 첨가물이 더 많이 사용되지 않을까 우려하고 있다. 이에 따라 식품의약품안전처는 수입 농산물을 포함한 모든 작물을 재배할 때 그 작물에 사용 가능한 농약만 쓰도록 하고 그 외에 다른 농약성분 농산물이 1kg당 0.01mg이라도 검출되면 출하가 금지되는 PLS 제도(Positive List System, 농약허용물질목록 관리제도)를 운영한다. 잔류농약은 대부분 물로 효과적으로 제거할 수 있고(그림 9-6), 일부 남아 있을 경우 가열조리를 하면 열에 의해 농약이 분해되어 쉽게 제거된다.

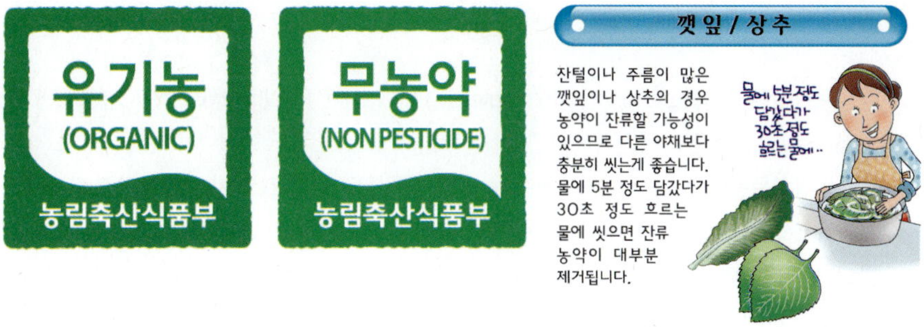

그림 9-6 유기농 · 무농약 표시와 채소류 씻는 방법 리플릿의 일부

자료 : 농림축산식품부, 식품의약품안전처

(4) 식품첨가물

식품첨가물이란 식품을 제조, 가공, 조리 또는 보존하는 과정에서 식품에 첨가, 혼합, 침윤, 기타의 방법에 의해 사용되는 물질로서 대개 화학적 합성물이며 제품의 감미, 착색, 표백 또는 산화 방지 등을 위해 사용된다. 따라서 식품첨가물은 일반적인 식품의 구성성분이 아니며 보편적으로 섭취하는 물질이 아니면서 식품의 제조 · 가공과정 중 기술적, 영양적 효과를 얻기 위해 식품에 의도적으로 첨가하는 물질이다. 우리나라에서는 매우 엄격한 평가과정을 거쳐 안전하다고 입증된 것만을 식품첨가물로 사용할 수 있도록 정하고 있다. 또한 소비자가 오인하거나 혼동하는 것을 예방하기 위하여 식품첨가물의 기준 및 규격에서 고시한 것 외의 명칭을 표시하지 못하도록 하고(예 : '무MSG' 사용 금지), 해당 식품에 사용하지 못하도록 한 합성보존료, 색소 등의 식품첨가물에 대하여 사용하지 않았다는 표시를 하지 못하도록 하고 있다.

한편, 소비자들은 포장재에 명시된 식품첨가물 표시사항에 대한 불만이 크며, 첨가물 관련 정보는 주로 텔레비전과 신문을 통해 얻는 정도에 그치기 때문에 막연한 불신을 갖고 있는 실정이다. 그러므로 대중매체는 물론 인터넷, 소비자단체 등 다양한 경로로 첨가물의 목적, 안전성, 종류, 허용량, 건강에의 영향 등에 관한 정확한 정보를 제공하는 것이 필요하다.

Box 식품첨가물에 대한 식품안전의 기준 설정

- **잠정주간섭취허용량(provisional tolerable weekly intake, PTWI)** FAO/WHO 합동 첨가물 및 오염물질 전문가위원회에서 정한 것이다.
- **1일 섭취허용량(acceptable daily intake, ADI)** 동물의 실험 결과 특정물질의 최대 무작용량(maximun no effect level)을 구한다. 여러 독성학자들의 오랜 경험에 의하면 동일 물질을 섭취하였을 때 인간과 동물 간에 미치는 영향은 10배 이내의 범위이며 인간 개체 간(성별, 나이, 건강상태 등)의 개인차도 10배 이내의 범위라 한다. 따라서 일반적으로 최대 무작용량에 100배의 안전율(safety margin)을 고려하여 특정 물질의 ADI를 구한다.

2) 식품안전성과 관련 기술의 발전

유전자 변형, 방사선 조사처리, 3D 푸드 프린팅 등의 신기술은 식품 생산성과 안전성을 향상시킬 수 있지만 건강에 영향을 줄 수도 있으므로 이들에 대한 올바른 이해를 위한 교육이 필요하다. 특히 3D 푸드 프린팅 시대로 진입함에 따른 식품산업 변화와 소비패턴 변화에 대한 이해와 함께 그와 관련된 교육이 필요하다.

(1) 유전자 변형식품

유전자 변형식품(GMO)이란 제초제 저항성, 병 · 해충 저항성, 과즙 · 영양분 · 기능성 성분 강화 등을 목적으로 어떤 생물의 특정 유전자를 다른 생물체에 삽입해 만든 농 · 축 · 수산물 중 안전성 평가를 거쳐 식품 또는 식품첨가물로 이용될 수 있는 것을 말한다. '유전자 변형식품 등의 표시기준'에 따라 GMO 표시를 하도록 해서 소비자에게 GMO 식품에 대한 올바른 정보를 제공하고 있다. 최근 가공식품(예 : 식용유)에 대해 GMO 함량과 무관하게 출처가 GMO면 무조건 표시하도록 하는 법안에 대한 논란이 일고 있다. 식용유, 당류(포도당, 과당, 물엿, 올리고당), 간장, 변성전분, 주류(맥주, 위스키, 증류주 등)는 열처리, 발효, 추출, 여과 등 고도의 정제과정으로 유전자변형 DNA(또는 단백질)가 남아 있지 않아 검사가 불가능하기 때문에 표시가 면제되었으나, 일부 시민사회단체와 친환경 식품 생산 · 유통단체들에서 GMO 완전표시제 시행을 요구하고 있다.

(2) 방사선 조사처리

우리나라에서도 식품의 보관을 위해 방사선 조사처리를 허용하고 있는데, 많은 소비자가 방사선 조사를 하면 방사능이 남아 오염될 것으로 의심하는 경우가 있다. 그러나 방사선 조사식품은 발아 억제, 숙도 조절, 식중독균 및 병원균의 살균, 기생충 및 해충 사멸을 위해 이온화 에너지로 처리한 식품이고, 방사능 오염식품은 핵반응기 누출사고 또는 핵실험에서 발생된 방사능 물질에 의해 우발적으로 오염된 식품으로, 방사능 오염식품은 보존성과 위생상태를 향상시킨 방사선 조사식품과 전혀 다르다. 방사선 조사는 동일한 목적으로 사용되는 다른 식품가공법이나 보존방법보다 영양가 저하가 적다. 단백질, 탄수화물, 지방과 같은 거대분자 영양물질은 10kGy까지의 선량에서 안정하며, 무기질들과 미량원소는 방사선 조사에 의해 영향을 받지 않는다. 방사선 조사처리의 안전성, 허용량, 이점, 허용식품 등에 대한

그림 9-7
방사선 조사식품 인증마크(국제 심볼)

소비자 영양교육이 필요하다.

(3) 3D 푸드 프린팅

3D 푸드 프린팅은 컴퓨터 설계를 통해 식품 재료를 출력하는 기술로 균일한 품질의 식품을 생산할 수 있게 해 준다. 즉 3차원 모델링 데이터를 바탕으로 디자인한 것을 액체, 파우더, 젤 형태의 식품으로 입체적인 재구성을 하는 것으로, 소비자 맞춤형 다품종 소량생산이 가능하며, 기능성 재료와 대체 재료 등을 사용해 친환경적 식품 제조가 가능하고, 음식물쓰레기 및 음식 저장과 수송에 드는 비용을 줄일 수 있다는 장점이 있다. 3D 프린팅용 식품원료 조성물을 공급 및 유통할 수 있는 카트리지는 식품원료를 위생적으로 보관할 수 있는 구조로 교체가 가능하도록 제작되고, 적절한 양의 식품원료가 충진될 수 있도록 한다. 최근 독일 벤처업체인 'Biozoon'에서 개발한 3D 푸드 프린팅 음식은 젤리 형태의 닭고기 구이, 소스 등의 부드러운 음식으로 연하곤란 장애를 가진 환자나 저작기능이 저하된 노년층을 위한 요리이다.

미래 3D 푸드 프린팅은 우주에서의 식량 공급, 개인 맞춤형 영양식, 영유아나 고령자를 위한 부드러운 영양식, 음식물쓰레기 저감화 등 다양한 활용을 통해 식품산업에 큰 변화를 가져올 것으로 전망된다. 하지만 현재 3D 푸드 프린팅을 식품산업에 적용하기 위해서는 제품의 기능적, 관능적 완성도를 높이기 위한 기술적 고려사항과 식품의 안전성에 대한 고려사항을 어떻게 조화시킬 것인지에 대한 학제 간 연구가 필요하다. 특히 기능성 원료나 대체 원료 등의 안전성이 법적 · 과학적으로 보장되어야 하며, 프린팅 후 카트리지에 남은 식품원료의 위생관리 등에 대한 추가 연구가 필요하다. 이와 함께 3D 푸드 프린팅 사용자에 대한 교육내용 개발이 필요할 것으로 예상된다.

3) 식품안전성과 영양교육

식중독은 안전하지 못한 식재료, 부적절한 보관온도, 부적절한 조리방법, 오염된 기기, 비위생적인 개인위생습관 등에 기인하여 발생한다. 이런 발생 요인의 대부분은 음식 취급자를 위한 영양교육에서 다루어야 하며 그 내용은 다음과 같다.

- 첫째, 식중독을 예방하기 위해 가장 필요한 정보는 신선한 식재료를 고르는

표 9-1 온도-시간 관리기준

생산단계	방법 및 식품	관리기준
해동	냉장고 흐르는 물	5℃ 이하 물 온도는 21℃ 이하 (해동된 부분이 5℃ 이상 되지 않게)
조리	동물성 식품 식물성 식품	63℃ 이상 15초 57℃ 이상 (조리 후 보온할 경우)
냉각	소량씩, 찬 바람, 얼음물 속 교반	57℃에서 21℃ 사이는 2시간 이내 통과 / 57℃에서 5℃ 사이는 6시간 이내 통과
보관	조리 후 보온 조리 후 보냉	57℃ 이상 5℃ 이하
재가열	조리, 냉각 후 가열	74℃ 이상에서 15초
위험 온도 범주		5~57℃

자료 : FDA 2017 Food Code(2018)

방법이다. 살모넬라, 독소, 농약, 공장폐수 등에 오염된 식재료는 식품안전성을 위협한다.

- 둘째, 철저한 온도-시간 관리를 교육한다. 조리한 음식의 냉각이나 보관 시에도 온도와 소요시간을 엄격히 통제한다. 모든 식품은 병원균을 사멸하기에 충분한 온도와 시간으로 가열 조리해야 한다. 원칙에 따라 가열 조리하면 살모넬라, 장염비브리오균, 노로바이러스 및 황색포도상구균에 의한 식중독을 쉽게 예방할 수 있다(표 9-1).
- 셋째, 오염된 기기에 의한 교차오염이 주된 원인이므로 동물성 식품의 조리 시에는 조리된 음식과 날 음식의 작업구역을 반드시 분리하도록(청결작업구역과 일반작업구역) 교육한다.
- 넷째, 적절한 개인 위생 방법을 교육하면 식중독 발생의 상당 부분을 예방할 수 있다. 바이러스성 식중독은 대부분 사람의 접촉 혹은 하수에 의해 식품을 오염시킨다. 식중독 예방을 위해서는 효과적인 손 씻기가 필요하며, 특히 화장실 사용 후에는 이것이 필수적이다. 주방에서의 흡연이나 식사는 식품의 오염기회를 증가시키므로 금지해야 한다.

식품안전 프로그램들은 식품에 기인하는 위해요소를 줄이기 위한 효율적인 방안으로 '농장에서 식탁까지' 전 과정을 관리하도록 하고 있다(농산물 우수관리 인증제

농산물 우수관리 인증제도(GAP, Good Agricultural Practices)

GAP은 농산물의 안전성을 확보하고 농업환경을 보전하기 위해 생산부터 수확 후 포장단계까지 농약, 중금속, 잔류성 유기오염물질 또는 유해생물 등의 농식품 위해요소를 관리하여 소비자가 안심하고 소비할 수 있도록 하는 제도이다. 이 제도를 시행하면 안전성에 관한 소비자의 신뢰를 구축할 뿐만 아니라 식품공급자로서 농민의 자긍심 고취, 고품질 농산물 생산 및 농업환경 보전 등으로 한국 농업의 선진화를 이룰 수 있다.

자료 : 국립농산물품질관리원

도, GAP). 소비자들은 원재료부터 소비에 이르는 모든 단계에서 식품의 안전과 위생에 대해 알고 활용할 수 있어야 하므로 이 분야에서도 소비자 영양교육의 중요성이 크다고 할 수 있다. 또 식품의 '농장에서 식탁까지' 안전성을 확보하기 위해서는 식품 취급자들의 역할이 무엇보다 중요하므로 이들에 대한 철저한 교육 역시 필요하다.

한편 식품의 생산부터 소비까지 일련의 과정에서 에너지와 자원의 사용을 줄여 온실가스 및 오염물질의 배출을 최소화하는 환경친화적이면서 영양적으로 우수한 한국형 전통 식생활을 실천하고, 다양한 식생활 체험을 바탕으로 자연과 타인에 대한 배려와 감사를 실천하는 식생활 교육도 해야 한다. 우리나라에서 환경친화적인 생산이 이루어지는 유기농산물은 무농약농산물과 함께 친환경농산물로 분류되는데, 그 생산량이 급성장하고 있다. 또 산지와 소비자 간의 거리를 짧게 하여 농촌에서 생산되는 식품을 직거래해서 생산 · 분배 및 소비가 계속 유지될 수 있도록 해야 하며, 학교급식에 신선한 지역농산물을 활용하고, 학생들로 하여금 농장 견학을 하고 건강에 대한 교육도 받게 해야 한다.

우리집 식생활 안전 가이드 10

1. 식품안전 장보기 60분
2. 냉장고 바르게 사용하기
3. 생선과 고기 올바른 냉동 · 해동하기
4. 과일, 채소 제대로 세척하기
5. 칼, 도마 세균에게 양보하지 않기
6. 올바른 구이 조리하기
7. 올바른 튀김 조리하기
8. 채소 올바르게 조리하기
9. 남은 반찬과 국 보관하기
10. 올바른 손 씻기

자료 : 식품의약품안전처

3. 식품 선택의 실제

1) 가공식품

우리 국민의 총 당류 섭취량이 지속적으로 증가하고 있다. 특히 가공식품 중 커피, 음료류의 당류 섭취 기여도가 높게 나타나 가공식품의 당류 함량 관리가 중요할 것으로 보인다. 나트륨 섭취는 WHO 권장량에 비해 두 배 이상 높은 수준인데, 이 또한 가공식품의 기여도가 높다. 따라서 가공식품을 선택할 때 영양표시를 잘 살펴보는 것이 중요하다. 가공식품의 영양표시를 확인하는 방법은 그림 9-8과 같이 1회 제공량을 확인하고, 총 내용량이 몇 회 제공량인지 파악한 후, 본인이 먹은 양이 몇 회 제공량인지 보고 영양성분을 계산하면 된다.

업체에서 제시하는 1회 제공량은 합리적인 1회 제공량과 다른 경우가 있으므로 꼼꼼히 확인해야 한다. 예를 들면 일반적으로 스낵류 과자는 대부분 한 번에 한 봉지를 다 먹는 데도 불구하고 3회 제공량으로 표시되어 있는 경우가 있다.

그림 9-8 교육 리플릿

자료 : 식품의약품안전처

그림 9-9 당류 저감화 영양교육 자료

자료 : 식품의약품안전처

그림 9-10 외식의 영양표시 사례

2) 외식

취업 인구 대부분이 하루 한 끼 이상을 일반음식점, 휴게음식점, 위탁급식소, 집단급식소 등에서 외식하는 실정에서 소비자는 가공식품뿐만 아니라 외식도 잘 선택해야 한다. 외식을 할 때는 영양 불균형, 위생과 안전성, 음식물쓰레기, 조미료 과다 사용의 문제가 있을 가능성이 있으므로 영양 및 위생정보를 활용하고 본인의 섭취량에 맞는 외식 메뉴를 선택해야 한다.

외식 이용자들은 영양정보를 확인하고 주문하는 것을 생활화해야 하며, 외식 영양성분은 소비자가 이해하기 쉽게 제시되어야 한다(그림 9-10). 식품의약품안전처는 우리 국민이 개인의 건강상태에 맞게 식품을 선택하고 섭취를 조절할 수 있도록 '외식 영양성분 자료집'을 발간하여 우리 국민의 섭취 빈도가 높은 외식 총 432품목(2018년 기준 총 5권)의 영양성분 함량을 제공하고 있다. 외식에서의 가장 큰 문제 가능성 중 하나인 나트륨 함량도 1일 영양성분 기준치 대비 함량으로 제시되고 있어 외식 선택에 도움을 줄 수 있는 영양교육 자료로 활용할 수 있다.

한편 최근에는 배달음식의 수요가 급격하게 증가하면서 배달앱을 통한 음식 주문도 늘어나고 있다. 배달음식은 음식점의 위생상태를 알 수 없으므로 식품의약품

그림 9-11 영양정보를 제공하는 스마트폰용 애플리케이션

안전처에서는 배달음식 주문 전 해당 음식점의 위생상태를 사전에 확인할 수 있도록 국내 주요 배달앱 업체인 '배달의 민족, 배달통, 요기요'와 업무협약을 맺고 배달앱을 통해 음식점의 행정처분 이력, 위생등급 정보 등을 제공하고 있다.

외식할 때 영양정보를 직접 제공하는 다양한 스마트폰용 애플리케이션이 있으므로 이를 활용한다(그림 9-11). 그런데 소비자가 영양정보를 잘 이해하기 위해서는 기본적인 영양교육이 필요하다. 외식과 관련하여 '패스트푸드나 탄산음료 줄이기', '소금 섭취 줄이기', '영양표시 확인하기' 등의 캠페인을 하는 것도 교육효과가 있다.

영양정보 외에 외식의 음식 선택에서 확인해야 할 요소 중 하나는 식재료에 대한 원산지 표시이다. 정부는 음식점의 원산지 표시 대상 품목에 관한 내용의 '농수산물의 원산지표시에 관한 법률' 시행령을 개정 · 공포(시행일 : 2017년 12월 3일)하고 음식점 원산지 표시 메뉴판, 게시판 글자 크기 등의 표시방법에 관한 내용은 시행규칙을 통해 규율하고 있다. 주요 내용을 보면 쇠고기, 돼지고기, 닭고기, 오리고기, 양고기(염소 등 포함), 쌀(밥, 죽, 누룽지에 사용하는 쌀), 배추김치(원료 중 배추와 고춧가루 포함), 콩(두부, 콩비지, 콩국수에 사용하는 콩), 넙치, 조피볼락, 참돔, 미꾸라지, 뱀장어, 낙지, 명태(황태, 북어 등 건조품 제외), 고등어, 갈치, 오징어, 꽃게, 참조기 등과 '살아 있는 수산물'에 대해 원산지 표시를 하도록 되어 있다. 원산지 표시는 음식점 규모와 관계없이 음식명과 가격이 기재된 모든 메뉴판 또는 게시판에 표시하거나 가장 큰 게시판의 바로 옆이나 밑에 원산지 표시판(판의 크기는 29×42cm, 글자 크기는 60포인트 이상)을 따로 만들어 소비자가 쉽게 알아보고 주문할 수 있도록 하고 있다(그림 9-12).

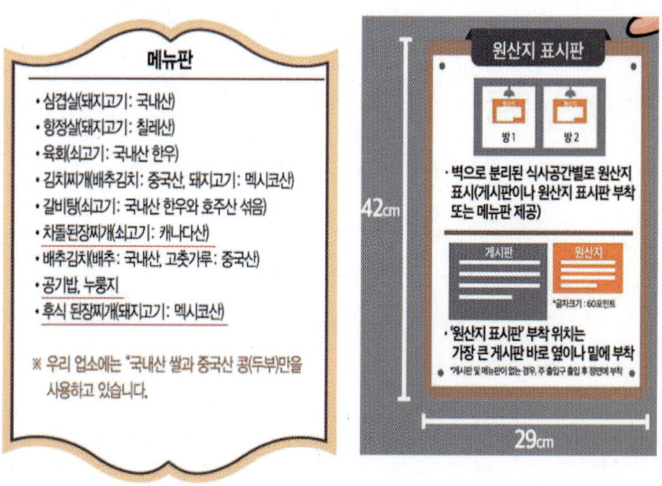

그림 9-12 음식점 원산지 표시방법

3) 건강기능식품

그림 9-13
건강기능식품 인증마크

최근 생활수준의 개선, 성인병의 증가, 인구의 고령화, 지나친 건강 염려, 유행 등으로 인해 건강기능식품에 대한 소비가 급증하고 있다. 그러나 제품의 효능이 과학적으로 입증되지 않은 경우, 효능이 미흡한 경우, 부작용을 호소하는 경우 등이 늘고 있다. 건강기능식품의 구입 동기는 객관적인 정보에 대한 스스로의 판단에 의하기보다 친지의 권유, 라디오와 텔레비전, 신문, 잡지 순으로 광고의 영향이 큰 것으로 나타나고 있다. 건강기능식품 재료의 효능을 제대로 파악하지 못하면 오히려 위해만 입을 수 있으므로 건강기능식품의 현명한 선택을 위한 교육이 필요하다.

'건강기능식품'은 인체에 유용한 기능을 가진 원료나 성분(기능성 원료)을 사용해서 제조한 식품으로, 건강을 유지하는 데 도움을 준다. 현재 우리나라에서 활용되고 있는 건강기능식품으로는 비타민제, 홍삼, 유산균 등이 있다. 식품의약품안전처는 동물시험, 인체적용시험 등 과학적 근거를 평가하여 기능성원료를 인정하고 이러한 기능성원료로 만든 제품이 '건강기능식품'이며, '건강기능식품'이라는 문구와 도안(인증마크)을 표시할 수 있다. 건강기능식품은 건강기능식품에 관한 규정에 따라 일정 절차를 거쳐 만들어지는 제품으로 '건강식품', '자연식품', '천연식품'의 명칭과는 차이가 있다. 많은 사람들이 '건강기능식품'을 질병을 치료하는 의약품처럼 오해하는데, '건강기능식품'의 기능성은 의약품과 같이 질병의 직접적인 치료나 예방이 아니라 인체의 정상적인 기능을 유지하거나 생리기능 활성화를 통해 건강을 유지하고 개선하는 것이다. 예를 들면 '장 건강에 도움을 주는 식품', '건강한 콜레스테롤 유지에 도움을 주는 식품', '건강한 혈액의 흐름에 도움을 주는 식품', '건강한 혈압 유지에 도움을 주는 식품', '건강한 체지방 유지에 도움을 주는 식품', '건강한 혈당 유지에 도움을 주는 식품', '인체에 유해한 활성산소 제거에 도움을 주는 식품', '건강한 면역기능 유지에 도움을 주는 식품', '뼈와 관절 건강에 도움을 주는 식품', '인지능력에 도움을 주는 식품', '치아건강에 도움을 주는 식품' 등이 있다.

그림 9-14 교육 팸플릿
자료 : 식품의약품안전처

건강기능식품을 섭취할 경우 몇 가지 주의할 점은 다음과 같다.

- 일부 건강기능식품은 질과 효능, 안전성에 관련한 과학적 실험 증거도 없이 구전과 경험을 내세워 상품화된다.
- 효능을 지나치게 강조하는 경우가 있다. 성인병 등 특정 질환이나 증상에 효과가 있는 것으로 주장하여 소비자들이 약과 혼동할 우려가 있다.
- 보충식으로서 그 비중이 지나친 경우가 있다. 건강기능식품은 균형식의 테두리 안에서 이용되어야 한다.
- 다른 의약품을 복용하거나 수술 전후 또는 특정 질환을 앓고 있는 경우 건강기능식품과의 상호작용이 발생할 수 있다. 다른 의약품과의 상호작용이 있는지 반드시 확인해야 한다.
- 제품의 규격화가 불가능하다. 식품은 맛과 기호가 우선이기 때문에 유형이 각양각색인 식품을 의약품처럼 일괄적인 격식으로 관리할 수가 없다.

건전한 건강기능식품은 기호나 열량 위주의 불균형한 식사에 미량원소 등을 보충해 줌으로써 도움이 될 수 있지만, 단순히 보조식품의 역할에 그쳐야 위해를 막을 수 있다. 그러기 위해서는 영양교육을 통해 소비자가 안전한 건강기능식품을 선택하도록 유도하고 생산업체는 건강기능식품의 안전성을 확보해야 한다. 즉, 과학적 타당성의 검증이 이루어졌는지 확인하고, 특정성분을 함유한 경우 그 성분의 상용가능성과 안전성을 확인할 수 있어야 한다. 식물 재료인 경우 농약 등의 잔류 화학물질에 대해 철저히 검토하고, 비조리 섭취 식품인 경우 오염 미생물 등을 엄격히 관리하며, 공정규격에 의한 품질관리를 제도화하는 등 제품의 안전성을 도모해야 한다. 특히 급증하고 있는 수입된 건강기능식품에 대한 품질평가와 유통관리에 주의를 기울여야 한다.

CHAPTER 10 학교 영양교육과 상담의 실제

1 영양교육의 수업 설계

2 유아보육시설의 영양교육과 상담

3 초등학교의 영양교육과 상담

4 중등학교의 영양교육과 상담

1. 영양교육의 수업 설계

1) 수업 설계의 필요성

수업은 학습활동에 학생들을 계획적으로 참여시킬 때 효과적이다. 수업 설계란 학습자들이 수업목표를 효과적으로 달성할 수 있도록 수행되어야 할 최적의 교수 활동과 요소를 계획하는 활동을 의미한다. 충분하게 계획된 수업은 그렇지 않을 때보다 수업의 효과가 높기 때문에 수업 설계가 필요하다. 외부적으로 제공될 학습조건과 다양한 수업활동을 적절하게 설계해서 학습자들이 수업목표에 도달할 수 있도록 한다.

학교 수업을 통해서 달성해야 하는 수업목표와 내용이 많은 경우 수업목표를 정선해야 한다. 또 학습자의 개인차를 최대한 고려한 수업을 제공해야 하기 때문에 수업 설계가 필요하다.

2) 수업 설계의 전제조건

수업 설계를 잘하기 위해서는 몇 가지 전제조건이 있다. 첫째로 수업 설계는 개인차를 최대한 고려하여 개인의 특성에 적합하도록 설계되어야 한다. 둘째로 수업 설계에는 단기적인 것과 장기적인 것이 있다. 단기적인 설계란 수업이 이루어지기 전에 한 시간 또는 몇 시간의 수업 설계를 준비하는 일이다. 그리고 장기적인 수업 설계란 몇 개의 과 또는 단원의 수업을 설계하는 일이다. 셋째로 수업을 설계하는 일과 수업하는 일은 상호 밀접한 관계가 있지만 분리해서 수행해야 한다. 넷째로 모든 수업 설계는 항상 사람은 어떻게 학습하게 되는가의 관점에서 이루어져야 한다. 다섯째 수업 설계를 하는 과정에서는 경제원칙을 고려하여 최소의 투입으로 최대의 효과를 얻을 수 있는 방안을 강구해야 한다.

3) 수업 설계의 모형

수업 설계를 위한 한 가지 특별한 모형이나 절차가 있는 것이 아니므로 여기서는 우리나라 교사들에게 가장 널리 소개된 한국교육개발원의 수업절차 모형을 소개한다(그림 10-1).

(1) 계획단계

계획이란 수업계획 또는 교과과정 운영계획을 의미한다. 일반적으로 수업계획 시에 해야 할 일은 교재 연구, 수업목표 설정, 학습과제의 조직화, 필요한 수업 및 학습매체의 제작 또는 선택, 그리고 수업안 작성 등이다.

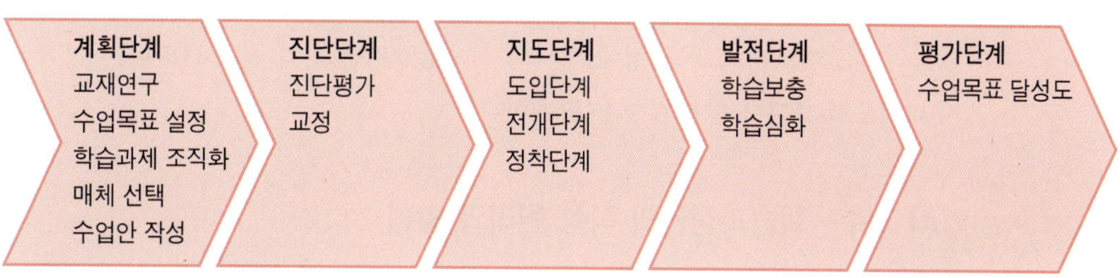

그림 10-1 수업 설계의 모형

자료 : 한국교육개발원

(2) 진단단계

진단단계의 목적은 어떤 과제의 수업에 들어가기 전에 학생들이 그 과제를 학습할 준비가 되어 있는지 알아보고 만약 문제가 있다면 교정하도록 지도해 주는 데 있다. 이 단계는 각 교과의 단위 학습과제별로 그것의 학습 이전에 이루어지며 이 단계에서의 주요 활동은 진단평가, 교정 등이 된다.

(3) 지도단계

지도단계란 어떤 학습과제에 대한 본수업이 진행되는 단계로 도입, 전개, 정착의 단계로 세분화할 수 있다. 도입단계에서는 목표를 인지하도록 하고, 동기유발을 하며, 선행학습과 관련짓기를 한다. 전개단계에서는 다양한 수업방법을 통해 학습내용을 전달하고, 정착단계에서는 학습내용을 정리, 연습, 통합, 적용한다. 지도단계는 수업시간 면에서 전체 배정시간 중 70~80%의 비중을 차지한다.

(4) 발전단계

수업에서 발전단계는 그 핵심을 학습 미완성 학생에 대한 학습 촉진과 학습 완성 학생에 대한 학습 심화에 두고 있다. 즉, 발전단계는 단원이나 문제의 수업을 통해 도달하려는 목표를 어느 정도 달성했는가와 함께 학생들이 그 목표의 달성에 어려움을 겪고 있다면 원인을 밝혀내고 그에 따른 적절한 조치를 취함으로써 수업의 효과를 높이는 단계이다.

(5) 평가단계

평가단계는 전 과정의 종합적인 평가를 말한다. 즉, 수업목표가 얼마나 잘 달성되었는지 알아보며, 교육과정에 명시되지는 않았지만 수업 결과 나타나는 여러 가지 비의도적 효과를 확인해 보는 단계이다.

4) 교수 · 학습과정안의 작성 원리와 방법

(1) 교수 · 학습과정안의 개념과 조건

교수 · 학습과정안이란 교사가 학습 지도를 할 때의 체계적인 계획서를 말한다.

즉, 교사가 수업을 할 때 학습활동을 효과적으로 유도하기 위한 구체적인 수업 진행의 계획서로 교사의 감정이 수업을 방해하지 않도록 하며, 수업하면서 무슨 내용을 어떤 방법으로 어떤 자료를 사용하여 어떻게 가르칠 것인가를 구상하는 것이다. 체계적으로 작성된 교수 · 학습과정안은 수업의 질을 높이고 교사의 수업능력을 향상시키는 효과를 불러올 수 있다.

교수 · 학습과정안은 다음의 조건을 갖춘 것이어야 한다.

- 수업에 활용할 수 있는 가장 적합한 자료를 준비한다.
- 적절한 목표를 선택한다.
- 학생의 능력과 흥미 수준을 고려하여 준비한다.
- 교과서와 관련 자료를 충분히 연구한다.
- 이전 수업과의 관련성을 고려한다.
- 적절한 과제를 포함시킨다.
- 수업의 목표가 실현될 수 있도록 계획한다.
- 수업 상황에 따라 계획의 조절이 가능하도록 신축성 있게 계획한다.
- 수업에서 각 단계의 시간을 예상해야 한다.
- 수업 결과를 평가할 수 있어야 한다.

(2) 교수 · 학습과정안의 작성방법

교수 · 학습과정안은 학습지도를 할 때의 체계적인 계획서로, 수업의 흐름을 알기 쉽게 나타내면 되기 때문에 원칙적으로 정해진 틀이 있는 것은 아니다. 교과, 단원 등에 따라 다르게 작성될 수 있으며, 학습활동의 형태나 학습자의 수준, 환경에 따라서도 다르게 작성될 수 있다. 교사가 자율성과 창의성을 발휘하여 독창적인 지도안을 작성하고 수업을 이끌어 간다면 학습의 효율성이 더욱 극대화될 것이다.

① 내용 구성의 체제

교수 · 학습과정안의 내용 체제는 다양하지만 가장 일반적인 체제에 준한다면 다음과 같다.

- **단원명** 교과서 단원명을 기재한다.

- **단원의 개관** 참고자료의 내용을 중심으로 단원의 설정 배경과 주요 내용을 기술한다.
- **단원의 목표** 이 단원에서 달성해야 할 세부목표를 제시한다.
- **교재 연구** 단원 수업내용과 방법을 기술한다.
- **학급의 실태** 해당 단원을 학습하기 위한 학습자의 선행학습 정도 및 특성을 기술한다.
- **차시별 지도계획** 단원 내용을 각 차시별로 어떻게 운영할지 나타낸다.
- **지도상의 유의점** 각 차시별 학습에서 유의할 내용을 제시한다.
- **단원의 평가계획** 단원의 목표와 관련된 평가계획을 상세히 기술한다.

② 본시 활동의 실제 구성요소

- **단원(제재)** 단원의 학습계획에 밝혀진 본시에 해당하는 학습 내용을 기재한다. 명사형의 구를 사용하여 간단명료하게 나타낸다.
- **학습목표** 학습 후에 나타나는 학생의 행동 또는 학습 결과로 진술한다. '안다' 혹은 '이해한다' 등과 같은 암시적 표현보다는 '구별한다', '계산한다' 등과 같이 직접 관찰될 수 있는 행동 동사로 표현하는 것이 좋다.

  학습목표에는 학습자가 수업이 끝난 후에 할 수 있어야 하는 것이 무엇인지 또는 어떻게 느끼고 생각해야 하는지에 관한 행동이 표현되어야 하고, 동시에 무엇에 대하여 느끼고 생각해야 하는지에 관한 내용이 포함되어야 한다.

  학습목표 기술에 사용되는 동사의 종류와 영양교육 학습목표에 적용한 예를 들면 표 10-1과 같다.

영양교육 교과 교수 · 학습과정안

- 단원명
- 단원의 개관
- 단원의 목표
- 교재 연구
- 학급의 실태
- 차시별 지도 계획
- 지도상의 유의점
- 단원의 평가 계획
- 본시 활동의 실제
  - 단원(제재)
  - 학습 목표
  - 교수 · 학습과정안
  - 형성평가

표 10-1 학습목표 진술에 사용되는 동사와 영양교육 학습목표(예시)

영역		목표 진술에 사용되는 동사의 예	영양교육 학습목표(예시)
인지적 영역(이해)	지식	• 정의한다, 열거한다, 기술한다, 진술한다, 찾아낸다, 명칭을 댄다, 짝지운다	• 비만을 정의한다. • 식생활지침의 각 항목을 열거한다. • 단백질의 기능을 기술한다.
	이해	• 구별한다, 설명한다, 전환한다, 부연한다, 일반화한다, 예시한다, 예측한다, 요약한다	• 좋은 식습관과 나쁜 식습관을 구별한다. • 식이섬유의 체내 역할을 설명한다.
	적용	• 적용한다, 작성한다, 계산한다, 사용한다, 수정한다, 조정한다, 준비한다	• 식생활지침을 일상 식생활에 적용한다. • 자신의 비만도를 계산한다. • 식사일기를 작성한다.
	종합	• 계획한다, 제안한다, 설계한다, 분류한다, 고안한다, 창출한다	• 자신의 영양섭취기준에 맞는 균형 잡힌 식단을 계획한다. • 각 식품을 기초식품군별로 분류한다.
	평가	• 판단한다, 판정한다, 평가한다, 비교한다, 등급을 매긴다	• 자신의 비만도를 판정한다. • 식사내용의 영양적 균형상태를 평가한다.
정의적 영역(태도)		• 수용한다, 인식한다, 주의 깊게 듣는다, 태도를 가진다, 관심을 가진다, 완성한다, 참여한다, 흥미를 보인다, 실행한다	• 비만의 심각성을 인식한다. • 편식 실습시간에 자진해서 참여한다. • 음식을 골고루 먹으려는 태도를 가진다. • 역할연기에 대하여 흥미를 보인다.
운동 기능적 영역(기능)		• 선택한다, 시작한다, 찾아낸다, 준비한다, 진행시킨다, 만든다, 조립한다, 진열한다, 혼합시킨다, 측정한다, 변화시킨다, 조정한다, 정돈한다, 설계한다	• 저열량 간식을 만들기 위한 식품재료를 준비한다. • 저열량 샌드위치를 만든다. • 체중조절 목표에 맞게 식사량을 조정한다.

- **교수 · 학습과정안**
  - 학습단계 : 교과 특수성에 따른 단계를 선정하여 제시하며 과정을 열거한다.
  - 교수 · 학습활동 : 예상 가능한 것을 상세하게 쓰도록 한다. 불릿 기호 등을 이용하여 지도단계나 활동별 역할을 상세히 적는다. 상위 단계는 '~기(명사형 어미)'로, 하위 단계는 '~다.(서술형 어미)'로 단계에 맞추어 통일해서 기술한다.
  - 시간 : 단계별 소요시간을 분 단위로 표시하며, 누적시간도 나타낸다.
  - 자료 및 유의점 : 각 단계에서 어떤 자료가 필요한지와 교사가 유의해야 하는 점을 표시한다.

- **평가계획** 본시 학습 목표의 도달 정도를 측정하는 내용으로 평가한다. 본시의 학습목표에 도달한 정도를 알아보는 평가 문항을 두세 개 정도의 의문문으로 제시한다.

(3) 교수 · 학습과정안의 예시

그림 10-2에는 '영양표시를 알고 실천하기'라는 주제에 대한 교수 · 학습과정안의 사례를 제시하였다.

2. 유아보육시설의 영양교육과 상담

어린 시절의 균형 잡힌 영양은 정상적인 성장과 발달에 필수적이며 빈혈, 성장지연, 영양불량 등 영양 관련 문제를 예방하고 비만, 충치 및 성인병을 예방함으로써 국민건강수준을 높이는 데 중요한 역할을 한다. 한편, 유아기의 적절한 영양교육은 평생 좋은 식습관을 유지하는 기초가 된다. 따라서 유아에 대한 영양공급과 영양교육은 국가의 장래를 위한 매우 효율적인 투자라고 할 수 있다.

사람이 완전한 영양상태를 갖추는 것은 본능적인 식욕과 기호에 의한 만복감이나 만족을 추구할 때 자연적으로 얻어지는 것은 아니며 올바른 영양지식에 의한 영양 실천을 통해 이루어진다. 즉, 사람은 영양식을 선택할 수 있는 능력을 타고나는 것이 아니며 경험과 교육을 통해 식습관을 형성하는 것이다. 그런데 식습관뿐만 아니라 식품과 식생활에 대한 가치형성의 기초는 유아기에 갖추어지며, 이렇게 형성된 습관이나 가치관은 사람의 일생을 통하여 쉽게 바뀌지 않고 개인의 성격이나 정서적 · 지적 발달, 사회생활, 대인관계 등에 영향을 미치게 된다. 따라서 유아에 대한 영양교육의 필요성이 강조되는 것이다.

유아에 대한 효과적인 영양교육을 위해서는 이를 담당할 자격과 능력을 갖춘 전문인력을 확보해야 한다. 영유아 보육시설에 맡겨진 유아들에 대한 영양교육을 영양사들이 담당하는 것이 바람직하지만 그러한 여건이 갖추어지지 않은 경우 일차적으로 영양교육을 담당해야 하는 사람은 보육교사들이다. 유아에 대한 적절한 영양교육을 위해서는 자질과 자격을 갖춘 보육교사들에 대한 영양교육 강화도 이루어져야 한다. 또한 영유아에 대한 영양교육 교과과정 및 자료와 함께 이들 보육교

20○○년 4월 6일 금요일 5교시

영양교사 : 김○○

<table>
<tr><td>단원</td><td colspan="2">건강한 식품 선택</td><td>학년</td><td>4</td><td>차 시</td><td>10/24</td></tr>
<tr><td>학습주제</td><td colspan="2">영양표시를 알고 실천하기</td><td>학습 형태</td><td colspan="3">강의식</td></tr>
<tr><td>학습목표</td><td colspan="6">1. 영양표시 내용을 설명할 수 있다.
2. 영양표시를 읽고 식품을 선택하려는 태도를 가진다.</td></tr>
<tr><td>학습자료</td><td colspan="6">교사 : 교재, PPT 자료, 가공식품 학생 : 교재, 필기도구</td></tr>
<tr><td>학습단계</td><td>교수 · 학습 활동</td><td>시간</td><td colspan="4">자료 및 유의점</td></tr>
<tr><td>도입</td><td>• 동기유발 : 영양표시 발견하기
– 어린이들이 즐겨 먹는 가공식품을 실물로 보여 준다.
– 포장지에서 영양표시 부분을 발견하게 한다.
– 발견한 영양표시를 읽어 보게 한다.
• 학습목표 제시</td><td>3′</td><td colspan="4">가공식품
(우유, 음료수 등)</td></tr>
<tr><td>전개</td><td>• 올바른 식품 선택방법 : 올바른 식품 선택방법을 설명하기
– 평소에 본인이 식품을 선택하는 방법에 대해 자유롭게 발표하게 한다.
– 식품 선택 방법이 건강에 미치는 영향에 대해 설명한다.

• 영양표시 이해 : 영양표시의 내용을 설명하기
– 영양표시의 내용과 읽는 방법에 대해 설명한다.
– 영양표시의 영양성분표에 포함된 영양소의 섭취기준에 대해 설명한다.

• 올바른 식품 선택의 실천 : 영양표시 읽고 실천하기
– 영양표시 읽기의 실천방법을 3가지 이상 제시한다.
– 그룹별로 영양표시 읽기의 실천방법을 발표하게 한다.
– 식품 구매 시에 영양표시를 읽고 건강에 좋은 식품을 선택할 것을 다짐하게 한다.</td><td>10′
(13′)

12′
(25′)

10′
(35′)</td><td colspan="4">PPT 자료
– 가공식품의 영양성분표

PPT 자료
– 영양성분표 읽기 실천 방법의 그림</td></tr>
<tr><td>정리</td><td>• 학습 결과 처리 : 동영상으로 정리
– 건강이 보이는 즐거운 습관 동영상 보기
https://www.youtube.com/watch?v=01d3iBDeGZo
– 동영상을 보고 느낀 점 말해 보기
• 차시 수업 예고</td><td>5′
(40′)</td><td colspan="4">동영상(건강이 보이는 즐거운 습관)
– 영양표시 확인</td></tr>
<tr><td>평가계획</td><td colspan="6">• 평가하기 : 식품을 선택할 때 영양표시를 확인하려고 하는가?
– 평가방법은 수업참여나 발표하는 모습을 관찰함
평가기준 상 : 영양표시를 알고 확인하려는 적극적 태도가 확인된다.
평가기준 중 : 영양표시를 알고 있으나 적극적 태도를 보이지 않음
평가기준 하 : 영양표시를 알지 못함</td></tr>
</table>

그림 10-2 교수 · 학습과정안 예시

○ 교육주제별 활동 종합 목록표

[기본교육]

주제	활동 목표	활동명	활동 유형	누리과정 관련 영역
1. 골고루 먹어요!	1. 같은 식품군에 속하는 식품들을 분류할 수 있다. 2. 음식을 골고루 먹으려는 태도를 갖는다.	■ 골고루 먹기 동요 들으며 율동하기 ■ 식품나라 탐험	음악, 게임	의사소통, 예술경험, 신체운동·건강, 자연탐구
2. 식사예절을 지켜요!	1. 식사예절이 무엇인지 말할 수 있다. 2. 식사예절을 지키려는 태도를 갖는다.	■ 식사예절 상황별 그림 찾기 ■ 식사예절 왕 선발 게임	이야기 나누기, 게임	의사소통, 신체운동·건강, 사회관계
3. 채소와 과일을 먹어요!	1. 채소와 과일을 먹으면 좋은 점을 말할 수 있다. 2. 채소와 과일을 골고루 먹으려는 태도를 가진다.	■ 채소와 과일의 좋은 점 찾기 ■ 과채마블 게임	이야기 나누기, 게임, 음악	의사소통, 자연탐구, 사회관계, 예술경험
4. 손을 깨끗이 씻어요!	1. 왜 손을 씻어야 하는지 말할 수 있다. 2. 올바른 손 씻기를 실천할 수 있다.	■ 올바른 손 씻기 방법 배우기 ■ 손 씻기 체험활동	이야기 나누기, 음악, 신체	의사소통, 자연탐구, 예술경험, 신체운동·건강

[심화교육]

주제	활동 목표	활동명	활동 유형	누리과정 관련 영역
5. 싱겁게 먹어요!	1. 싱겁게 먹어야 하는 이유를 말할 수 있다. 2. 싱겁게 먹으려는 태도를 가진다.	■ 나트륨 왕국 통통 임금님의 변신 동화 ■ 싱거운 음식을 찾아요 ■ 싱겁게 먹기 동요 부르기	동화, 음악, 게임	의사소통, 신체운동·건강, 자연탐구, 예술경험
6. 아침밥을 먹어요!	1. 아침밥을 먹어야 하는 이유를 말할 수 있다. 2. 아침밥을 거르지 않으려는 태도를 가진다.	■ 아침밥을 먹으면 무엇이 좋은지 알아보기 ■ 나의 아침밥상 차리기	이야기 나누기, 역할놀이	의사소통, 신체운동·건강
7. 안전한 식품을 먹어요!	1. 안전한 식품과 불량식품을 구분할 수 있다. 2. 안전한 식품을 선택하려는 태도를 가진다.	■ 불량식품과 안전한 식품 알아보기 ■ 비실이 No! 튼튼이 Yes! 주사위 놀이	이야기 나누기, 게임	의사소통, 신체운동·건강, 사회관계

그림 10-3 3~5세 유아 대상 영양교육 주제별 활동내용

자료 : 어린이급식관리지원센터

4. 손을 깨끗이 씻어요!

활동 목표	1. 왜 손을 씻어야 하는지 말할 수 있다. 2. 올바른 손 씻기를 실천할 수 있다.	활동 대상	만 3–5세 (30명 이하)
활동명	활동 1 : 올바른 손 씻기 방법 배우기 • 활동 2 : 손 씻기 체험활동	활동 유형	이야기 나누기, 음악, 신체
활동 자료	❶ 손을 씻어야 하는 상황 입체패널/장갑/세균모형 ❷ 깨끗한 손, 더러운 손 모형 ❸ 올바른 손 씻기 방법 그림 ❹ 손 씻기 동요 ❺ 손 씻기 체험활동 준비물(휴대용 손 세정 검사기, 형광로션, 물비누, 종이타월) ❻ 뽀드득 뽀드득 동요 동영상		
누리과정 관련 요소	• 의사소통 : 말하기 – 느낌, 생각, 경험 말하기 • 자연탐구 : 수학적 탐구하기 – 수와 연산의 기초개념 알아보기 • 예술경험 : 예술적 표현하기 – 움직임과 춤으로 표현하기 • 신체운동·건강 : 건강하게 생활하기 – 질병 예방하기, 몸과 주변을 깨끗이 하기		

단계	영역	교수·학습 활동	시간(분)	활동 자료
도입	의사소통	■ 학습동기 유발 • 손을 씻어야 하는 상황 입체패널을 보여주면서 어떤 놀이를 하고 싶은지 이야기 나누기 • 입체패널 속에서 여러 행동을 한 후 손을 보여주며 손에 무엇이 묻었는지 알아보기 • 손을 씻지 않고 밥을 먹으면 어떻게 되는지 이야기 나누기 ■ 활동목표 제시 • 왜 손을 씻어야하는지 어떻게 손을 깨끗이 씻는지에 대해서 활동함을 제시하기	4′	• 손을 씻어야 하는 상황 입체패널/장갑/세균모형
전개	자연탐구 예술경험	■ 활동 1 : 올바른 손 씻기 방법 배우기 • 손바닥의 세균 수 세어보기 • 세균이 우리 몸 속으로 들어오면 어떻게 될지 이야기 나누기 • 세균은 비누로 씻어야 사라짐을 확인하기 • 손을 깨끗이 씻는 방법 시범 보여주기 • 손을 깨끗이 씻는 방법 함께 연습하기 • 동요에 맞춰 손을 씻는 방법 연습하기	8′ (12′)	• 깨끗한 손, 더러운 손 모형 • 올바른 손 씻기 방법 그림패널 • 손 씻기 동요(44″)
	신체운동·건강	■ 활동 2 : 손 씻기 체험활동 • 손을 직접 씻어보기 – 손을 씻기 위해 줄을 선다. – 배운 순서대로 손을 씻어본다. • 휴대용 손 세정 검사기로 씻은 손 확인하기 • 손 씻기 체험 후 뽀드득 뽀드득 동요 동영상 시청하기	15′ (27′)	• 손 씻기 체험 준비물 • 뽀드득뽀드득 동영상 (3′18″)
정리	의사소통	■ 활동 평가 • 손을 왜 씻어야 하는지 말할 수 있는지 평가하기 • 손을 어떻게 씻어야 하는지 질문하기 ■ 깨끗이 손 씻기 약속 • 손을 자주 깨끗이 씻기로 약속하기 – '뽀드득! 뽀드득! 손을 깨끗이 씻어요!'	3′ (30′)	
지도상의 유의점		1. 올바른 손 씻기 방법을 교육할 때 순서를 숙지할 수 있도록 여러 번 반복한다. 2. 동요에 맞춰 손을 씻는 방법을 연습할 때 전주가 나올 때 옷자락을 걷어주는 것을 알려주어 옷이 젖지 않도록 지도한다. 3. 손 씻기 체험활동 시 형광로션 바른 손을 벽이나 옷에 묻히지 않도록 지도한다. 4. 형광물질이 있는 화장지나 잔 먼지가 생기는 면수건보다 종이타월을 준비한다. 5. 순서를 기다리며 지루해하지 않도록 뽀드득뽀드득 동영상을 반복적으로 시청하게 하거나 손 씻기 동요를 들려주고 따라 부르게 하는 등 대열이 흐트러지지 않도록 한다. 6. 시설의 여건 상 손 씻기 체험활동이 불가능할 시에는 동요에 맞춰 손 씻기 동작을 충분히 숙지할 수 있도록 반복적으로 율동하는 것으로 대체한다.		

그림 10-4 3~5세 '손을 깨끗이 씻어요' 교수·학습 과정안의 예시

자료 : 어린이급식관리지원센터

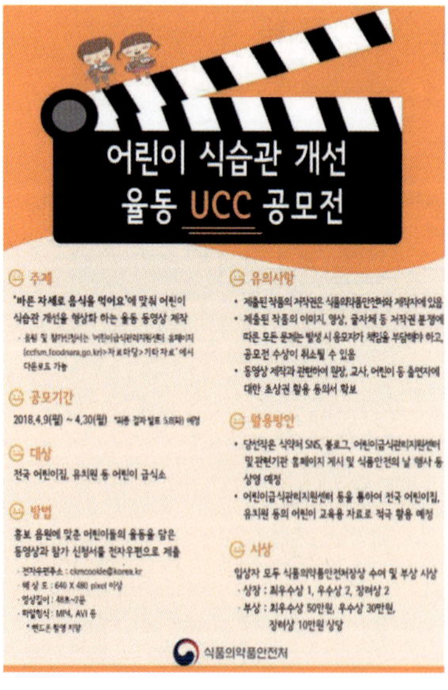

그림 10-5 어린이 식습관 개선 율동 UCC 공모 포스터

사에 대한 영양교육 교과과정과 자료를 개발하고 보급해야 한다. 우리나라에서는 '어린이 식생활안전관리 특별법'에 따라 설치된 어린이급식관리지원센터에서 어린이집 및 유치원의 집단급식소를 대상으로 체계적이고 철저한 위생관리 및 영양관리를 지원하고 어린이, 학부모, 시설 원장, 교사, 조리종사자를 대상으로 영양교육을 하고 있다. 어린이급식관리지원센터 홈페이지에는 각 센터에서 활용할 수 있도록 영유아 교육자료와 교수학습과정안을 제공하며(그림 10–3, 10–4), 공모전을 통해 영양교육매체를 개발하고 있다(그림 10–5).

1) 유아 영양교육의 목표와 내용

(1) 교육목표

유아보육시설에서는 유아들이 영양 및 식품에 대한 기초지식을 배우고 바람직한 식생활을 하도록 교육해야 한다. 학령기 이전 유아의 영양교육 목표는 다음과 같다.

- 건강에 좋은 다양한 종류의 식품을 골고루 먹는다. 특히 채소와 과일을 먹는다.
- 식사시간과 간식시간이 즐겁다. 즉, 식품에 대한 긍정적인 태도와 식사시간이 즐겁다는 인식을 갖도록 한다.
- 싱겁게 먹기, 아침밥 먹기 등 건강한 식습관을 갖는다.
- 식품과 건강의 관계에 대해 이해한다.
- 손 씻기 등 위생습관을 갖는다.
- 식사예절을 지킨다.

(2) 교육내용

유아들에게는 일상생활과 놀이를 중심으로 교육해야 하므로 한 교육내용에 하나의 주제를 담아야 한다. 영양지식을 증가시키고 이를 실천할 수 있는 다양한 주제를 선택할 수 있는데, 이때 주제로 선택할 수 있는 내용은 다음과 같다.

① 음식을 먹는 이유

키가 크려고, 건강해지려고, 영양소를 섭취하려고, 배고픔을 해소하려고, 만족감을 얻기 위하여 등을 이끌어 낸 후 식품이 우리 몸에서 어떤 역할을 하는지에 대하여 교육한다. 이때 아침을 꼭 먹어야 하는 이유를 같이 설명한다.

② 음식의 선택

같은 식품군은 우리 몸에서 비슷한 역할을 하므로 여러 가지 기능이 잘 이루어지기 위해서는 서로 다른 종류의 식품군을 고루 먹어야 한다는 점을 교육한다. 많이 먹으면 해로운 식품도 알아보고, 편식을 하지 않아야 하는 이유와 어떤 간식이 건강에 좋은지 설명하며, 이를 썩지 않게 하는 방법도 지도한다. 유아보육시설에서 영양소에 대한 내용까지 교육할 필요는 없다.

③ 식사태도

밥 먹을 때의 자세, 새로운 음식에 대한 태도, 음식을 꼭꼭 씹어 먹지 않으면 어떻게 되는지 설명하고 자기가 먹으려고 담아 온 음식은 가능하다면 남기지 않도록 지도한다. 또 감사한 마음으로 식사를 하도록 지도한다.

④ 외국 음식과의 비교

우리나라 음식의 종류와 기원을 이야기하고, 우리나라 음식과 다른 나라 음식을 비교하여 우리나라 음식의 좋은 점과 개선해야 할 점에 관하여 이야기한다.

⑤ 깨끗하고 안전한 식사

화장실 사용 후와 식사 전에는 손을 씻어야 세균이나 병균이 몸에 들어가지 않고 깨끗한 식사를 할 수 있음을 알려 주고 포도, 땅콩, 젤리 등을 급하게 먹다가 목이 막히는 경우가 있으므로 이런 음식을 먹을 때는 조금씩 잘 씹어서 삼키도록 지도한다.

2) 유아 영양교육의 방법과 요령

유아들은 장시간 집중하기 어려우므로 역할놀이, 그림극, 인형극 등의 실험형 교육방법을 사용하는 것이 효과적이다. 이때 다음과 같은 요령을 사용한다면 교육효과를 더욱 높일 수 있다.

(1) 경험을 통한 교육

익숙하지 않은 다양한 식품을 접하게 하여 좋은 식습관을 유도한다. 보육시설에서의 급식은 자연스럽게 새로운 음식을 긍정적인 이미지와 함께 접할 기회를 주며 식사시간을 즐거운 경험으로 인식할 수 있도록 한다. 먹지 않는 음식을 제거하기보다는 조리법 변화, 곁들이는 음식의 변화, 가족들이 즐겨 먹는 방법 등을 활용하여 먹을 수 있도록 유도하는 것이 좋다. 어린이의 식품 선택은 강요해서는 안 되며 어린이가 스스로 식품을 선택하게 함으로써 자부심을 갖도록 한다. 서울시는 보육시설 어린이와 학부모를 대상으로 단맛, 신맛, 쓴맛에 대한 체험교육을 통해 편식을 개선하는 어린이 미각교육 프로그램을 운영한다.

(2) 활동 중심 교육

상 차리기, 간단한 조리, 배식, 그릇 닦기 등 식사 준비에 참여하게 함으로써 식품에 익숙해지게 한다. 이런 활동은 근육 발달에 도움이 되기도 한다. 특히, 요리는 유아들이 재미있어 하는 영역으로 이를 통해 음식에 들어가는 재료, 식품의 변화과정을 배울 수 있고 스스로 준비에 관여한 음식을 자부심을 가지고 섭취하도록 할 수 있다.

그림 10-6 활동 중심 교육에 사용하는 막대인형

자료 : 어린이급식관리지원센터

또한 어린이가 좋아하는 노래, 동화를 통하여 영양교육을 한다. 음식이나 식품에 관계되는 노래를 가르치거나 들려 줌으로써 노랫말이나 동화에 들어 있는 내용을 재미있게 배울 수 있도록 한다. 어린이의 적성과 능력, 흥미에 맞는 다양한 놀이나 연극이 포함되도록 한다.

(3) 연상교육

이미 알고 있는 내용을 영양교육에 적용시킨다. 예를 들어, 신호등의 초록불, 노란불, 빨간불의 개념을 식품 중 마음대로 먹어도 되는 것, 조심해서 섭취할 것, 더 조심해야 할 것으로 나누어 지도하는 데 이용할 수 있다. 이를 어린이 기호식품에 들어 있는 총지방, 포화지방, 당(糖), 나트륨 등 영양성분의 함량에 따라 높음, 보통, 낮음 등의 등급을 정하여 그 등급에 따라 녹색, 황색, 적색으로 표시하는 "색상 · 모양 표시" 교육에 활용할 수 있다(CHAPTE 9 참조).

(4) 보상과 칭찬

식품을 잘 선택하여 먹었을 때 어린이가 좋아하는 것을 상으로 주면 식행동이 좋아진다. 예를 들어, 간식으로 사탕이나 과자 대신 과일이나 채소를 선택했을 때 스티커를 주거나 칭찬을 하면 효과적이다.

(5) 지원

부모나 가족이 교육에 같이 참여하고 어린이를 지원해 주도록 한다. 어린이들은 어른이 하는 것을 보고 배우므로 가정에도 가정통신문 등을 통해서 영양교육 내용을 제공한다. 또 텔레비전으로 건강식이나 건강 간식을 광고하여 어린이가 먹도록 유도한다. 실제로 낯선 식품에서 선호식품으로 변화하는 데는 텔레비전 광고 및 가족의 선호가 영향을 미친다는 연구가 있다.

3) 유아 영양교육과 상담의 사례

(1) 사례 1

창원시 어린이급식관리지원센터에 방문한 2~6세 영유아를 둔 어머니 145명을 대상으로 한 설문조사에서 유아의 가장 심각한 영양문제는 채소 편식으로 나타났다. 이를 개선하기 위해 놀이와 요리활동의 체험활동으로 구성된 4차시 식생활교육 프로그램을 개발하였다. 창원시 관내 어린이집 5~6세 유아 43명을 대상으로 매 차시 45분씩 4차시 교육을 실시하였다. 프로그램의 효과를 평가하기 위해 교육을 실시하지 않은 대조군 43명과 비교한 결과, 교육군에서만 영양지식 점수가 유의하게 증가하였으며, 교육 대상자의 80% 이상이 수업내용이 재미있고 즐거웠으며 앞으로 채소를 잘 먹을 것이라고 하였다.

(2) 사례 2

인천광역시 남구 어린이급식관리지원센터에 등록한 유아 379명(만 4~7세)을 대상으로 영양교육을 하였다. 텃밭 가꾸기 교육 프로그램은 표 10-4와 같이 총 6단계에 걸쳐 운영하였다. 1단계는 상자 텃밭을 이용한 모종 심기, 2단계는 오감 및 혀

표 10-2 유아 영양교육 사례 1

차시	주제	학습목표	학습내용	학습자료
1	건강하려면 채소를 먹어요	골고루 먹는 태도를 갖는다.	채소의 종류, 채소가 몸에 좋은 이유	채소 빙고 게임
2	새싹채소를 키워요	채소에 대한 흥미를 갖는다	새싹채소의 종류 새싹의 성장과정	새싹채소 모종, 모종삽
3	새싹채소로 비빔밥을 만들어요	음식을 소중하게 대하는 태도를 갖는다.	음식의 소중함과 함께 먹는 즐거움	비빔밥 재료
4	채소와 과일을 이용한 건강한 간식	건강한 간식과 간식의 중요성을 이해한다.	간식의 필요성 건강한 간식	동화책, 주스 재료

자료 : 이미숙 · 이경혜(2014)

표 10-3 사례 1의 교수 · 학습 과정안의 예(3차시)

학습주제	새싹채소로 비빔밥 만들기	학습형태	강의식
학습목표	1. 채소로 비빔밥을 만들 수 있다. 2. 음식을 소중하게 대하는 태도를 가진다.		
학습자료	교사 : 교사용 PC, PPT 자료, 새싹채소, 비빔밥 재료 학생 : 새싹채소, 비빔밥 재료		
단계	교수 · 학습활동	시간	자료 및 유의점
도입	○ 동기유발 • 지난 차시 키운 새싹채소에 대한 이야기 하기 • 새싹채소의 좋은 점 묻고 대답하도록 유도 ○ 새싹채소를 어떻게 먹는 것이 좋을지 질문하여 비빔밥 만들기 유도	5'	채소송(플래시)
전개	○ 활동 1 – 비빔밥 만들기 • 새싹채소의 종류를 알아본다. • 새싹채소를 사용하여 모둠별로 비빔밥을 만든다. • 모둠별로 만든 비빔밥을 평가한다. ○ 활동 2 – 시식하기와 뒷정리 • 음식의 소중함에 대해 이야기하고 감사한 마음을 표현한다. • 비빔밥의 맛을 표현한다. • 사용한 그릇을 씻고 정리한다.	20' (25') 15' (40')	PPT 자료, 새싹채소, 비빔밥 재료
정리	○ 다짐하기 • 다양한 채소를 먹는 방법을 발표한다. • 채소를 자주 먹을 것을 다짐한다.	5' (45')	유인물
평가계획	○ 평가하기 : 채소를 자주 먹으려고 하는가? 평가기준 상 : 채소가 건강에 좋은지 알고 자주 먹으려는 적극적 태도가 확인된다. 평가기준 중 : 채소가 건강에 좋은지 알고 있으나 적극적 태도를 보이지 않음 평가기준 하 : 채소가 건강에 좋은지 알지 못함		

자료 : 이미숙 · 이경혜(2014)

로 맛보기 체험이었고 3단계에서는 당, 지방, 첨가물 등 위해성분에 대해 교육하였다. 4단계는 전통의 맛과 음식 배우기, 5단계는 우리 지역 농산물 견학 및 안전한 먹을거리 구입방법 알기, 6단계는 내가 만드는 건강 요리 페스티벌로 구성하였다. 교육을 받은 대상자는 교육을 받지 않은 대조군에 비해 채소에 대한 인지도 향상, 선호도 증가, 편식 감소의 긍정적인 변화가 나타났다.

표 10-4 유아 영양교육 프로그램의 사례 2

차시	학습주제	학습내용	학습자료
1	상자 텃밭을 이용한 모종 심기	채소의 모종을 심을 수 있다.	모종, 모종삽
2	맛보기 체험	단맛의 강도를 안다.	맛 용액, 보드
3	위해성분에 대해 알아보기	• 당이 많은 식품을 열거할 수 있다. • 지방이 많은 식품을 열거할 수 있다.	다양한 가공식품
4	전통의 맛과 음식 배우기	• 건강한 식사를 안다. • 건강한 식사를 할 수 있다.	전통 음식, PPT 자료
5	우리 지역 농산물 견학 및 안전한 식품 구입방법 알기	• 지역 농산물의 종류를 열거할 수 있다. • 안전한 식품을 구입하는 방법을 설명할 수 있다.	견학 장소, PPT 자료
6	내가 만드는 건강요리 페스티벌	건강요리를 만들 수 있다.	식품 재료, 조리도구

자료 : 이은희 외(2012)

그림 10-7 유아 영양교육의 예

자료 : 어린이급식관리지원센터(인천광역시 남구)

3. 초등학교의 영양교육과 상담

학교에서의 영양교육은 급식과 분리하여 생각할 수 없다. 학생은 영양요구량에 맞는 급식과 영양교육을 통해 영양불균형을 해소하고 비만, 성장장애, 고혈압 등의 문제를 사전에 예방할 수 있다. 현재 우리나라 학령기 아동의 영양문제로는 아침결식, 편식, 가공 및 인스턴트식품 과다 섭취, 빨리 먹기 등이 보고되고 있다. 이러한 영양문제를 해결하고 건강한 식습관을 갖게 하여 평생건강을 확보하게 하기 위해서는 학교 영양교사의 역할이 중요하다. 학교 영양교사를 대상으로 조사한 결과 초등학교의 65.7%에서 영양 · 식생활교육을 실시하였고, 올바른 식습관 및 식사예절 내용을 PPT 자료, 인터넷, 만화, 스티커, 활동지 등의 매체에 담아 강의하거나 동영상을 상영하는 방법으로 재량활동 및 특별활동 시간에 교육하였다고 한다.

1) 아동 영양교육의 목표와 내용

(1) 교육목표

초등학교 학생의 영양교육목표는 다음과 같다.

- 영양과 관련된 문제점을 이해한다.
- 좋은 식습관을 갖는다. 음식과 질병의 관계에 관한 그간의 연구 결과를 기초로 어린이가 이해할 수 있는 지식을 전달하여 좋은 식습관을 갖도록 한다.
- 우리나라 식량자원의 생산, 분배, 합리적인 소비에 대해 이해한다.
- 우리나라의 식문화를 이해하고 식사예절을 실천한다.

(2) 교육내용

학교에서의 영양교육은 교과과정에 맞추어서 적합한 내용과 순서로 전달되어야 한다. 초등학교의 교육내용으로는 영양소와 식품구성자전거, 한국의 식문화, 세계의 음식문화, 올바른 식습관 및 급식예절, 오감으로 맛보고 음식 이름 알기, 채소와 친해지기, 건강하고 안전한 간식 먹기, 손 씻기 등이 포함될 수 있다. 학교에서의 영양교육 프로그램이 성공을 거두기 위해서는 부모나 가족의 협조가 반드시 필요하며, 프로그램은 흥미를 유발할 수 있도록 구성되어야 한다.

2) 아동 영양교육의 방법과 요령

영양교사가 좋은 수업을 하기 위해서는 수업을 시작할 때 학생들이 흥미를 가질 만한 내용과 매체를 활용하여 주의를 집중시키고 동기를 유발하는 것이 가장 필요하며, 학생 수준에 맞는 내용과 방법을 선택하고, 학생 스스로 참여할 수 있는 학습

방법을 사용하는 것이 좋다. 초등학교 학생의 경우에 강의형 지도나 토의형 지도를 하면서 조리실습, 견학 등의 실험형 지도를 잘 결합하여 교육하면 영양교육의 효과를 높일 수 있다. 특히 초등학교 고학년의 경우에는 '6 · 6식 토의'를 활용하면 바른 식생활 실천에 대한 효과적인 동기부여를 할 수 있다. 특별활동 시간에는 역할극, 인형극, 소집단 토의 등을 활용할 수 있고 교내 벽보, 교내 신문, 교내 방송을 이용한 영양교육도 할 수 있다.

(1) 경험을 통한 교육

학교 영양교육에서 가장 큰 비중을 차지하는 것은 학교급식을 통하여 식습관을 교정하고 식사예절을 배우는 것이다. 가정의 식사내용을 조사하여 부족한 영양소를 학교급식으로 보충하면서 그 내용을 실천적으로 가르치는 것도 좋은 교육이다. 조리실습이나 견학 등 체험학습은 초등학생에게 효과적인 교육방법이다.

(2) 연계교육

영양교육을 다른 학과목이나 특별활동과 연계하여 실시하는 것도 바람직한 일이다. 나아가 가정통신 등을 통해 학교, 가정, 지역이 연계할 수 있다.

우선 교과목 교사와 협동교육(team teaching)을 하면 좋다. 국어시간에는 식품의 이름을 구별하도록 하거나 식품, 건강, 영양에 관련된 내용의 교훈적이거나 역사적

그림 10-8 식품안전영양교육 동영상의 예

자료 : 식품의약품안전처

그림 10-9 초등학교에서의 요리체험

자료 : 소년한국일보(2004. 12. 28)

인 이야기를 들려 줄 수 있으며, 과학시간에는 식품으로 음식을 만들 때 어떤 변화가 일어나며 음식이 우리 몸에 들어가서 어떻게 소화되고 변화되는지 가르칠 수 있다. 사회시간에는 우리 지역에서 생산되는 농산물, 수입되는 농산물, 과잉 생산된 농산물 소비방법 등에 대하여 배우게 하고, 실과시간에는 우리가 먹는 채소 중 간단하게 키울 수 있는 채소를 직접 키우고 관찰함으로써 채소의 성장에 대하여 배우

표 10-5 영양교육 관련 초등학교 6학년 교육과정 분석

시기	과목	단원 및 내용	영양교육 내용
3월 2주	체육	1. 성장하는 우리 몸 • 사춘기 남성, 여성의 신체관리 • 생명 탄생의 소중함	• 사춘기에 필요한 음식과 절제할 음식 • 출산 관련
3월 3주	사회	1. 처음으로 세운 나라 • 우리 민족의 형성 • 민족 국가의 성장 · 발전 과정	• 고대~삼국시대 음식 • 사극 속 음식 열전
4월 6주	과학	3. 우리 몸의 생김새 • 소화기관의 모양과 하는 일 • 배설기관의 종류와 하는 일	• 소화에 좋은 음식 • 변비 예방 음식
4월 8주	실과	3. 간단한 음식 만들기 • 밥의 영양적 특성과 여러 가지 음식 • 볶음밥, 주먹밥, 김밥 만들기	• 밥이 필요한 이유 • 밥이 주식인 나라
4월 9주	사회	1. (3) 민족국가의 발전 • 전란 극복(임진왜란, 병자호란)	• 고춧가루와 음식
5월 12주	실과	3. 간단한 음식 만들기 • 빵의 영양적 특성과 여러 가지 음식 • 토스트, 프렌치 토스트 만들기	• 빵이 필요한 이유 • 빵이 주식인 나라 • 간단 조리법
6월 17주	과학	6. 여러 가지 기체 • 여러 가지 기체와 우리 생활 • 질소의 이용	• 과자 봉지에 들어 있는 질소의 역할 • 조리 연료로 사용하는 기체
9월 22주	도덕	6. 아름다운 사람들 • 노량진 수산시장 젓갈 할머니	• 젓갈에 숨은 발효과학
10월 26주	사회	1. 보호해야 할 인권 • 외국인 근로자의 인권, 노약자, 장애우, 어린이, 여성의 인권	• 다문화 음식축제
11월 32주	실과	6. 2) 경제동물의 사육과 이용 • 경제동물 생산물 이용방법 이해	• 고기류 음식
12월 37주	과학	7. 편리한 도구 • 도르래, 지렛대의 원리	• 간편한 조리도구 (마늘 찧기, 병따개 등)

자료 : 이승미(2009)

그림 10-10 초등학교용 영양교육 매체의 예

게 할 수 있다.

한 연구에서 초등학교 1학년에서 6학년까지의 7차 교육과정의 각 교과목 교과서를 분석한 결과 식생활 관련 내용 중 식품정보, 질병과 건강, 올바른 식습관에 관한 내용이 많은 부분을 차지하고 있었다(표 10-5). 학교에서는 영양교사, 보건교사, 체육교사가 함께 참여하는 비만관리 프로그램을 시행하면 좋은 효과를 얻을 수 있다.

(3) 다양한 교육자료 활용

영양교사제도의 시행에 발맞추어 영양교육 교재가 개발되었는데, 초등학교 저학년과 초등학교 고학년을 대상으로는 활동 중심의 식생활교육교재 및 영양교사용 지침서가 개발되었다. 식품의약품안전처 홈페이지에서는 다양한 영양 및 위생교육 자료를 제공하고 있으며, 충북대학교에서는 초등학교 고학년 어린이들이 스스로 비만을 예방하거나 관리할 수 있는 웹사이트인 '아이다이어트'를 개발하여 좋은 반응을 얻고 있다. 한편 해양수산부와 대한영양사협회에서는 수산물의 소비 촉진을 위해 '우리 수산물 영양이야기 교실'이라는 PPT 자료를 제공하고 있다(그림 10-10).

3) 아동 영양교육과 상담의 사례

(1) 사례 1

한 초등학교에서 5학년 학생 27명을 대상으로 1주일에 40분씩 4주간 영양교육을 실시하였다. 교육자료는 대한지역사회영양학회와 식품의약품안전처에서 공동 개발한 어린이를 위한 영양·식생활 실천 가이드 전자책 '똑똑하게 먹고 건강해지자'를 활용하였다(그림 10-11). 1차시에는 '올바른 식생활의 중요성에 대한 이유', 2차시에는 '똑똑하게 먹기', 3차시에는 '요리사 되어 보기', 4차시에는 '건강한 몸만들기'로 구성하여 교육하였다(표 10-6). 이 교육프로그램 실시 결과 교육하지 않은 비교육군(27명)에 비해 영양지식이 유의하게 향상되었으며, 교육 후 식생활 태도 중 '짜고 매운 음식 섭취'에서 차이를 보였고 비타민 C, 철, 아연의 적정섭취비율이 교육군과 비교육군 간에 유의한 차이를 보였다.

그림 10-11 어린이용 전자책

(2) 사례 2

한 초등학교에서 5학년 학생 31명을 대상으로 1주일에 40분씩 2회 2주간 영양교육을 실시하였다. 교육자료는 영양교사 지침서, '우리아이 영양길잡이'(그림 10-12), 영양 관련 웹사이트 등을 참조하여 하루 필요 식품군 단위수와 관련된 초등학교 고학년용 소책자를 개발하였다. 1차시에는

표 10-6 어린이 영양교육 프로그램 사례 1

차시	주제	학습목표	학습내용	학습자료
1	올바른 식생활의 중요성에 대한 이유	식품구성 자전거를 설명할 수 있다.	식품구성자전거의 6대 영양소의 균형 있는 섭취	PPT 자료, 퀴즈
2	똑똑하게 먹기	• 좋은 간식을 선택할 수 있다. • 영양표시를 활용할 수 있다.	바람직한 간식, 영양표시	PPT 자료, 과자 포장지
3	요리사 되어 보기	좋은 간식을 만들 수 있다.	과일, 견과류, 요구르트, 시리얼로 요구르트탑 만들기	PPT 자료, 요구르트탑 재료
4	건강한 몸 만들기	간식 칼로리를 소모하기 위해 필요한 운동량을 안다.	일상생활에서 실천 가능한 신체활동과 운동법	PPT 자료

자료 : 박미란·김숙배(2018)

그림 10-12 어린이용 식품성분표 책자

'5대 영양소의 종류와 기능', 2차시에는 '여섯 가지 기초식품군 및 급원식품', 3차시에는 '개인별 비만도와 하루 필요 에너지 및 하루 필요 식품군 단위 수(상담)', 4차시에는 '올바른 간식 및 운동'으로 구성하여 교육하였다. 이 교육 프로그램 실시 결과 교육하지 않은 대조군(31명)에 비해 영양지식이 향상되었으며, 에너지 및 영양소 섭취에서 바람직한 변화가 나타났다.

표 10-7 사례 2의 교수 · 학습과정안의 예(2차시)

20 년 월 일 교시 영양교사 :

단원	나의 영양 필요량	학년	4	차시	2/4
학습주제	여섯 가지 식품군 및 급원식품	학습형태	강의식		
학습목표	1. 식품구성자전거의 각 식품군을 분류하여 말할 수 있다. 2. 균형된 식사를 실천할 수 있다.				
학습자료	PPT, 플래시 노래				

학습단계	교수 · 학습활동	시간	자료 및 유의점
도입	• 동기유발 – 5대 영양소의 종류와 기능 검토하기 – 오늘 교육내용 소개 : 식품구성자전거	3′	
전개	• 식품구성자전거란? – PPT로 식품구성자전거의 식품군 명칭을 설명한다.	5′ (8′)	PPT, 플래시
	• 식품구성자전거 각 식품군의 대표음식을 찾는다. – 각 식품군의 식품 찾기 – 유지 · 당류는 적게 먹어야 할 식품이라는 것 강조 – 식품 알아보기 퀴즈	15′ (23′)	PPT
	• 식품구성자전거의 대표 영양소 알아보기 – 식품구성자전거의 대표 영양소와 그 영양소의 기능 알아보기 – 각 식품을 골고루 섭취하는 것이 건강에 중요함을 강조	10′ (33′)	PPT
	• 야채송 부르기	2′(35′)	야채송(플래시)
정리	• 다짐하기 : 학습내용 정리하기 • 차시 수업 예고	5′ (40′)	
평가계획	• 평가하기 : 내가 더 먹어야 할 식품은 어떤 식품군인가요?		

자료 : 임은수 등(2012)

4. 중등학교의 영양교육과 상담

청소년기는 신체가 급성장하는 시기로 바람직한 식생활을 통해 심신의 균형 잡힌 발달뿐만 아니라 평생의 건강한 인생을 보장받을 수 있다. 청소년들은 자신을 또래집단의 친구들과 동일시하고 또래집단이 하는 것을 모두 따라 하려는 경향 등 또래집단에 강한 영향을 받으므로, 이런 점을 교육과정에서 충분히 고려해야 한다.

특히 청소년기 여학생의 경우 외모에 대한 또래집단의 왜곡된 생각을 내재화함으로써 신경성 섭식장애를 겪기도 한다. 영양교사는 대상자에게 신경성 섭식장애 증세가 있는지 평가하는 점검표를 이용하여 섭식장애를 예방할 수 있도록 한다(그림 10-13). 학교 영양교사를 대상으로 조사한 연구 결과 중 · 고등학교의 51.9%가 영양 · 식생활교육을 실시하였고, 영양 및 건강정보의 내용을 인터넷, 리플릿(가정통신문), 소책자, 전시 및 게시자료 등의 매체에 담았으며 영양상담실 운영, 동영상, 인터넷 이용 등의 방법으로 교육하였다.

그림 10-13 교육용 팸플릿

자료 : 식품의약품안전처

1) 청소년 영양교육의 목표와 내용

(1) 교육목표

영양교사는 급식을 통하여 균형 잡힌 식생활이 습관화되도록 하고, 청소년기에 적합한 영양교육을 하여 가정식이나 외식에서도 건강한 식생활을 영위할 수 있도록 해야 한다.

청소년 영양교육의 목표는 다음과 같다.

- 자신의 정상체중을 알고 신체이미지를 올바르게 형성한다.
- 음식과 질병과의 관계를 과학적 근거를 가지고 이해하며, 이에 따라 건강한 식습관을 형성한다.

- 신경성 섭식장애를 예방할 수 있다.
- 아침식사를 습관화한다.
- 규칙적인 신체활동을 습관화한다.
- 흡연과 음주의 위험성을 이해한다.

(2) 교육내용

중1~고3학년 약 7만 명(17개 시 · 도, 800개 학교)을 대상으로 하는 청소년건강행태온라인조사에 따르면, 청소년은 1일 1회 이상 과일과 우유를 섭취하는 비율은 2009년 24.7%, 28.7%에서 2017년 22.2%, 25.0%로 각각 감소한 반면, 주 3회 이상 패스트푸드와 탄산음료를 섭취하는 비율은 2009년 12.1%, 24.0%에서 2017년 20.5%, 34.7%로 증가하였다. 또한 청소년 3명 중 1명은 최근 한 달 동안 체중 감량을 시도하였으며, 시도했던 학생 중 20%는 단식, 의사 처방 없이 마음대로 살 빼는 약 먹음, 설사약 또는 이뇨제, 식사 후 구토, 한 가지 음식만 먹는 다이어트 등 부적절한 방법으로 다이어트를 하였다. 따라서 청소년의 영양교육내용에는 청소년의 영양, 운동과 영양, 에너지 균형, 비만과 영양, 적절한 체중감량법, 아침식사의 필요성, 식품에 대한 이해, 영양표시, 식품과 조리, 한국의 음식문화, 세계의 음식문화 등이 포함될 수 있다.

2) 청소년 영양교육의 방법과 요령

청소년의 경우에는 과학적이고 논리적인 설명의 강의나 친구들과의 토론을 통한 교육방법을 사용할 수 있으며, 학생들이 직접 조사활동을 통해 교육을 받을 수 있도록 한다. 캠페인 교육방법도 효과가 있다. 청소년 대상 아침 먹기 캠페인의 경우 간단한 아침식사를 나누어 주면서 아침식사를 먹었을 때의 좋은 점을 느끼도록 한다.

식품의약품안전처와 교육부에서는 카페인, 식품첨가물, 식중독, 영양과 식사, 비만과 식이장애, 영양표시에 대한 내용을 실생활에서 실천능력을 향상시키는 데 중점을 둔 '식품안전영양'이라는 책자를 개발하였으며(그림 10-14), 식품의약품안전처와 대한지역사회영양학회에서는 식생활 가이드, 신체활동 가이드, 비만 예방, 만성질환 예방으로 구성된 '청장년 맞춤형 식생활 가이드'라는 전자책을 개발하였다. 이를 청소년 대상 영양교육에 사용한다.

카드뉴스

책자

그림 10-14 청소년 대상 교육자료의 예

자료 : 식품의약품안전처 · 교육부

청소년은 휴대폰과 인터넷을 많이 사용하므로 이를 활용한 교육도 효과적이다. 식품의약품안전처는 스마트폰을 이용해 하루 동안 섭취한 식품정보와 운동 등 활동내역을 입력하면 언제라도 자신의 영양상태를 체크할 수 있는 '개인별 맞춤형 영양관리 프로그램(칼로리코디)'을 보급하였다(그림 10-15). 또 대한지역사회영양학회에서는 식생활정보센터에서 청소년 대상 영양교육자료를 제공하고 있다(그림 10-16). 이를 청소년 대상 교육 프로그램에 활용할 수 있다.

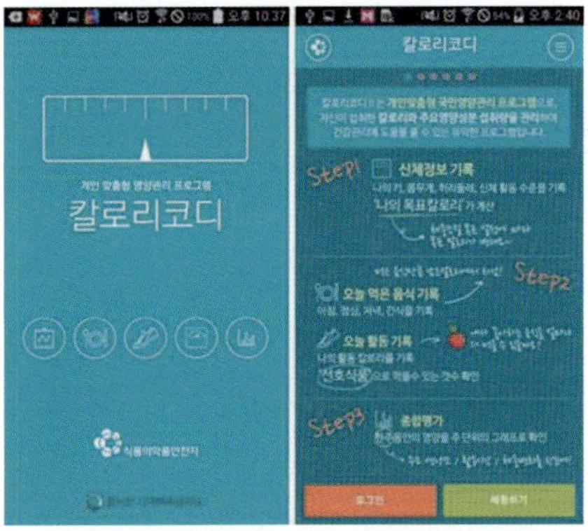

그림 10-15 칼로리코디 애플리케이션

자료 : 식품의약품안전처

그림 10-16 청소년 영양교육 자료제공 웹사이트의 예

자료 : 다이어트넷

청소년에게 고열량의 간식 대신 과일이나 채소를 간식으로 선택할 수 있도록 건강매점을 운영하는 것도 효과적인 영양교육방법이다. 한편, 청소년의 음식 선택에 가장 큰 영향을 주는 것은 광고와 친구, 특히 대중매체에서 보여지는 외모는 미의 기준이 되어 청소년에게 스트레스를 줄 수 있으므로 이에 대한 수정교육 프로그램이 필요하다.

3) 청소년 영양교육과 상담의 사례

(1) 사례 1

경상지역 소재 여자 중학교 1개교에서 영양교육에 참여하기를 희망하는 34명(1학년 13명, 2학년 11명, 3학년 10명)을 대상으로 2개월 동안 12차시에 걸쳐 교육을 실시하였다. '건강하게 즐기는 청소년의 식생활'을 토대로 식품선택능력, 섭취조절능력, 식사구성능력, 식사준비능력의 4개 주제로 교육하였고, 각 주제별 교육은 사회인지이론에서 제시된 행동 변화에 영향을 미치는 요인에 따른 전략에 근거하여 표 10-8과 같이 구성하였다. 이 교육 프로그램 실시 결과 교육하지 않은 대조군(33명)에 비해 자아효능감이 유의적으로 높아졌다. 자아효능감 항목 중에서 '좋아하는 음식이 있어도 과식하지 않고 적당량 먹을 수 있다', '저녁식사 후 간식을 먹지 않을 수 있다', '좋아하는 음식이어도 영양표시를 확인하여 지방이나 나트륨이 많으면 선택하지 않을 수 있다', '스트레스나 무료함을 먹는 것 대신 운동이나 다른 취미생활로 극복할 수 있다', '배가 고프지 않으면 좋아하는 음식이나 맛있는 음식이 있어도 먹지 않을 수 있다', '맛있어 보여도 비위생적인 음식은 사 먹지 않을 수 있다'의 항목에서 유의한 차이를 나타냈다.

(2) 사례 2

광주광역시 소재 중학교의 1학년 학생 172명(남자 82명, 여자 90명)을 대상으로 5개월 동안 5차시에 걸쳐 교육을 실시하였다. 교육내용은 중학교 가정 교과 단원과 연계하여 학교급식의 중요성과 올바른 이해, 아침식사의 중요성, 편식, 비만, 식사예절을 교육하였다. 교육내용에 따라 유인물, CD-Rom, PPT 자료, 연극 대본, 인터

표 10-8 청소년 영양교육 프로그램 사례 1

차시	주제	학습목표	학습내용	사회인지이론 전략
1	채소의 맛	• 채소와 건강의 관계를 설명한다. • 채소의 맛을 표현한다. • 채소를 먹는 다양한 방법을 안다.	채소 맛보기, 5가지 채소 즐기는 방법	결과기대, 자아효능감 증가
2	가공식품	• 식품표시와 영양표시를 활용한다. • 가공식품을 적게 섭취한다.	식품표시, 영양표시 활용방법	행동수행력, 결과기대
3	패스트푸드	• 패스트푸드의 영양문제를 설명한다. • 패스트푸드를 현명하게 선택한다 • 패스트푸드를 적게 섭취한다.	패스트푸드의 강점과 약점, 영양가, 현명한 선택법	결과기대, 자아효능감 증가
4	건강 간식	• 간식과 건강의 관계를 설명한다. • 건강한 간식을 선택한다.	간식습관 평가와 건강간식 계획하기	결과기대, 행동수행력
5	배고픔과 포만감	• 배고픔과 포만감을 인지한다. • 감각에 따라 식사를 조절한다.	식사 조절로 배고픔과 포만감 해결	결과기대
6	체중 조절	• 건강체중을 계산한다. • 비만과 저체중의 문제를 나열한다. • 바람직한 체중관리방법을 적용한다.	체중평가, 체중 변화와 관련된 행동, 체중관리방법	결과기대, 자아효능감 증가
7	균형식	• 균형식을 설명한다. • 식품성분과 식품군을 설명한다. • 균형된 식생활을 하려고 한다.	식품군과 대표식품, 청소년에 맞는 균형식사 구성	행동수행력, 자아효능감 증가
8	식사평가	• 식사의 균형을 평가한다. • 식사의 문제를 찾아낸다. • 식사의 문제를 해결하려고 한다.	식사평가, 친구와의 의견교환, 해결방법 찾기	결과기대, 행동수행력, 관찰학습, 자아효능감 증가
9	영양 많고 맛 좋은 식사	• 식단을 계획한다. • 식단의 영양균형성을 평가한다. • 균형된 식사를 하려고 한다.	맛 좋고 영양 많은 식사계획, 식단 작성	행동수행력, 정서적 태도
10	식품안전	• 식품안전의 중요성을 설명한다. • 위생적인 방법으로 식품 선택, 조리, 저장한다.	식품안전과 식중독, 안전한 식품관리	행동수행력, 결과기대, 자아효능감 증가
11	저열량·고영양 식품	• 저열량 · 고영양 레시피를 열거한다. • 채소와 과일로 저열량 · 고영양 식품을 조리한다.	저열량 · 고영양 샐러드 파스타 레시피 선발대회	행동수행력, 자아효능감 증가, 정서적 태도
12	교육효과평가			

자료 : 김지혜 등(2016)

넷 매체 등을 사용하였다(표 10-9). 영양교육 후 영양지식이 상승하였고, 규칙적인 식생활, 예의바른 식생활에 대한 식생활 점수가 향상되었다.

표 10-9 사례 2의 교수 · 학습과정안의 예(3차시)

20 년 월 일 교시 영양교사 :

<table>
<tr><td>단원</td><td colspan="2">청소년기 영양</td><td>학년</td><td>1</td><td>차시</td><td>3/5</td></tr>
<tr><td>학습주제</td><td colspan="2">균형식사의 중요성</td><td>학습형태</td><td colspan="3">강의식, 토의식</td></tr>
<tr><td>학습목표</td><td colspan="6">1. 청소년기 편식의 문제점을 설명할 수 있다.
2. 건강에 도움이 되는 간식을 선택할 수 있다.</td></tr>
<tr><td>학습자료</td><td colspan="6">PPT, 간식모형, 유인물</td></tr>
<tr><td>학습단계</td><td>교수 · 학습활동</td><td colspan="2">시간</td><td colspan="3">자료 및 유의점</td></tr>
<tr><td>도입</td><td>• 동기유발 : 청소년의 식생활에 대한 자료를 통해 영양의 중요성을 설명한다.</td><td colspan="2">3′</td><td colspan="3">PPT</td></tr>
<tr><td rowspan="3">전개</td><td>• 균형에 맞지 않은 식사의 문제점
– 좋아하는 음식과 싫어하는 음식을 나열해 본다.
– 편식의 이유에 대해 의견을 듣고, 편식의 문제점을 설명한다.
– 영양적으로 균형 잡힌 식사를 하기 위한 바람직한 식사 패턴을 설명한다.
– 지나친 체중 감량의 문제점과 개선방법을 강의한다.</td><td colspan="2">10′
(13′)</td><td colspan="3">인터넷 교육자료
http://www.dietnet.or.kr/teenager
(건강한 간식)</td></tr>
<tr><td>• 건강에 좋은 간식
– 게임 : 간식모형 중 바람직한 간식을 선택하도록 한다. 선택하지 않은 간식의 문제점을 설명한다.</td><td colspan="2">10′
(23′)</td><td colspan="3">간식모형</td></tr>
<tr><td>• 역할극과 토의
– 편식과 관련해서 역할극을 한다.
– 역할극 후에 편식의 개선방법을 토의한다.
– 역할극 후에 야식을 하지 않기 위한 방법을 토의한다.</td><td colspan="2">15′
(38′)</td><td colspan="3">역할극</td></tr>
<tr><td>정리</td><td>• 다짐하기
– 균형식사방법을 유인물에 기록한다.
– 두 명씩 짝지어서 서로 평가, 보완해 준다.</td><td colspan="2">7′
(45′)</td><td colspan="3">유인물</td></tr>
<tr><td>평가계획</td><td colspan="6">• 평가하기
– 청소년이 편식을 했을 때 발생할 수 있는 결과는?
– 청소년은 간식으로 무엇을 먹는 것이 좋을까?</td></tr>
</table>

자료 : 윤영란 · 양은주(2010)

CHAPTER 11

보건소 · 병원의 영양교육과 상담의 실제

1 보건소 영양교육과 상담

2 병원 영양교육과 상담

1. 보건소 영양교육과 상담

지역주민의 건강을 증진시키는 것은 복지사회의 중요한 목표 중 하나이며 영양상태 개선은 이러한 목표를 달성하기 위한 가장 기초적인 방법이다. 그런데 지역주민의 영양상태 개선을 위한 기본적인 정책수단은 보건소 영양사업이라고 할 수 있다. 이러한 영양사업과 이를 통한 영양상태 개선의 결과 만성 퇴행성 질환 등으로 인한 의료비 지출도 절약할 수 있다. 실제로 한국인의 보건의식행태 조사 결과에

그림 11-1 영양플러스 사업

의하면 좋은 식습관은 질병을 예방할 수 있다고 한다. 즉, 건강행위 실천 항목인 음주, 흡연, 비만 및 체중 조절, 식생활, 운동, 수면, 건강진단 및 예방활동에 관하여 바람직한 방향의 실천을 잘 할수록 질병이환율이 낮게 나타났다.

보건소 영양사업은 지역사회 주민의 일반적인 특성인 연령, 소득수준, 결혼상태, 교육수준이나 신체적 특성인 체질량지수 등 사업대상 주민들의 특성에 맞추어 구분·계획하는 것이 효과가 높을 것이다. 또한 각종 영양사업이나 교육은 지역사회 주민의 요구를 근거로 하여 이루어져야 차질 없이 수행될 수 있다. 특히, 국민건강증진을 위한 각종 시책을 수행함에 있어서는 영양취약집단을 선별해서 취약 영양문제에 관한 영양사업을 맞춤형으로 계획하고 수행한다면 더 큰 효과를 거둘 수 있을 것이다. 영양플러스 사업은 이와 같은 취약계층의 영양문제를 해결하는 데 기여한 대표적인 사업이라고 할 수 있다.

영양플러스 사업은 2005년부터 2007년까지 시범사업을 거쳐 2008년부터 본격적으로 시작되어 2009년부터 모든 보건소에서 시행하고 있다. 이 사업에서는 저소득층 임산부, 수유부, 출산부, 영유아(만 6세 미만) 중 영양고위험군(빈혈, 저체중, 성장부진, 영양섭취상태 불량 등 한 가지 이상의 영양위험인자 보유자)의 건강 유지에 필요한 영양교육을 실시하고 필수영양소를 식품 형태로 지원한다. 미국에서는 WIC(women, infant, child) 프로그램이라는 이름으로 이러한 사업이 진행되고 있는데, 사업이 시작된 1974년 이래로 연방정부 기금을 가지고 수행한 사업 중 가장 성공적인 영양정책으로 평가받고 있다.

영양플러스 사업의 대상자는 보충식품 처방을 받아 식품패키지를 공급받고 영양교육 및 상담을 받으며 정기 영양평가를 통해 개선 여부를 확인받는다. 보충식품은 대상자의 식생활에서 부족한 영양소 보충을 위해 조제분유, 쌀, 감자, 달걀, 우유, 검은콩, 김, 미역, 당근, 참치통조림, 오렌지주스 등의 식품을 대상별로 조합을 달리한 패키지로 공급받는다. 사업의 가장 중요한 부분인 영양교육은 식생활을 관리할 수 있는 지식과 기술을 갖추도록 주기적으로 실시(매월 1회 이상)한다. 영양평가는 신장 및 체중 측정, 빈혈검사, 식품섭취조사 등으로 구성되며 정기적인 영양평가에 따라 맞춤형 영양교육을 실시하고 있다.

사업 실시 결과에 따르면 사업 참여자의 영양상태가 일관성 있게 개선되었다. 영양 개선 내용은 사업 참여자의 빈혈유병률 감소, 아동의 저체중 비율 감소, 아동과 임산부의 영양섭취상태 향상, 영양지식과 행태 개선 등으로 나타났다.

한편 국민건강증진사업 중 영양개선사업은 올바른 식습관과 식생활에 대한 인식 변화로 영양과잉이나 결핍으로 인한 질병 예방 및 건강 증진에 기여할 목적으로 수행되는 사업으로 보건소 주관 체중 조절 프로그램, 고혈압 등 생활습관병 예방 프로그램, 어린이 비만캠프 등이 이에 포함된다.

1) 보건소 영양교육의 목표와 내용

(1) 교육목표

보건소에서의 영양교육은 대상자에 대한 진단, 영양교육의 계획, 영양교육 실행, 교육효과 평가 등을 통해 지역주민의 영양 개선을 도모한다. 교육 실시 전후의 지역주민의 영양상태 평가는 향후 영양정책에 반영한다. 지역주민을 대상으로 한 영양교육의 목표는 다음과 같다.

그림 11-2 보건소에서의 영양상담
자료 : 서울시 강북구 보건소

- 성인들은 좋은 식습관을 형성할 수 있다. 식습관이 좋아지면 지역주민의 영양상태가 증진되고 만성 퇴행성 질환자의 비율이 감소된다.
- 노인은 신체적 기능 저하를 극복할 수 있는 식사방법을 실천할 수 있다. 노인에게 적합하도록 개발한 식사방법은 많은 노인이 실천할 수 있도록 전파한다.
- 임신과 출산 및 육아에 필요한 영양지식을 실천할 수 있다.
- 성장기 어린이는 좋은 식습관을 통해 영양관리를 잘할 수 있다.

(2) 교육내용

보건소의 영양교육 내용은 다음과 같다.

- 개인에게 필요한 영양권장량과 음식을 통한 섭취방법
- 비만을 비롯한 만성 퇴행성 질환의 원인, 증세, 예방방법, 식사요법
- 노인의 생리적 변화, 노화 현상, 노화 예방방법 및 식사요법

- 노인의 식생활 안전관리
- 임신과 출산에 의한 신체 변화, 영양요구량 변화, 모유 수유방법, 모유의 장점, 이유식, 표준체중과 신장
- 어린이 영양관리의 중요성, 어린이 편식교정법, 어린이 비만관리, 치아관리
- 음주와 흡연의 문제점, 신체에 미치는 영향, 금연방법
- 규칙적인 식사나 균형 잡힌 식사 등 좋은 식습관

2) 보건소 영양교육의 방법과 요령

보건소에서 할 수 있는 효과적인 교육방법으로는 우선 영양상담을 이용하는 방법이 있다. 영유아의 예방접종을 하러 온 어머니를 대상으로 영유아의 영양관리에 대해 상담하거나 이에 관련된 슬라이드나 비디오를 보여 줄 수 있으며, 간단한 책자나 리플릿을 줄 수도 있다. 당뇨, 고혈압 등의 성인병을 진료하기 위해 보건소를 방문한 질환자 등을 대상으로 평소 식습관 조사, 목표체중 및 필요열량 산출, 식품교환표 이용방법, 저염식을 실천하는 방법, 다이어트 식품의 허와 실, 시판되는 식품에 대한 열량 평가 요령 등을 식품 모형을 이용하여 상담할 수도 있다. 또한 가정방문 급식지도 등을 통해 지역주민들의 영양 개선에 이바지할 수 있다.

그림 11-3 독거노인을 위한 식생활교육 소책자

자료 : 식품의약품안전처

다음으로 비만아, 저체중아, 편식아를 대상으로 1박 2일이나 2박 3일 일정으로 '어린이 영양캠프'를 실시하여 식습관 교정과 식사량 조절 등에 대한 실습을 하는 등 집단 영양교육을 할 수도 있다. 임산부를 대상으로 임신에서 출산까지의 생리적 변화와 식사원칙, 임신 이상과 임신기 합병증의 경우 영양관리, 카페인, 알코올, 흡연, 약물이 임신상태에 미치는 영향에 대한 내용을 집단 강의한 후 실제로 궁금한 점에 대하여 질문을 받고 대답하는 것도 효과적이다.

한편, 보건소에서는 양로원, 집단급식시설 등을 순회 방문하여 대상에 맞는 상담

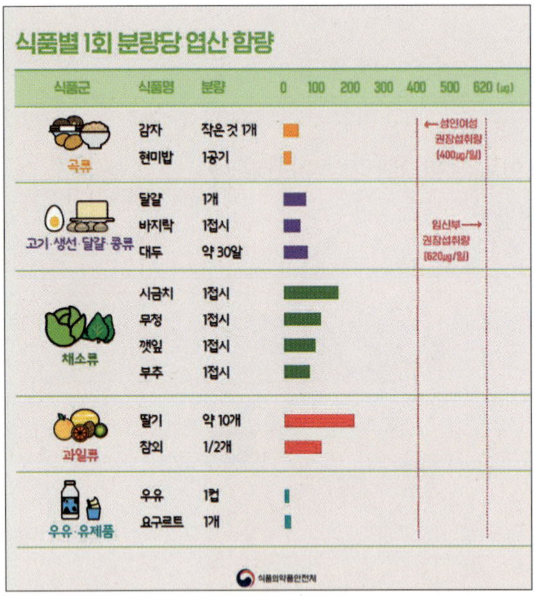

그림 11-4 임신 · 수유부 대상 카드뉴스 형식의 교육자료 예

자료 : 식품의약품안전처

이나 교육을 할 수도 있다. 이때 노인의 영양교육에서는 대상이 쉽게 이해할 수 있도록 전달하는 것이 중요하며, 천천히 반복 학습을 하는 것이 필요하다. 또한 자료의 글자 크기도 크게 하고 주로 그림이나 사진 자료를 많이 활용하며 슬라이드나 비디오를 통한 교육을 한다.

보건소 영양교육에서는 식품의약품안전처, 다이어트넷 등 신뢰할 만한 웹사이트에서 제공하는 게임이나 전자책 등을 교육자료로 활용하는 것이 바람직하다. 최근 식품의약품안전처 보도자료에서 임신 · 수유부의 올바른 영양관리를 위한 카드뉴스 형식의 교육자료를 제공하고 있어 보건소에서의 임신 · 수유부 대상 영양교육을 할 때 활용할 수 있다(그림 11-4). 총 26종으로 구성된 이 자료들은 '임신부에게 꼭 필요한 엽산! 어떻게 먹어야 할까?', '임신부에게 꼭 필요한 철! 어떻게 먹어야 할까?', '임신부에게 꼭 필요한 칼슘! 어떻게 먹어야 할까?', '임신부를 위한 과일 정보', '채식을 좋아하는 임신부는 어떻게 먹어야 할까?', '임신부의 필수영양소 섭취를 높이는 식단개선방법' 등 임신부에게 필요한 정보를 제공한다. 특히 카드뉴스 26종은 PDF 파일을 다운로드한 후 JPG 파일로 전환하면 누구나 쉽게 모바일 SNS를 통해 다른 사람에게 전달할 수 있다.

끝으로 영양상담이나 집단교육 외에도 주제를 정해서 주민들이 참석하도록 하는 '식단 전시회'나 '당뇨병 걷기대회' 등의 이벤트를 통해 영양교육의 효과를 증대시킬 수 있을 것이다. '식단 전시회'나 '당뇨병 걷기대회'는 많은 교육내용을 전달하기는 어려우나 많은 사람의 관심을 끌 수 있다는 장점이 있다.

3) 보건소에서의 영양교육과 상담의 사례

(1) 사례 1

영양플러스 사업 참여 보건소 중 대전시의 한 보건소는 25개월 동안 1~5세 유아

90명에게 보충식품을 제공하고, 그 보호자를 대상으로 상담(직접 또는 전화), 가정 방문 지도, 단체영양교육을 실시하였다. 교육 내용은 보충식품을 이용한 음식, 식사구성안, 식품위생, 어린이 식생활지침, 유아 영양 및 식생활 관리, 빈혈, 저체중, 비만, 편식 등으로 구성하였다. 영양플러스 사업을 실시한 결과 성장지표, 빈혈률이 개선되었으며, 에너지를 비롯한 단백질, 칼슘, 철, 비타민 A, 리보플라빈, 나이아신, 비타민 C 섭취가 증가하였고, 영양지식과 태도가 긍정적으로 변화하였다. 성장지표는 연령별 신장이 10% 미만인 유아비율이 21.1%에서 10%로 감소하였고, 연령별 체중이 10% 미만인 유아비율이 13.3%에서 5.6%로 감소하였다. 6개월 이상 사업에 참여한 유아의 빈혈률은 사업 전 76.1%에서 사업 후 8.7%로 감소하였고, 모든 영양소에서 사업 후에 섭취가 증가하였다. 보호자의 영양지식은 7.36점에서 8.56점으로 증가하였으며, 보호자의 영양태도는 45.5점에서 50.5점으로 증가하였다. 이상의 결과를 볼 때 영양플러스 사업은 보충식품 공급과 보호자의 영양교육을 통해 유아의 영양 개선과 보호자의 영양지식 및 태도에도 긍정적인 영향을 주었음을 알 수 있다.

(2) 사례 2

전북 소재 보건소를 이용하는 과체중 및 비만 중년 여성(50세 이상 65세 미만 여성 중 체질량지수 23 이상)인 교육군 30명을 대상으로 체중 조절 프로그램을 실시하였다. 영양교육은 강의식 집단교육과 개인 맞춤 하루 필요 에너지 및 하루 필요 식품군 단위수를 제시하는 개별 교육을 병행하여 5주간 총 5회(40분/1회) 실시하였다. 교육내용은 1차시 '개요 : 비만과 건강(집단교육)', 2차시 '6대 영양소와 6가지 식품군(집단교육)', 3차시 '나의 비만도 및 나의 하루 필요에너지(집단교육 및 개별교육)', 4차시 '균형 식사 구성(집단교육 및 개별교육)', 5차시 '올바른 식품 선택(집단교육)'으로 구성하였다(표 11-1). 영양교육의 효과를 측정하기 위해 비교육군 30명과 비교한 결과, 교육군은 비교육군에 비해 교육 후 체중, 근육량, 콜레스테롤이 바람직한 방향으로 변화하였고 영양지식과 태도 점수도 더 높아졌으며 에너지 및 영양소 섭취의 양적 · 질적 면에서 긍정적인 개선효과가 나타났다.

표 11-1 보건소 영양교육 프로그램 사례 2

차시	주제	학습목표	학습내용	학습자료
1	개요 : 비만과 건강	• 비만과 만성질환의 관계를 이해한다. • 비만관리에서 식사요법의 중요성을 안다.	비만의 정의, 비만 판정, 비만과 만성질환, 식사요법의 중요성	PPT 자료
2	6대 영양소와 6가지 식품군	• 6대 영양소를 열거한다. • 식품군 및 식품 종류를 구분한다.	6대 영양소의 종류 및 기능, 식품교환표의 식품군 및 식품종류	PPT 자료, 식품모형, 1회 분량, 식품영양가표 책자
3	나의 비만도 및 나의 하루 필요에너지	• 나의 비만도를 계산한다. • 나의 하루 필요 에너지를 계산한다.	바람직한 체중, 체중 유지를 위한 하루 필요 에너지	PPT 자료
4	균형된 식사 구성	하루 필요 에너지에 맞는 각 식품군별 단위를 안다.	각 식품군별 섭취 단위수와 끼니별 배분	PPT 자료, 식품모형, 1회 분량, 식품영양가표 책자
5	올바른 식품 선택	에너지를 낮추는 식품, 간식 및 외식 선택방법을 실천하려고 한다.	에너지를 낮추는 올바른 식품 선택 및 저열량 조리법, 올바른 간식 및 외식 선택	PPT 자료, 1회 분량, 식품영양가표 책자

자료 : 김세연 · 김숙배(2017)

그림 11-5 당뇨환자 상담 사례

자료 : 서울대병원

2. 병원 영양교육과 상담

입원 환자의 치료효과를 높이려면 적절한 의사의 치료와 간호는 물론 질병치료에 도움이 되는 식사요법이 중요하다. 따라서 환자들이 병원에서의 급식을 이해하고 퇴원 후에도 자신에게 맞는 식사요법을 지속적으로 실천할 수 있도록 지도해야 한다. 이를 위해서는 영양사가 충분한 임상영양 지식을 가지고 의사와 협의하여 환자에게 치료식을 제공하면서 적절한 영양교육을 하는 것이 바람직하다.

한편 보건복지부와 질병관리본부에서는 심 · 뇌혈관질환의 예방관리를 위한 종합대책의 일환으로 심 · 뇌혈관질환 고위험군인 고혈압 · 당뇨병 환자를 대상으로 등록관리사업을 실시하고 있다(그림 11-6). 이 사업은 민간 병의원, 약국, 보건소 간 협력체계

구축을 통해 고혈압, 당뇨병 환자의 지속치료율 및 조절률을 두 배 이상 향상시켜 심근경색증, 뇌졸중 등 합병증을 감소시키는 것을 목표로 하고 있다.

등록관리사업에 참여하는 고혈압·당뇨병 환자는 외래 방문 예약일과 검사 결과 안내, 개인별 위험요인에 따른 맞춤형 영양교육 등 다양한 서비스를 받을 수 있고 전산화된 개인별 치료기록을 토대로 치료일정 및 누락일정 안내(리콜·리마인더 서비스)를 받는다. 또한 합병증 발생이나 거동장애 등으로 장기간 병원을 방문하기 어려운 경우 보건소에서 개별 전화 상담과 방문보건 서비스를 제공해 지속적으로 관리한다.

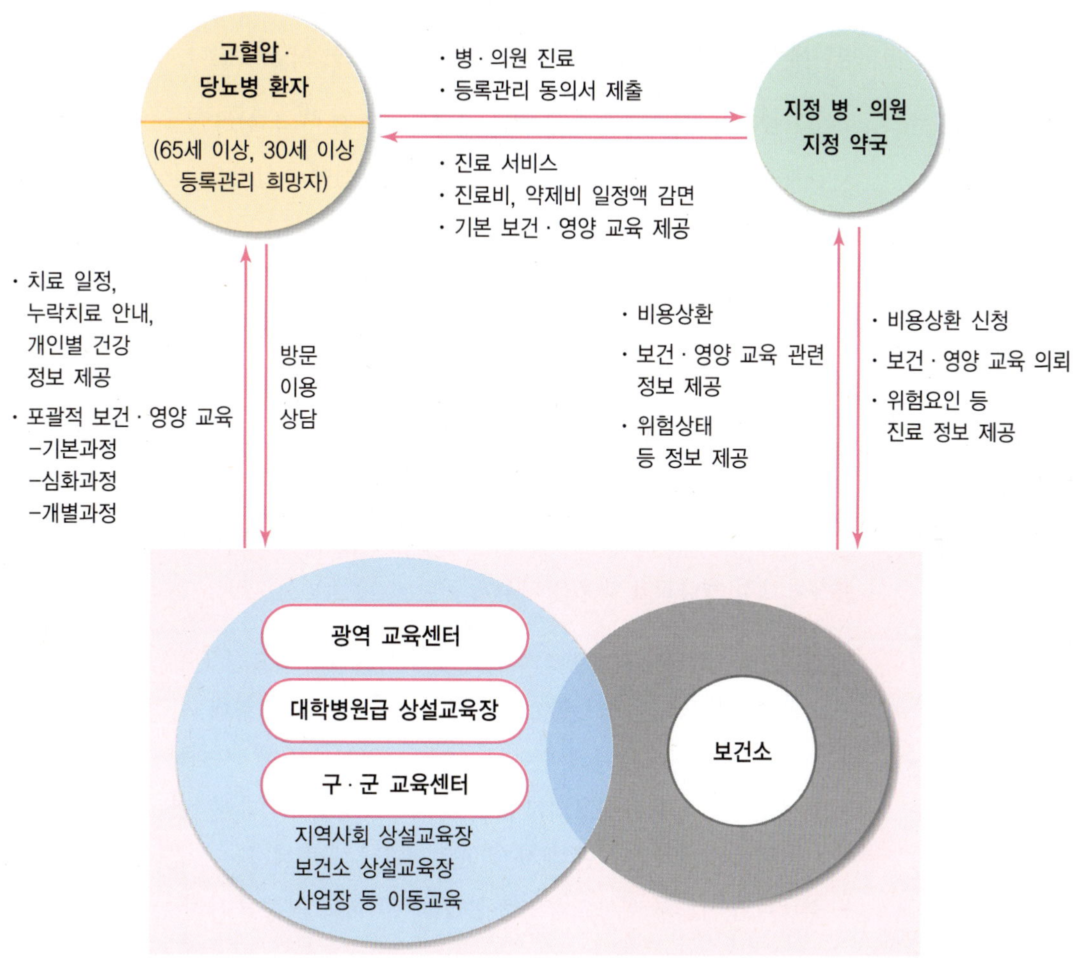

그림 11–6 뇌졸중 및 심근경색증 예방을 위한 고혈압·당뇨병 환자 관리시스템

자료 : 국민건강보험공단

최근 병원에서는 영양치료를 할 때 영양치료과정을 표준화한 영양관리과정(NCP)을 적용하여 체계적이고 구체적인 영양교육과 영양상담을 수행하고 있으며 긍정적인 효과가 나타나고 있다. 특히 병원의 건강증진센터에서 주기적으로 건강검진을 하는 고객을 대상으로 하기 때문에 대상자의 구체적인 원인을 파악하고 기록함으로써 효과적인 영양중재를 할 수 있고 다음 건강검진 때 영양문제가 해결되었는지 파악하여 영양중재의 효과 분석이 가능하다(CHAPTER 6 참조).

1) 병원 영양교육의 목표와 내용

(1) 교육목표

병원에서의 환자를 대상으로 한 영양교육의 목표는 다음과 같다.

- 자신의 질병 치료에 도움이 되는 식사의 내용을 알 수 있다.
- 환자가 식사분량에 대한 감각을 습득하여 자신에게 알맞은 식사의 양을 알 수 있다.
- 환자 가족에 대한 교육을 통하여 환자의 식사요법 실천을 돕는다.
- 식사요법을 오랫동안 지속할 수 있도록 자기관리를 할 수 있다.
- 잘못된 식생활이 질병 발생의 원인이 된 경우 이러한 문제점을 이해하고 자신의 식습관을 수정하여 예방적인 식습관을 가진다.

(2) 교육내용

환자에 대한 영양교육 내용은 다음과 같다.

- 질병으로 인한 인체의 생리적 변화 및 식사요법의 필요성
- 환자에게 요구되는 영양필요량과 섭취식품분량, 식사 형태, 섭취시기
- 현재 식습관에 대한 분석과 단계적으로 변경시켜야 할 식습관의 내용
- 식사요법이 제대로 진행되지 않을 때의 극복방법
- 환자에게 바람직한 식단 제시 및 표준식단에 대한 예시
- 적극적인 치료와 식사요법으로 질병을 극복하고 회복된 사례

2) 병원 영양교육의 방법과 요령

병원에서의 영양교육도 영양상담과 집단 영양교육이 함께 이루어질 때 더욱 효과적이다. 질병의 유형 및 환자의 교육수준, 연령, 직업, 생활환경에 맞는 영양지도 방법이 필요하므로 많은 사람을 대상으로 하는 교육보다는 동질의 환자를 대상으로 한 소규모 교육이 바람직하다. 병원에 입원한 환자나 외래환자를 대상으로 한 영양교육 중에서 당뇨병 환자를 대상으로 한 당뇨뷔페(당뇨조식회 또는 당뇨중식회)는 식사 전 이론교육과 이를 실제로 적용하여 개인의 필요열량에 따라 음식을 선택하는 실습교육을 병행함으로써 좋은 반응을 얻고 있다(표 11-2, 3). 특히, 환자 자신이 선택한 음식이 식품교환표에 맞추어 적절하게 선택되었는지 평가해 주고 격려해 주는 개별상담을 통해 교육효과를 높일 수 있다.

병원에서는 집단영양교육도 실시하지만 주로 영양상담을 통한 영양교육이 많이 이루어진다. 이때 중요한 점은 상담자와 환자 간의 친밀관계를 통해 신뢰를 구축함으로써 서로 솔직히 이야기할 수 있도록 하는 것이다. 그리고 내담자가 자신의 문제를 스스로 해결할 수 있도록 하는 것, 논리에 맞는 동시에 감동적인 방법을 사용하는 것, 행동요법을 통하여 문제가 해결되도록 하는 것이 효과적이다. 또한 식습관 변화에 부정적인 영향을 줄 수 있는 사람 간의 상호관계 등 문제와 관련되어 영향을 주는 숨은 요소를 찾아내고 가족의 협력을 확보함으로써 합심하여 문제를 해결한다면 좋은 결과를 가져올 수 있을 것이다.

환자를 대상으로 하는 영양교육에서 가장 중요한 점은 환자 스스로 병을 치료하고자 하는 강한 의지와 식사요법이 반드시 필요하면서도 실천하기에 어렵지 않다는 생각을 갖도록 하는 것이다. 따라서 치료의욕을 잃지 않도록 삶에 대한 의욕을

표 11-2 당뇨 중식회의 예

시간	교육내용
11 : 00 ~ 11 : 30	식사요법 교육 - 식사요법 원칙 및 식품교환 이용법 - 합병증 시 식사요법 및 외식 시 식사요령
11 : 30 ~ 13 : 30	당뇨뷔페 실습 - 뷔페식사 선택(개인별 배식) - 식사량 평가(개별상담)
13 : 30 ~ 14 : 00	사례담 나누기

자료 : 서울삼성병원

표 11-3 당뇨교육 프로그램

일정	내용	교육담당자
1일	• 오리엔테이션 • 혈액검사	간호사
2일	• 당뇨병의 개요 • 식사요법과 중식회 • 운동	내분비내과 전문의 영양사
3일	• 자가 혈당 측정법 • 식사요법 • 운동	간호사 영양사
4일	• 시청각 교육 • 자율신경검사, 발검사 • 운동	간호사 재활의학과 전문의
5일	• 안저 촬영 • 아픈 날 관리, 인슐린 주사법 • 운동	안과 전문의 간호사
6일	• 저혈당관리 • 집단 토의	간호사 내분비내과 전문의

자료 : 송민선 외(2005)

자극하고, 먹으면 안 되는 식품을 강조하기보다 먹어도 괜찮은 음식을 제시하는 것이 바람직하다. 특히, 환자들이 식욕을 잃었을 때 환자가 좋아하는 음식 중에서 식사요법에 맞게 섭취할 수 있거나 조리방법을 달리하여 섭취할 수 있거나 또는 다른 유사한 음식으로 대체 가능한 것이 무엇인지 등 해결책을 찾아주는 것이 바람직하다. 또한 최신 영양정보나 관심의 초점이 되고 있는 문제를 인용하여 설명을 하는 것도 주의를 끌 수 있다.

최근에는 의료계에 장소와 시간에 상관없이 네트워크에 접속할 수 있는 정보통신환경을 이용한 의료 서비스인 유비쿼터스 헬스(유헬스, U-health)가 도입되어 이 시스템에 맞는 영양교육도 개발할 필요가 있다. 이는 공간과 시간의 차이가 문제가 되지 않는 진료방식으로 '21세기 복지 인프라'로 평가받는다. 또 미국 동포나 의료서비스 후진국 환자들도 온라인으로 우리나라 의료진의 진료를 받을 수 있어 의료관광 활성화에 기여할 것으로 기대되면서 새로운 경제 성장의 동력으로 주목받고 있다. 유비쿼터스 헬스의 가장 큰 장점은 의료 접근성이 떨어지는 의료취약계층에게도 혜택을 줄 수 있다는 점이다. 환자에 대한 영양관리나 맞춤형 영양교육 또한 이 시스템을 통해 효과적으로 수행할 수 있으므로 이에 대한 적극적인 준비가 필요하다.

3) 병원에서의 영양교육과 상담의 사례

병원에서는 다양한 영양교육과 상담이 수행되고 있는데, 그중 몇 가지 사례를 소개하겠다.

(1) 사례 1

알코올 중독으로 입원한 성인 남자 환자 37명을 대상으로 동기부여요인, 행동가능요인, 행동강화요인(3장 참고)을 고려하여 5차시 영양교육을 하였다. 동기부여요인과 관련하여 알코올 중독이 초래하는 부정적인 제반 영향에 대한 이해를, 행동가능요인으로는 올바른 식습관 실천에 활용할 수 있는 기초 식품군과 6대 영양소 등에 대한 지식을, 행동강화요인과 관련하여 올바른 식습관 실천에 따른 건강상의 혜택에 대한 인식과 올바른 식습관을 실천하고자 하는 결심에 대한 칭찬을 선택하였다. 영양교육 프로그램은 표 11-4와 같으며 매 차시는 80분이었고, 전후반 40분

표 11-4 병원 영양교육 프로그램 사례 1

차시	주제	학습목표	학습내용	학습자료
1	올바른 식습관	• 나의 식습관을 분석한다. • 올바른 식습관을 이해한다.	자신의 식습관 생각하기, 알코올 중독자의 식습관, 바람직한 식습관	O× 퀴즈, 칠판, PPT 자료, 유인물
2	양호한 영양 상태와 건강	• 각 영양소의 체내 기능과 급원 식품을 열거한다. • 식품구성자전거를 이해한다. 식생활지침을 열거한다.	각 영양소의 체내 기능과 급원식품, 식품구성자전거, 식생활지침	O× 퀴즈, 칠판, PPT 자료, 유인물, 포스터, 노래
3	바람직한 식사계획	• 에너지 섭취량을 계산한다. • 식단을 작성한다.	에너지 섭취량 계산, 하루 식단 구성	O× 퀴즈, 칠판, PPT 자료, 유인물, 식품모형
4	알코올의 영향	• 알코올 대사를 이해한다. • 알코올 중독으로 인한 영양불량과 질병을 안다.	알코올의 대사, 알코올이 영양소의 소화와 흡수에 미치는 영향	O× 퀴즈, 칠판, PPT 자료, 유인물, 플래시, 사진
5	알코올 중독자를 위한 영양관리	• 알코올 중독자에게 영양관리가 필요한 이유를 설명한다. • 올바른 식습관 실천을 결심한다.	알코올 중독자에게 영양관리가 필요한 이유, 올바른 식습관 실천 중요성	O× 퀴즈, 칠판, PPT 자료, 유인물, 플래시, 노래

자료 : 김안나 · 임현숙(2014)

사이에 10분의 휴식시간을 두었다. 교육 전후를 비교하였을 때 교육 후 영양지식이 향상되었고 식습관도 개선되었으며, 비타민과 무기질의 섭취가 증가했다.

(2) 사례 2

심 · 뇌혈관질환 고위험군 등록관리사업과 관련하여 보건소에 등록된 당뇨병 환자 26명을 대상으로 영양교육 프로그램을 실시하였다. 영양교육은 12주간 식사요법 집중관리 프로그램으로, 1차시에 개인별 열량 처방에 따른 당뇨 식사 차리기 실습 및 시식을 하고 저염식을 비롯한 당뇨병 식사요법 집단교육을 하였고, 2차시에

표 11-5 사례 2의 교수 · 학습 과정안의 예(3차시)

학습주제	식품교환표를 이용한 식단 작성	학습형태	강의식
학습목표	1. 건강에 좋은 식사를 할 수 있다. 2. 식품교환표를 활용하여 식단을 작성할 수 있다.		
학습자료	PPT 자료, 식품교환표 탈부착자료, 식사일기		
단계	**교수 · 학습활동**	**시간**	**자료 및 유의점**
도입	• 동기유발 – 지난 차시 배운 당뇨의 관리에 대한 이야기를 한다. – 당뇨를 제대로 관리하지 않을 때 발생할 위험에 대해 복습한다. • 식단 작성 방법에 대한 관심 유도	5′	PPT
전개	• 건강에 좋은 식사의 원칙 – 어떤 식사가 건강에 좋은지 알아본다. – 일상생활에서 혈당을 잘 관리하는 방법을 열거한다. • 식품교환표 – 건강에 좋은 식사를 하기 위해 식품교환표를 활용한다. – 식품교환표의 식품군을 탈부착자료로 구분한다. • 식사일기 – 하루에 필요한 열량을 계산한다. – 식사일기를 쓸 수 있다.	10′ (15′) 25′ (40′) 15′ (55′)	PPT 자료 식품교환표 탈부착자료 식사일기
정리	• 다짐하기 – 식품교환표의 각 식품군을 적정량 먹을 것을 다짐한다. – 채소를 자주 먹을 수 있는 방법을 열거한다. – 식사일기를 작성할 것을 다짐한다.	5′ (60′)	유인물
평가계획	• 평가하기 : 식사일기를 작성하려고 하는가? 평가기준 상 : 건강에 좋은 식사를 알고 식사일기를 작성하고자 하는 태도를 보임 평가기준 중 : 건강에 좋은 식사를 알고 있으나 식사일기를 작성하고자 하는 태도를 보이지 않음 평가기준 하 : 건강에 좋은 식사를 알지 못함		

자료 : 여수정 · 김복희(2018)

당뇨병의 진단과 치료 및 합병증 관리에 대한 교육과 유산소 및 근력 운동을 하였으며, 3차시에 당뇨병에 맞는 식품교환표를 이용한 식단 작성과 스트레칭 운동을 한 후 식사일기를 개인적으로 나누어주고 작성하도록 하였다. 4차시에 섭식 조절 및 장애 훈련 교육과 스트레스 관리 및 체조를 하였고, 5차시에는 작성해 온 식사일기를 개인적으로 점검하고, 올바른 간식 섭취와 저혈당 대처 방법 및 식품교환을 이용한 바꿔 먹기 교육을 하였다. 6차시에서 11차시까지는 중요한 내용은 반복하면서 식단을 작성하고 조리실습을 하고 운동도 하였다. 교육 후 HDL-콜레스테롤, 식후 2시간 혈당, 당화혈색소, 일상활동량, 당뇨병 관련 지식 및 식사요법 지식이 바람직한 방향으로 변화하였다.

CHAPTER 12 산업체 영양교육과 상담의 실제

1 근로자 대상 영양교육과 상담

2 산업체 관리자 대상 영양교육

산업체 근로자들은 대부분 스트레스, 잦은 음주, 흡연, 운동 부족으로 식생활 및 생활습관과 관련된 문제를 가지고 있어 비만과 각종 만성질환 발생에 취약한 상태이다. 따라서 근로자들의 질병 예방을 위한 전문적인 영양교육과 상담 등 산업체 현장에서 요구되는 영양서비스의 필요성이 증가되고 있다.

또한 식품 생산과 관련되거나 산업체에서 근로자들의 건강 복지에 대한 의사 결정 권한을 가지고 있는 산업체 경영자나 관리자들을 교육시킴으로써 산업체 현장에서 영양교육이 활성화되도록 유도할 수 있을 것이다.

1. 근로자 대상 영양교육과 상담

1) 영양교육의 목표와 내용

근로자의 건강은 개인의 의료비 외에 기업 경영자의 경비 절감과도 관련되어 있어서 기업의 생산성 향상과 경쟁력 강화는 물론 국가 경쟁력의 근간이 된다. 직장에서의 영양교육 프로그램이 확대되면 근로자들은 건강관리에 필요한 건강 및 식생활 정보를 편리하게 제공받을 수 있게 된다. 특히, 건강검진 후 검진 결과와 관련된 영양상담을 포함한 건강증진 프로그램을 실시한다면 더욱 효과적이다. 질병 예방을 위한 건강증진 프로그램의 한 부분으로서 영양교육 프로그램 교육목표의 예를 들면 다음과 같다.

- 올바른 식생활과 생활습관을 실천하도록 한다.
- 과다한 음주를 절제하고 적절한 음주습관을 갖도록 한다.
- 체중 조절을 통해 정상체중을 유지하도록 한다.

근로자들을 대상으로 한 영양교육은 대상자들의 건강상태와 요구에 맞는 목표와 내용으로 구성하는 것이 바람직하다. 예를 들면, 고혈압 위험군에 속하는 근로자들을 대상으로 정상혈압을 유지하는 것을 목표로 정한 경우 교육내용은 식사 중 소금과 에너지의 섭취를 줄이는 방법, 규칙적인 운동과 신체활동 증가를 실천하는 방법 등으로 구성한다.

2) 영양교육의 방법

근로자들에 대한 영양판정, 영양지식 정도, 근로자들이 관심을 가지고 있는 영양교육 내용 등을 기본으로 하고 산업체의 특성을 고려하여 여러 가지 영양교육 프로그램을 실시할 수 있다. 전체 근로자 대상으로는 올바른 식생활이나 외식의 문제점, 규칙적인 식사의 중요성 등 근로자 전반에 해당되는 내용에 대한 교육을 진행할 수 있다. 반면에 당뇨병 위험군 등 같은 특성을 지닌 소규모 그룹을 대상으로 교육을 실시하면 공통적인 건강문제를 서로 토의하고 사례연구를 할 수 있으며 동기유발도 될 수 있어 더 효과적이다. 또한 직장 내 급식시간에 영양지식을 습득할 수 있도록 급식소 내 게시판을 통하여 교육자료를 제공하는 방법도 있다. 만일 산업체 내에 사보가 있다면 사보에 영양정보나 교육내용을 게재할 수도 있다.

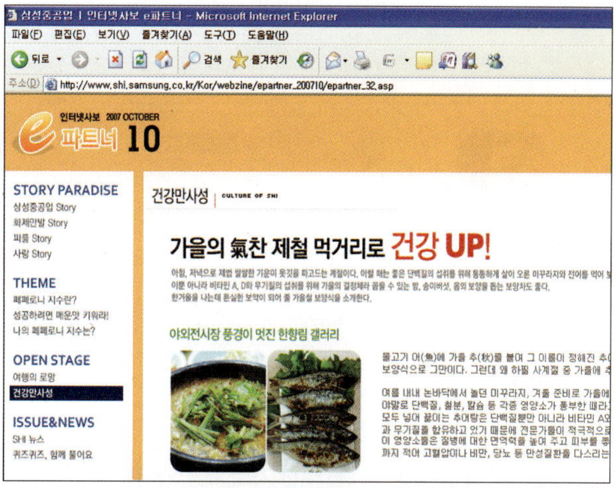

그림 12-1 인터넷 사보를 통한 영양정보의 예

3) 근로자 대상 영양교육과 상담의 사례

산업체에서는 다양한 영양교육과 상담이 이루어지고 있다. 그중 몇 가지 사례를 소개하면 다음과 같다.

(1) 사례 1 : 싱겁게 먹는 직장 만들기

산업체 단체급식소의 직원과 종업원 601명을 대상으로 인터넷 정보 웹사이트(www.saltdown.com)에서 제공하는 나트륨 섭취 감소를 위한 다양한 교육매체를 사용하여 '싱겁게 먹는 직장 만들기'라는 5주 교육 프로그램을 진행하였다. 1주차는 '나는 얼마나 짜게 먹을까?'라는 주제로, 2주차는 '왜 싱겁게 먹어야 하나?'라는 주제로 진행하였다. 2주차의 학습내용 중 '내 이름은 김삼숙'은 일상생활에서 싱겁게 먹기의 필요성을 인식하지 못하고 짜게 먹는 식습관으로 인하여 고혈압을 판정받게 된 주인공이 주위의 도움으로 싱겁게 먹는 식습관을 가지고 꾸준히 운동해서 혈압을 조절한다는 이야기로 교육대상자에게 흥미를 줄 수 있도록 만들었다. 3주차는 '어떻게 싱겁게 먹는가?'라는 주제로, 4주차는 '어떻게 싱겁게 조리하는가?'라는 주제로 교육하였고, 5주차는 교육 프로그램의 효과를 평가하였다. 이 중 첫 주와 마지막 주를 포함한 2회 이상 참석자는 335명으로 이들을 대상으로 교육효과를 분석한 결과 짠맛 미각 판정치, 영양지식, 고염식태도 모두 바람직한 방향으로 변화하였다.

그림 12-2 소금 섭취 감소를 위한 자료 제공 사이트
자료 : 싱겁게먹기센터

표 12-1 싱겁게 먹기 프로그램의 학습지도안 예시(2주차)

제목	왜 싱겁게 먹어야 하나?		
학습목표	1. 하루 섭취해야 하는 소금의 양을 말할 수 있다. 2. 소금을 많이 섭취하면 어떤 질병에 걸리는지 설명할 수 있다.		
학습단계	교수 · 학습활동	시간(분)	교육자료/준비물
도입	• 첫째주 교육내용 복습 • '내 이름은 김삼숙'을 보면서 동기부여	5	PPT 자료, 플래시 만화
전개	• 적절한 소금섭취량 하루 5g 섭취가 적절한데, 우리나라 사람들은 13.5g이나 먹고 있음을 설명 • 소금과 나트륨의 관계 소금의 구성, 소금과 나트륨 사이의 관계를 계산하는 방법 설명 • 나트륨 과잉 섭취와 질병과의 관계 – 소금의 기능에 대해 설명 – 소금의 과량 섭취에 의해 질병이 생기는 이유 설명 – DASH 식단 설명	5 5 10	PPT 자료, 팸플릿
정리	• 하루의 소금섭취량을 말할 수 있는지 확인한다. • 소금 섭취와 질병의 관계를 설명할 수 있는지 확인한다.	5	PPT 자료

자료 : 신은경 외(2009)

(2) 사례 2~3 : 대사증후군 관리를 위한 영양교육

① 사례 2

김혜진 등(2016)의 연구를 사례로 제시한 직장 기반 식생활 중재 프로그램의 모형(그림 12-4)은 일본의 '직원식당을 통한 근로자의 건강만들기 모형'을 일부 수정하여 사용하였다.

프로그램은 서울시 소재 1개 사업장 근로자 104명 중 대사증후군 위험군에 속하는 남성 근로자 37명(고위험군 17명, 저위험군 20명)을 대상으로 실시되었다. 프로그램의 실시 기간은 2014년 6월부터 8월까지 10주간이었다.

대상자의 영양판정 단계로서 먼저 사업장의 식환경 모니터링을 실시하였고, 신체계측 및 혈압을 측정하였다. 생화학적 검사로는 중성지방, HDL-콜레스테롤 농도와 당화혈색소를 측정하였고 설문조사로 일반사항, 식생활 및 생활습관 항목을 조사하였다.

그림 12-3 대사증후군 관리

자료 : 서울특별시 · 서울시 대사증후군관리사업지원단

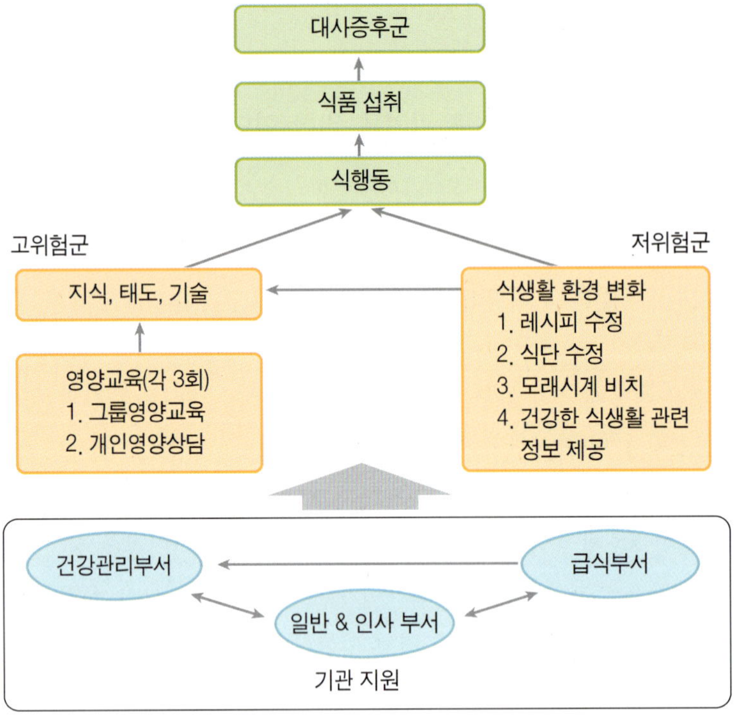

그림 12-4 대사증후군 관리를 위한 직장 기반 식사중재 프로그램의 모형

자료 : Ishhida 등(2009)

중재 프로그램의 내용을 살펴보면 대사증후군 고위험군을 대상으로 영양교육 및 1 : 1 상담을 3, 5, 8주차에 실시하였다. 1회차에서는 대상자의 일반사항 설문, 식이섭취조사를 통해 개인별 영양문제를 진단하고 행동목표를 설정, 대사증후군 관리에 필요한 내용을 교육하였다. 2회차에서는 개인별 식생활 실태를 재평가하고 행동목표 달성도를 점검하여 목표를 재설정하였으며, 대사증후군 관리에 필요한 심화교육을 실시하였다. 마지막으로 3회차에서는 개인별 식생활 실태를 재평가하였고 최종 행동목표 달성을 위한 동기부여를 유도하였으며 균형 있는 식사방법을 실천하도록 교육하였다. 영양중재 결과 대사증후군 고위험군의 체질량지수, 허리둘레, 혈압, HDL-콜레스테롤이 모두 유의적으로 개선되었고 고위험군의 바람직한 식생활실천 점수는 중재 전 3점(10점 만점)에서 중재 후 7점으로 높아지는 등 바람직한 식생활 실천율이 증가되었다.

② 사례 3

박세윤 등(2011)의 연구에서는 직장 남성근로자의 대사증후군 관리를 위해 u-헬스케어(Ubiquitous Healthcare) 서비스를 이용한 영양교육을 실시하였다. 대상자는 서울 소재 사업장에 근무하는 만 20세 이상 60세 이하의 직장인 남성을 대상으로 하였고, 검진에 참여한 114명 중 대사증후군 고위험군 72명을 대상으로 영양교육을 실시하였다.

일반사항 및 생활습관 조사는 설문지법으로 하였고 내용은 일반사항, 생활습관, 식생활 조사를 포함하였으며 영양교육 전후로 조사를 2회 실시하였다. 식품섭취조사는 24시간 회상법을 이용하여 영양교육 전후로 개별 전화 상담으로 이루어졌다.

신체계측 및 생화학적 검사는 연구 시작과 12주 후에 실시하였다. 신장, 체중, 체질량지수 복부둘레 및 혈압을 측정하였다. 혈액검사는 공복혈당, 총콜레스테롤, 중성지방, 고밀도 지단백-콜레스테롤, 저밀도 지단백-콜레스테롤 농도를 측정하였다.

u-Health 측정기기는 체성분분석계, 혈압계, 3D 신체활동계를 사용하였고, 생체정보를 저장하고 전송하기 위한 USB키를 제공하였다. 제공된 USB키를 컴퓨터에 연결하면 측정한 데이터가 자동으로 전송되고 건강 프로그램의 홈페이지를 통해 자신이 직접 데이터를 모니터링하도록 하였다.

영양상담은 12주 동안 4회에 걸쳐 실시하였으며, 1차 교육은 대면상담이었고, 추후상담은 4주에 1회씩 전화상담을 실시하였다. 전화상담 시에는 건강관리 프로그램 이용 후 결과를 대상자와 함께 보며 자신의 신체 변화를 그래프로 확인하였고,

웹을 통한 식사일기와 운동일기를 작성한 후 본인이 섭취한 열량과 소비한 열량의 균형을 비교하였다. 1차 교육은 대사증후군의 정의 및 진단기준에 대해 교육하였다. 또한 과거 생활습관을 점검하고 올바른 식습관 변화의 장점을 교육하여 행동변화를 유도하였다. 2차 교육은 대사증후군과 관련 질환에 대한 식사요법이었다. 3차 교육은 개선된 식습관을 유지하도록 격려하고 개인별 위험요인에 따른 식사지침에 대한 정보를 제공하였다. 4차 교육은 앞으로의 장기 계획을 수립하고 지속적인 식습관 개선과 유지의 중요성을 교육하였다. 교육마다 기본 원칙과 함께 검진결과에 따라 대사증후군 위험 요인별 개별화된 영양교육을 실시하였다. 그 결과, u-Health 기반 영양교육이 대사증후군 위험요인을 저하시키고 식습관 개선에도 바람직한 영향을 미치는 것으로 나타났다.

(3) 사례 4 : 심혈관계질환 관리를 위한 영양교육

본 사례는 문기은 등(2011)의 연구로서 대상자는 서울아산병원의 정기 건강검진에 참여한 남성 직장인 157명이었다. 프로그램은 12주 동안 실시되었다. 우선 영양판정단계로 대상자의 신체계측 및 혈압을 측정하였고, 생화학적 검사로 공복혈당, 중성지방, HDL-콜레스테롤, HOMA-IR, 아디포사이토카인, 아디포넥틴을 측정하였다. 식이섭취조사는 식품모형을 사용하여 24시간 회상법으로 조사하였으며 1 : 1 면접법으로 진행하였다. 식품섭취 결과는 Can 프로그램을 이용하여 1일 영양소 섭취량으로 환산하였다.

중재 프로그램 내용을 단계별로 살펴보면 1회차에서는 대상자의 일반사항 설문, 식이섭취조사, 신체계측 실시, 건강 데이터 분석을 실시하고 목표 설정 및 동기부여를 유도하였다. 2회차에서는 개인별 일일 권장 열량 제시, 올바른 식품 선택방법, 식품 중 영양소 함량의 이해를 위한 교육을 실시하였고, 3회차에서는 잘못된 생활습관에 의한 질환 및 위험요인 개선방법, 질환별 식사요법에 대한 교육을 실시하였다. 4회차에서는 질환 예방 및 관리를 위한 운동지침을 교육하였고, 마지막 5회차에서는 일반사항에 대한 설문과 신체 계측치를 재측정하였으며 중재 후 변화된 생활습관을 유지하는 방법에 대해 교육하였다. 이러한 영양중재 프로그램을 실시한 결과 대상자의 체중 감량, 혈중지질 농도 및 인슐린 저항성 개선, 아디포사이토카인(adipocytokine) 농도의 개선 등 심혈관계질환의 위험요인이 개선되었음을 확인할 수 있었다.

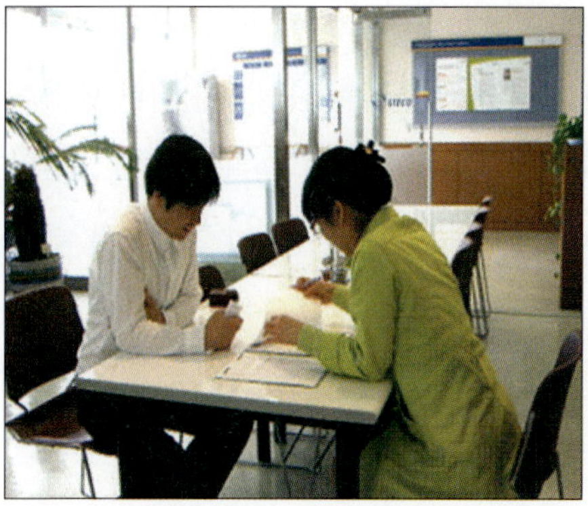 

그림 12-5 영양상담(왼쪽)과 음식 염도 측정(오른쪽)
자료 : 스테코(주)

(4) 사례 5 : 산업체 근로자 건강증진활동

한 산업체에서 근로자의 건강관리 및 건강증진을 위한 체계적인 건강관리시스템을 구축하고 보건활동과 질병 조기 예방활동을 통하여 건강하고 일하기 좋은 사업장을 만드는 건강증진운동을 추진하였다. 세부 추진방향으로 건강관리체계 구축을 통한 근로자 건강관리 실시, 금연 및 절주 프로그램 운영, 근골격계 질환 예방활동, 체력별 직무 배치 및 체력증진 프로그램 운영, 웰빙 영양지도, 작업환경 개선활동을 하였다. 이 중 체력증진 프로그램 운영을 위해 '몸짱 선발대회 및 아름다운 배 만들기 펀드'에서 4개월간 프로그램 진행 후 개인별 변화에 따라 목표를 달성한 사람에게 시상을 하였다. 웰빙 영양지도에서는 생활습관병 환자를 대상으로 건강상담을 하고 음식의 염도 측정을 통해 저염식단을 운영하였다. 프로그램 실시 결과 고혈압과 고지혈증 유병률이 각각 52%, 33% 감소하였으며, 금연 성공자도 전년 대비 76% 증가하였고, 근로자의 만족도지수도 전년 대비 9.4% 상승하였다.

2. 산업체 관리자 대상 영양교육

1) 영양교육의 목표와 내용

오늘날 식생활 환경이 급격하게 변화됨에 따라 가공식품의 소비와 외식의 빈도가 크게 높아지고 있다. 따라서 식품업체, 외식업체 등의 경영자나 관리자는 국민 건강에 많은 영향을 미치게 되었다. 이러한 관점에서 산업체 관리자를 위한 영양교육의 필요성이 대두되고 있다. 가공식품 제조 시에 영양 위해요소의 사용을 줄인다든지 외식업체에서 음식을 만들 때 소금 사용을 줄인 메뉴의 활용 등을 교육할 수 있다.

산업체 관리자를 대상으로 한 영양교육 프로그램의 교육목표를 예로 들면 다음과 같다.

- 국민 건강을 위한 식품 및 음식 제조에 대한 윤리의식을 고취시킨다.
- 건강위해요인을 감소시키는 방법으로 식품 생산을 유도한다.
- 식품 생산 및 음식 조리 시 위생적으로 안전한 관리를 한다.

산업체 관리자들을 대상으로 한 영양교육은 국민 건강의 요구에 맞는 제품 생산을 유도하는 목표와 내용으로 구성하는 것이 바람직하다. 예를 들면, 가공식품을 생산하는 식품업체를 대상으로 소금과 에너지의 함량을 줄이는 방법 등으로 구성한다.

2) 영양교육의 방법

식품산업체, 외식업체 경영자 및 관리자들을 대상으로 식품 생산, 외식 음식에서 국민 건강을 위한 제품을 개발하도록 여러 가지 영양교육 프로그램을 실시할 수 있다. 예를 들면 가공식품 생산과정에서 트랜스지방 함량 감소 등을 통해 건강한 식품을 생산할 수 있도록 정부와 함께 체계적인 기술 지원도 할 수 있다. 산업체 관리자들을 대상으로 영양표시, 식품 안전, 건강기능성식품, 올바른 외식문화 등의 내용에 대한 교육을 진행할 수 있다. 또한 캠페인 등을 통하여 산업체와 국민이 함께 동참할 수 있는 프로그램을 마련하면 동기유발이 되어 더 효과적이다.

3) 산업체 및 외식업체 관리자 대상 영양교육의 사례

(1) 사례 1 : 당류 저감화 교육

식품의약품안전처에서는 2012년 커피 등 음료 전문점, 패스트푸드 전문점 등을 대상으로 '당류 섭취 줄이기 캠페인'을 실시하여 외식업체 경영자들의 인식 변화를

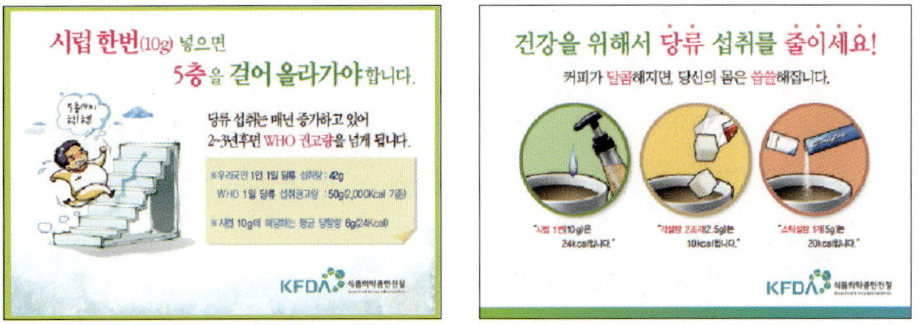

그림 12-6 당류 섭취 줄이기 캠페인용 홍보물

자료 : 식품의약품안전처

촉구하였다. 이 캠페인에는 커피 전문점 등 총 22개 업체 1만 2,500여 매장이 참여하여 당류 등 영양성분 표시 확대, 매장 내 당류 섭취 줄이기 홍보물 비치, 당 함유량이 적은 레시피 및 신제품 개발 등을 유도하였다.

또한 당류 과잉 섭취 방지를 위한 고열량·저영양 식품 판매 및 광고를 제한하도록 권장하였다. 즉 가공식품에 '당' 함량표시 의무화, 건강한 식품 선택을 위한 고속도로 휴게소, 어린이놀이시설, 패밀리레스토랑 등 외식업체의 당류 등 자율 영양표시를 추진하였다. 또한 가공식품, 외식 등의 당류 함량 모니터링, 섭취량 평가를 실시하도록 하고 영양표시·식생활 교육 프로그램 및 당류 저감화 모델 등 기술 지원방안 개발 연구를 지원하였다. 업체들은 제품의 당류 함량을 줄이도록 기존 레시피를 변경하거나 신제품 개발에 적극 동참하겠다고 결의하였다.

(2) 사례 2 : 나트륨 저감화 교육

식품의약품안전처는 지방자치단체·음식업중앙회와 공동으로 나트륨 줄이기에 자율적으로 참여한 음식점을 '나트륨 줄이기 참여 건강음식점'으로 지정하였다. 이 음식점들은 나트륨을 평균 14% 정도 줄인 음식을 제공하게 된다. 이와 같이 외식업체 관리자들을 대상으로 자율적인 방법으로 소비자에게 건강한 음식을 제공하도록 유도하는 것도 영양교육의 한 방법으로 볼 수 있다.

식품의약품안전처는 음식점의 대표메뉴 레시피와 영양성분을 분석하고, 이 중 나트륨 함량이 높은 음식을 대상으로 양념이나 육수의 염도를 낮추거나 사용량을 줄이도록 교육하여 음식에서 나트륨을 낮추도록 유도하였다. 또한 '나트륨 줄이기 참여 건강음식점'으로 지정된 음식점에 대해서는 나트륨 함량이 변함없이 유지될 수 있도록 해당 음식의 나트륨 함량을 분석하여 나트륨 함량을 초과할 경우 원인 분석 등을 통해 개선을 지원하였다. 이러한 건강음식점 지정사업은 음식점에서 소비자들이 나트륨이 저하된 음식을 선택할 수 있게 함으로써 건강한 식생활문화 정착에 기여할 것이다.

(3) 사례 3 : 트랜스지방 저감화 교육

식품의약품안전처에서는 식품 산업체 관리자들을 대상으로 제품에 트랜스지방 함량 저감화를 유도하는 교육을 꾸준히 실시한 결과 전 세계에서 유래를 찾을 수 없을 정도로 트랜스지방 저감화에 빠르게 성공했다고 보고하였다. 산업체의 트랜스지방 저감화 성공요인은 저포화지방, 무트랜스 지방 기술 개발 및 제조공정 개선 지원, 식품업체의 트랜스지방 자율 저감화 유도, 트랜스지방의 영양표시 대상 의무화 등으로 지적되었다.

트랜스지방 함량이 높았던 감자튀김은 튀김유 교체, 원료 냉동감자 변경 등 산업체의 자율적인 노력과 선의의 경쟁을 유도함으로써 트랜스지방 함량 저감화에 성공한 것으로 여겨진다. 또한 트랜스지방과 포화지방의 함량을 낮추기 위해 제과·제빵점 등에도 저감화 사업을 확대하고, 산업체 기술 지원 등을 통해 산업체를 지속적으로 지원해 나가고 있다.

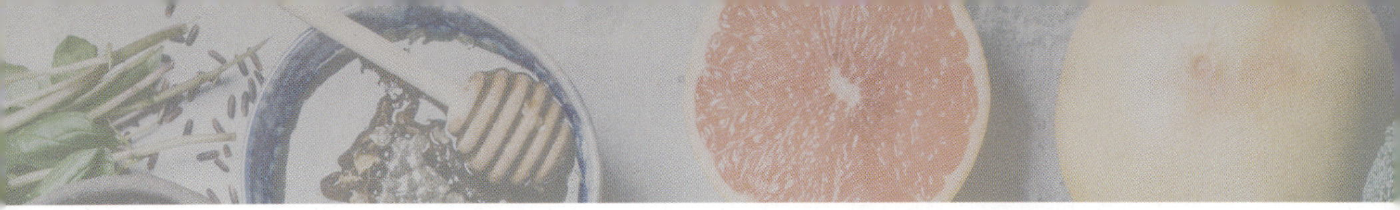

부록

한국 소아청소년 표준성장도표

① 한국소아발육표준치(체중, 신장, 머리둘레, 체질량지수)

남아				연령	여아			
체중 (kg)	신장 (cm)	체질량지수 (mg/m²)	머리둘레 (cm)		체중 (kg)	신장 (cm)	체질량지수 (mg/m²)	머리둘레 (cm)
3.41	50.12		34.70	출생시	3.29	49.35		34.05
5.68	57.70		38.30	1~2개월	5.37	56.65		37.52
6.45	60.90		39.85	2~3개월	6.08	59.76		39.02
7.04	63.47		41.05	3~4개월	6.64	62.28		40.18
7.54	65.65		42.02	4~5개월	7.10	64.42		41.12
7.97	67.56		42.83	5~6개월	7.51	66.31		41.90
8.36	69.27		43.51	6~7개월	7.88	68.01		42.57
8.71	70.83		44.11	7~8개월	8.21	69.56		43.15
9.04	72.26		44.63	8~9개월	8.52	70.99		43.66
9.34	73.60		45.09	9~10개월	8.81	72.33		44.12
9.63	74.85		45.51	10~11개월	9.09	73.58		44.53
9.90	76.03		45.88	11~12개월	9.35	74.76		44.89
10.41	78.22		46.53	12~15개월	9.84	76.96		45.54
11.10	81.15		47.32	15~18개월	10.51	79.91		46.32
11.74	83.77		47.94	18~21개월	11.13	82.55		46.95
12.33	86.15		48.45	21~24개월	11.70	84.97		47.46
13.14	89.38	16.71	49.06	2~2.5세	12.50	88.21	16.34	48.08
14.04	93.13	16.29	49.66	2.5~3세	13.42	91.93	16.01	48.71
14.92	96.70	15.97	50.10	3~3.5세	14.32	95.56	15.43	49.18
15.91	100.30	15.75	50.43	3.5~4세	15.28	99.20	15.59	49.54
16.97	103.80	15.63	50.68	4~4.5세	16.30	102.73	15.48	49.82
18.07	107.20	15.59	50.86	4.5~5세	17.35	106.14	15.43	50.04
19.22	110.47	15.63	51.00	5~5.5세	18.44	109.40	15.44	50.21
20.39	113.62	15.72	51.10	5.5~6세	19.57	112.51	15.50	50.34
21.60	116.64	15.87	51.17	6~6.5세	20.73	115.47	15.61	50.44
22.85	119.54	16.06	51.21	6.5~7세	21.95	118.31	15.75	50.51
24.84	123.71	16.41		7~8세	23.92	122.39	16.04	
27.81	129.05	16.97		8~9세	26.93	127.76	16.51	
31.32	134.21	17.58		9~10세	30.52	133.49	17.06	
35.50	139.43	18.22		10~11세	34.69	139.90	17.65	
40.30	145.26	18.86		11~12세	39.24	146.71	18.27	
45.48	151.81	19.45		12~13세	43.79	152.67	18.88	
50.66	159.03	20.00		13~14세	47.84	156.60	19.45	
55.42	165.48	20.49		14~15세	50.93	158.52	19.97	
59.40	169.69	20.90		15~16세	52.82	159.42	20.42	
62.41	171.81	21.26		16~17세	53.64	159.98	20.77	
64.46	172.80	21.55		17~18세	53.87	160.42	21.01	
65.76	173.35	21.81		18~19세	54.12	160.74	21.13	

자료: 질병관리본부, 2007년 소아 청소년 표준 성장도표, 2007

② 한국 소아의 신장별 표준체중

신장(cm)	남아	여아	신장(cm)	남아	여아	신장(cm)	남아	여아	신장(cm)	남아	여아
44~45	2.64	2.47	80~81	11.14	10.79	116~117	21.40	20.99	152~153	45.92	45.71
45~46	2.71	2.62	81~82	11.37	11.03	117~118	21.85	21.40	153~154	46.80	46.64
46~47	2.81	2.80	82~83	11.60	11.27	118~119	22.31	21.83	154~155	47.68	47.57
47~48	2.94	2.99	83~84	11.83	11.51	119~120	22.79	22.27	155~156	48.57	48.50
48~49	3.10	3.19	84~85	12.05	11.76	120~121	23.28	22.72	156~157	49.46	49.42
49~50	3.27	3.39	85~86	12.28	12.00	121~122	23.78	23.19	157~158	50.36	50.33
50~51	3.46	3.60	86~87	12.50	12.24	122~123	24.30	23.67	158~159	51.26	51.23
51~52	3.67	3.81	87~88	12.73	12.48	123~124	24.83	24.16	159~160	52.16	52.12
52~53	3.89	4.03	88~89	12.96	12.73	124~125	25.38	24.68	160~161	53.06	52.99
53~54	4.12	4.25	89~90	13.18	12.97	125~126	25.93	25.20	161~162	53.97	53.85
54~55	4.37	4.48	90~91	13.41	13.22	126~127	26.51	25.75	162~163	54.87	54.68
55~56	4.62	4.71	91~92	13.64	13.46	127~128	27.10	26.31	163~164	55.77	55.48
56~57	4.87	4.94	92~93	13.87	13.71	128~129	27.70	26.89	164~165	56.67	56.25
57~58	5.14	5.17	93~94	14.10	13.96	129~130	28.32	27.48	165~166	57.57	56.98
58~59	5.40	5.41	94~95	14.34	14.21	130~131	28.95	28.09	166~167	58.47	57.67
59~60	5.67	5.64	95~96	14.58	14.46	131~132	29.59	28.72	167~168	59.36	58.32
60~61	5.95	5.88	96~97	14.82	14.71	132~133	30.25	29.37	168~169	60.25	58.93
61~62	6.22	6.12	97~98	15.07	14.97	133~134	30.92	30.04	169~170	61.14	59.47
62~63	6.50	6.36	98~99	15.33	15.23	134~135	31.61	30.72	170~171	62.02	59.96
63~64	6.77	6.60	99~100	15.59	15.49	135~136	32.31	31.42	171~172	62.90	60.39
64~65	7.05	6.85	100~101	15.85	15.76	136~137	33.02	32.14	172~173	63.77	60.74
65~66	7.33	7.09	101~102	16.13	16.03	137~138	33.74	32.88	173~174	64.63	61.02
66~67	7.60	7.34	102~103	16.41	16.31	138~139	34.48	33.63	174~175	65.49	
67~68	7.87	7.58	103~104	16.70	16.59	139~140	35.23	34.40	175~176	66.33	
68~69	8.14	7.83	104~105	16.99	16.88	140~141	35.99	35.19	176~177	67.18	
69~70	8.41	8.08	105~106	17.30	17.17	141~142	36.76	36.00	177~178	68.01	
70~71	8.67	8.33	106~107	17.62	17.47	142~143	37.55	36.82	178~179	68.83	
71~72	8.93	8.57	107~108	17.94	17.78	143~144	38.35	37.66	179~180	69.65	
72~73	9.19	8.82	108~109	18.28	18.10	144~145	39.15	38.51	180~181	70.45	
73~74	9.44	9.07	109~110	18.63	18.42	145~146	39.97	39.37	181~182	71.25	
74~75	9.70	9.31	110~111	18.99	18.76	146~147	40.79	40.25	182~183	72.04	
75~76	9.94	9.56	111~112	19.36	19.10	147~148	41.63	41.14	183~184	72.82	
76~77	10.19	9.81	112~113	19.74	19.46	148~149	42.47	42.04	184~185	73.59	
77~78	10.43	10.05	113~114	20.14	19.82	149~150	43.32	42.95	185~186	74.35	
78~79	10.67	10.30	114~115	20.55	20.20	150~151	44.18	43.86			
79~80	10.90	10.54	115~116	20.97	20.59	151~152	45.05	44.79			

③ 한국 소아의 신장 및 체중의 성장도표 – 남아(0~36개월)

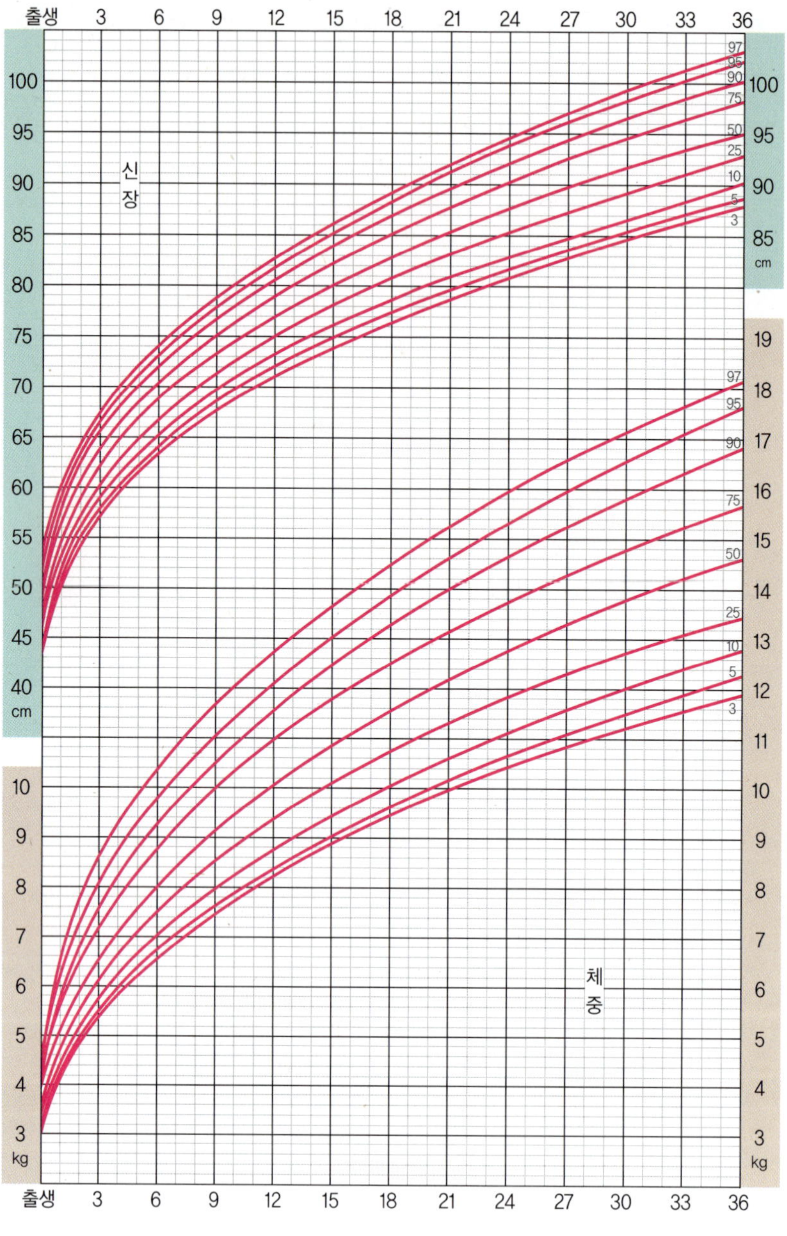

④ 한국 소아의 신장 및 체중의 성장도표 – 여아(0~36개월)

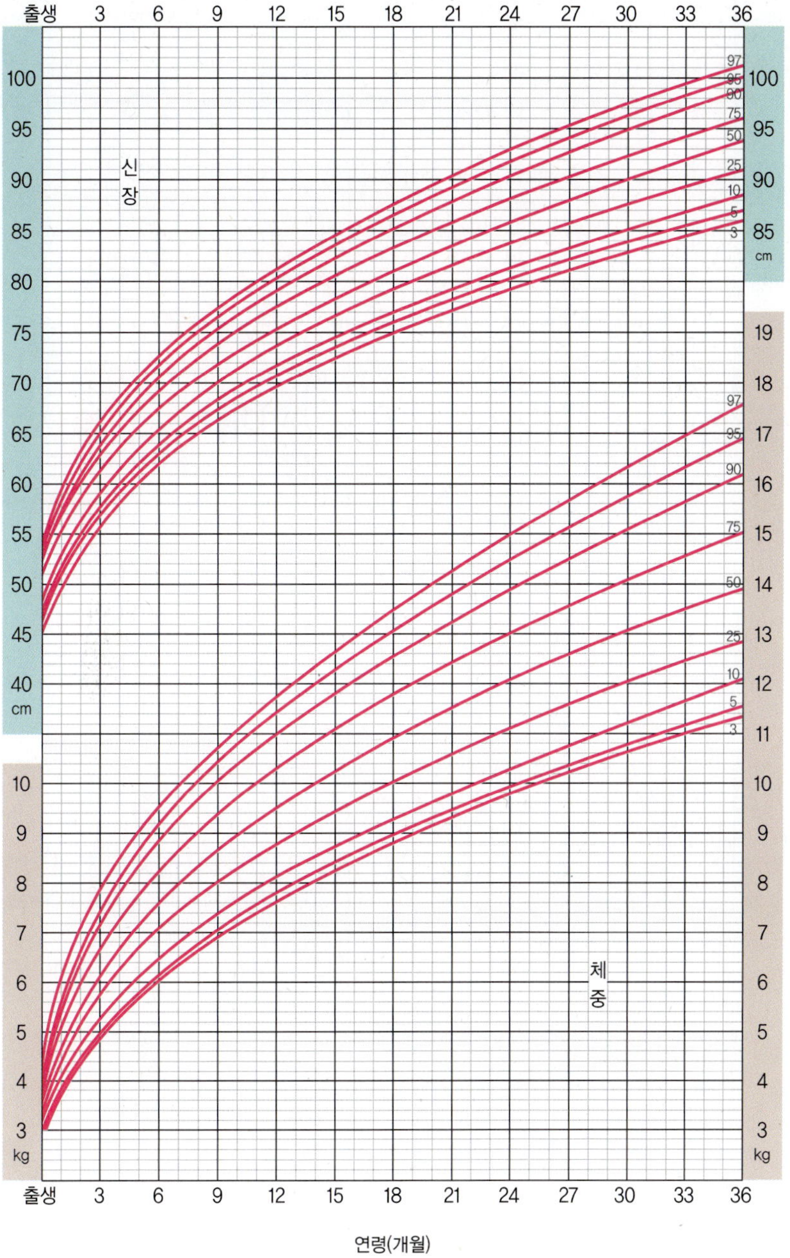

⑤ 한국 소아의 신장 및 체중의 성장도표 – 남아(2~18세)

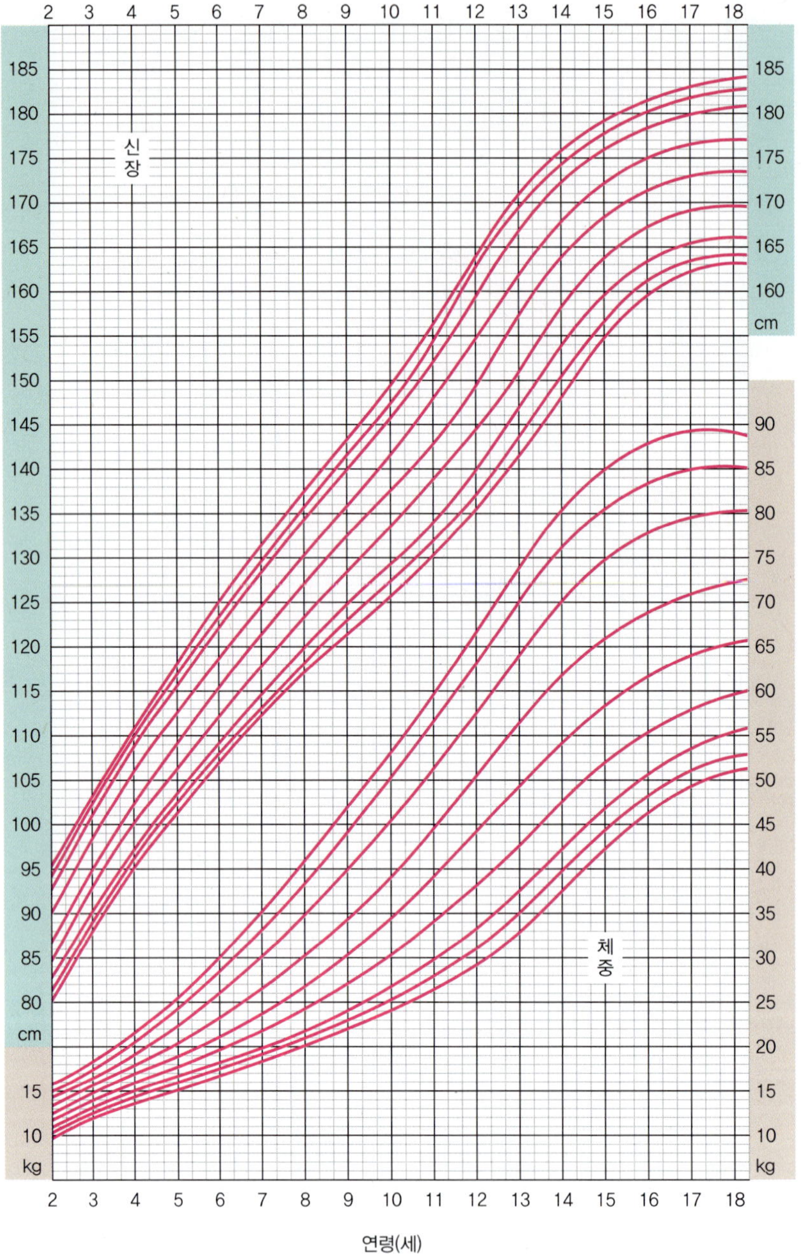

⑥ 한국 소아의 신장 및 체중의 성장도표 – 여아(2~18세)

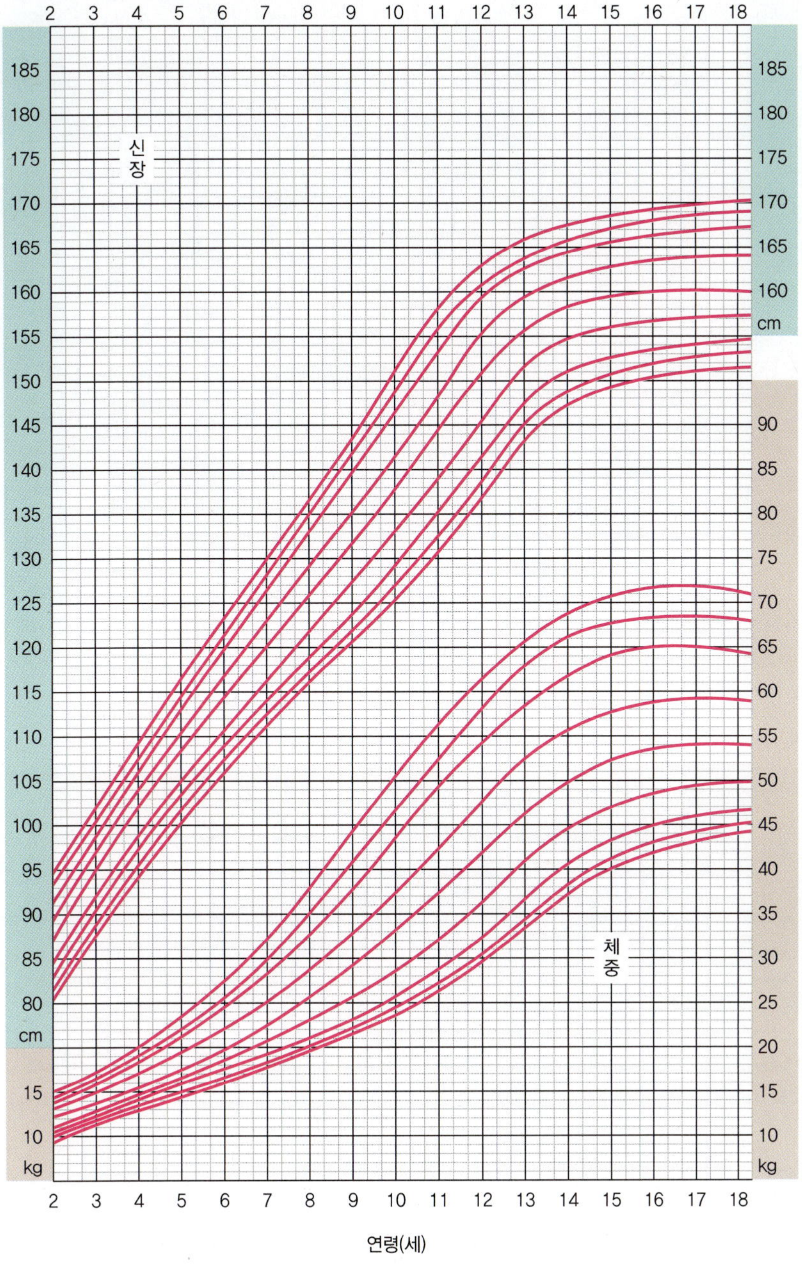

⑦ 한국 소아의 체질량지수의 성장도표 백분위수

1. 남아(2~19세)

(단위: kg/m^2)

연령(세)	체질량지수 백분위수									
	3rd	5th	10th	25th	50th	75th	85th	90th	95th	97th
2~2.5	14.00	14.33	14.85	15.72	16.71	17.70	18.24	18.60	19.15	19.51
2.5~3	13.96	14.23	14.66	15.41	16.29	17.22	17.75	18.12	18.67	19.05
3~3.5	13.93	14.15	14.51	15.16	15.97	16.87	17.41	17.79	18.40	18.82
3.5~4	13.88	14.08	14.40	14.99	15.75	16.65	17.21	17.62	18.29	18.78
4~4.5	13.83	14.01	14.31	14.88	15.63	16.54	17.13	17.58	18.34	18.90
4.5~5	13.77	13.95	14.26	14.83	15.59	16.55	17.17	17.66	18.50	19.14
5~5.5	13.72	13.91	14.22	14.82	15.63	16.65	17.32	17.85	18.78	19.49
5.5~6	13.68	13.88	14.22	14.86	15.72	16.82	17.56	18.13	19.14	19.93
6~6.5	13.65	13.87	14.23	14.93	15.87	17.07	17.86	18.49	19.59	20.44
6.5~7	13.64	13.88	14.27	15.03	16.06	17.36	18.23	18.91	20.09	21.01
7~8	13.65	13.93	14.38	15.24	16.41	17.89	18.86	19.62	20.93	21.93
8~9	13.74	14.06	14.59	15.60	16.97	18.68	19.80	20.66	22.13	23.24
9~10	13.91	14.27	14.88	16.04	17.58	19.51	20.76	21.72	23.34	24.54
10~11	14.16	14.57	15.24	16.52	18.22	20.34	21.71	22.74	24.48	25.77
11~12	14.49	14.93	15.65	17.02	18.86	21.12	22.57	23.67	25.50	26.85
12~13	14.89	15.35	16.10	17.54	19.45	21.18	23.32	24.46	26.35	27.75
13~14	15.35	15.82	16.59	18.05	20.00	22.40	23.93	25.09	27.02	28.43
14~15	15.85	16.32	17.08	18.55	20.49	22.88	24.40	25.56	27.48	28.90
15~16	16.38	16.83	17.58	19.01	20.90	23.24	24.74	25.87	27.77	29.16
16~17	16.90	17.33	18.06	19.43	21.26	23.51	24.95	26.05	27.89	29.24
17~18	17.38	17.80	18.49	19.81	21.55	23.70	25.08	26.13	27.89	29.19
18~19	17.80	18.20	18.87	20.14	21.81	23.86	25.18	26.18	27.85	29.08

1)체질량지수(Body mass index, BMI)= 체중(kg)/[신장(m)]^2

2. 여아(2~19세)

(단위: kg/m^2)

연령(세)	체질량지수 백분위수									
	3rd	5th	10th	25th	50th	75th	85th	90th	95th	97th
2~2.5	13.82	14.12	14.58	15.38	16.34	17.35	17.93	18.33	18.94	19.35
2.5~3	13.76	14.02	14.42	15.15	16.01	16.96	17.50	17.89	18.48	18.88
3~3.5	13.69	13.92	14.29	14.95	15.76	16.67	17.21	17.59	18.19	18.60
3.5~4	13.62	13.84	14.18	14.80	15.59	16.49	17.03	17.42	18.04	18.48
4~4.5	13.55	13.76	14.09	14.70	15.48	16.39	16.95	17.36	18.03	18.51
4.5~5	13.49	13.69	14.02	14.64	15.43	16.38	16.97	17.41	18.13	18.65
5~5.5	13.43	13.64	13.98	14.61	15.44	16.44	17.07	17.54	18.33	18.90
5.5~6	13.39	13.60	13.96	14.63	15.50	16.56	17.24	17.75	18.61	19.24
6~6.5	13.36	13.59	13.96	14.67	15.61	16.75	17.48	18.03	18.96	19.64
6.5~7	13.34	13.59	13.99	14.75	15.75	16.98	17.77	18.36	19.36	20.10
7~8	13.36	13.63	14.08	14.92	16.04	17.40	18.27	18.94	20.05	20.87
8~9	13.47	13.77	14.28	15.24	16.51	18.06	19.05	19.80	21.05	21.98
9~10	13.66	14.01	14.57	15.65	17.06	18.78	19.88	20.71	22.09	23.10
10~11	13.95	14.33	14.95	16.12	17.65	19.53	20.71	21.61	23.08	24.16
11~12	14.33	14.73	15.39	16.64	18.27	20.25	21.51	22.45	23.99	25.11
12~13	14.78	15.20	15.89	17.18	18.88	20.93	22.22	23.18	24.77	25.91
13~14	15.29	15.71	16.41	17.73	19.45	21.53	22.83	23.80	25.38	26.53
14~15	15.83	16.25	16.95	18.26	19.97	22.03	23.31	24.27	25.83	26.96
15~16	16.36	16.78	17.47	18.75	20.42	22.42	23.67	24.60	26.11	27.21
16~17	16.87	17.27	17.93	19.17	20.77	22.69	23.89	24.78	26.24	27.29
17~18	17.30	17.68	18.31	19.49	21.01	22.84	23.99	24.84	26.24	27.25
18~19	17.60	17.96	18.56	19.68	21.13	22.88	23.98	24.80	26.15	27.13

1)체질량지수(Body mass index, BMI)= 체중(kg)/[신장(m)]^2

참고문헌

1

법제처 국가법령정보센터(2013). 국민영양관리법.

보건복지부. 국민영양관리 기본계획(2017-2021).

보건복지부 · 한국영양학회(2015). 2015 한국인 영양소 섭취기준.

성진근(1996). 식량문제와 국민경제의 새로운 선택. 대한지역사회영양학회 춘계학술대회 초록집, 14-38.

정해랑(2017). 4차 산업혁명 시대를 맞이하는 영양전문가의 자세. 국민영양 40(9): 5-9.

조수헌(1997). 건강검진에서 나타나는 건강문제. 대한지역사회영양학회 춘계학술대회 초록집, 1-11.

중국영양학회(2016). 중국의 식품구성탑.

통계청(2015). 사망원인 통계.

통계청(2017). 고령자통계.

한국농촌경제연구원 · 통계청(2016). 가구 규모별 가구 수 추이.

American Dietetic Association and US Public Service(1993). Worksite nutrition, 2nd ed., ADA.

Choi SG(2011). A study singles' dining-out behavior and food consumption behavior by the lifestyle. MS thesis, Sangmyung University.

Kim HS(2001). A study on the eating out behavior of university students in Seoul. Korean J Soc Food Culture 16(2): 147-157.

Kim MJ(2015). The research on the dietary life status for single-person households. MS thesis, Kyonggi University.

Nam SY(2016). Differences in dietary, nutritional and health status between single-person households and non-single-person households in Korean adults by sex and age group. MS thesis, Inha University.

Stockman EP(2004). Parental caregiving by adult children. J Marriage Family 45(4): 851-858.

Y Fujisawa, T Suzuki, K Nishimura, A Tokano(1989). 營養指導 manual, Tokyo; 南山堂.

2

구재옥 · 김경원 · 김창임 · 박동연 · 박혜련 · 윤은영(2007). 영양교육의 이론과 실제. 파워북.

대한지역사회영양학회 춘계학술대회(1997). 건강증진을 위한 영양상담. 대한지역사회영양학회.

대한지역사회영양학회(2006). 영양교육이론의 활용 WORKSHOP. 대한지역사회영양학회.

박서연 · 권종숙 · 김초일 · 이윤나 · 김혜경(2012). 건강신념 모델을 적용한 고혈압 영양교육 프로그램 개발 · 포커스그룹 인터뷰에 기초하여-. 대한지역사회영양학회지 17: 623-636.

손숙미 · 이경혜 · 김경원 · 이연경(2007). 영양교육 및 상담의 실제-아동과 청소년을 중심으로-. 라이프사이언스.

안소현 · 김혜경 · 김경민 · 윤진숙 · 권종숙(2014). 사회인지론 모델을 적용한 나트륨 섭취 줄이기 소비자 영양교육 프로그램 개발 · 포커스그룹 인터뷰에 기초하여-. 대한지역사회영양학회지 19: 342-360.

안윤 · 김경원(2012). 대학생의 채소 섭취 행동변화단계에 따른 채소 섭취 관련 인식, 자아효능감 및 식행동. 대한지역사회영양학회지 17: 1-13.

이영미 · 이민준(2002). 영양교육. 신광출판사.

Bauer K, Sokolik C.(2002). Basic nutrition counseling skill development, Wadsworth.

Contento IR, Balch GI, Bronner YL, Lytle LA, Maloney SK, Olson CM(1995). Theoretical frameworks or models for nutrition education, J Nutr Edu, 27(6), 191-199.

Curry KR, Jaffe A(1998). Nutrition counseling & communication skills, W. B. Saunders Company.

Glanz K, Lewis FM, Rimer BK(1990). Health behavior and health education; theory, research and practice, Jossey-Bass.

Holli BB, Calabrese RJ(1998). Communication and education skills for dietetics professionals, 3rd ed., Lippincott Williams & Wilkins.

National Cancer Institute (2005). Theory at a glance.

Seo HS, Lee SK, Nam SY(2011). Factros influencing fast food consumption behaviors of middle-school students in Seoul: an application of theory of planned behaviors. Nutrition Research and Practice, 5, 169-178

Sobal J, Lee SK(1997). Usage of social science theories in community nutrition. 대한지역사회영양학회지, 2(5), 671-679.

3

대한지역사회영양학회(1995). 지역사회영양학의 역할과 전망. 대한지역사회영양학회 창립총회 및 기념강연회 자료집.

대한지역사회영양학회(1997). 건강증진을 위한 영양서비스 접근방향. 대한지역사회영양학회 추계학술대회 자료집.

모수미 · 구재옥 · 박양자 · 박영숙 · 손숙미 · 서정숙(2006). 지역사회영양학 개정판. 교문사.

이경혜 · 김경원 · 이연경 · 이송미 · 손숙미(2016). 영양교육 및 상담의 실제(제3판). 라이프사이언스.

이정원 · 이미숙 · 김정희 · 손숙미 · 이보숙(2005). 영양판정. 교문사.

이영미 · 이민준 · 이승민(2016). 영양교육과 상담. 신광출판사.
정인성(1993). 실천적 교수방법. 교육과학사.
藤澤良知, 鈴木 健, 西村薰子, 高野 陽(1989). 榮養指導 マニュアル. 南山堂.
鈴木 健, 佃篤 彦, 足立己辛, 藤澤良知, 梶本雅俊(1991). 公衆榮養學. 第3版. 医齒薬 出版 株式會社.
Bauer K, Sokolik C(2002). Basic nutrition counseling skill development. Wadsworth.
Boyle MA, Morris DH(1999). Community nutrition in action; an entrepreneurial approach, West.
Frankle RT, Owen AL(1993). Nutrition in the community; The art of delivering services, 3rd ed., Mosby.
Glanz K, Rimer BK, Lewis RM eds(2002). Health behavior and health education; theory, research and practice, 3rd ed., Jossey-Bass
Holli BB, Calabrese RJ(1998). Communication and education skills for dietetics professionals, 3rd ed. Lippincott Williams & Wilkins.
Katharine RC, Amy J(1998). Nutrition counseling & communication skills, Saunders.
Obert JC(1986). Community nutrition, 2nd ed., John Wiley & Sons.
Steckler A, Linnan L(2002). Process evaluation for public health interventions and research, Jossy-Bass.
Terry RD(1994). Introductory community nutrition. Mosby.
WHO Regional Office for europe, health 21(1998). The health for all policy framework for the WHO european region-21 target for the 21st century. European Health for All Series, No 6.
Windsor R, Clark N, Boyd NR, Goodman RM(2003). Evaluation of health promotion. health education and disease prevention programs, 3rd ed.. Mcgraw-Hill Companies, New York, NY, USA.

4

유구종 · 강병재(2005). 교육방법 및 공학. 창지사.
이경혜 · 김경원 · 이연경 · 이송미 · 손숙미(2016). 영양교육 및 상담의 실제(제3판). 라이프사이언스.
이정원 · 이미숙 · 김정희 · 손숙미 · 이보숙(2005). 영양판정. 교문사.
이영미 · 이민준 · 이승민(2016). 영양교육과 상담. 신광출판사.
정인성(1993). 실천적 교수방법. 교육과학사.
호재숙 · 유태영 · 김신자 · 주영주 · 김영수(1989). 교육방법 및 교육공학. 교육과학사.
藤澤良知, 鈴木 健, 西村薰子, 高野 陽(1989). 榮養指導 マニュアル. 南山堂.
Anderson JE, Valyasevi A(1988). Effective communications for nutrition in primary health Care, Report of the Asian Regional Workshop, Bangkok, Thailand 3-7 October 1983, The United Nations University.

Bauer K, Sokolik C(2002). Basic nutrition counseling skill development, Wadsworth.
Boyle MA, Morris DH(1999). Community nutrition in action, an entrepreneurial approach, West.
Frankle RT, Owen AL(1993). Nutrition in the community; the art of dilivering services, 3rd ed., Mosby.
Glanz K, Rimer BK, Lewis RM eds(2002). Health behavior and health education; theory. research and practice, 3rd ed., Jossey-Bass.
Holli BB, Calabrese RJ(1998). Communication and education skills for dietetics professionals, 3rd ed., Lippincott Williams & Wilkins.
Katharine RC, Amy J(998). Nutrition counseling & communication skills. Saunders.
Obert JC(1986). Community nutrition, 2nd ed., John Wiley & Sons.
Terry RD(1994). Introductory community nutrition. Mosby.
Windsor R, Clark N, Boyd NR, Goodman RM(2003). Evaluation of health promotion, health education and disease prevention programs, 3rd ed., Mcgraw-Hill Companies, New York, NY, USA.

5

대한영양사협회 사업체분과 위원회(1993). 계시판을 이용한 영양교육.
대한영양사협회 학교분과 위원회(1993). 포스터를 이용한 영양교육.
대한영양사협회(1997). 예방과 치료를 위한 사계절 당뇨식단 180.
대한영양사협회(1998). 국민건강증진을 위한 보건소 영양사업 사례집.
대한영양사협회(2003). 교육과정 교육자료 안내.
모수미 · 이보경(1983). 농촌 새마을 부녀회원을 위한 모자영양 지도자료의 개발 및 사전평가 연구. 서울대학교 대학원 석사학위논문.
박혜련(1999). 영양교육 매체개발에 응용할 수 있는 다양한 매체 소개. 국민영양(1, 2).
유구종 · 강병재(2005). 교육방법 및 공학. 창지사.
유혜령(1996). 유아 교수매체의 이론과 실제. 창지사.
윤은영(2005). 영양교육용 콘텐츠의 개발과 활용. 2005년도 영양취약집단 영양교육용 콘텐츠 개발 세미나 자료집.
이경혜 · 김경원 · 이연경 · 이송미 · 손숙미(2016). 영양교육 및 상담의 실제(제3판). 라이프사이언스.
이영미 · 이민준 · 이승민(2016). 영양교육과 상담. 신광출판사.
이영미(2000). 영양교육에 있어서 매체의 활용. 한국영양학회지, 33(8).
호재숙 · 유태영 · 김신자 · 주영주 · 김영수(1989). 교육방법 및 교육공학. 교육과학사.
Anderson JE, Valyasevi A(1988). Effective communications for nutrition in primary health care. Report of the Asian Regional Workshop, Bangkok, Thailand 3-7 October 1983. The United Nations University.
Berlo DK(1960). The process of communication, an introduction to theory and

practice. Rinehart & Winston.

Boyle MA, Morris DH(1999). Community nutrition in action; an entrepreneurial approach, West.

Brandao JJ, Brademan GM, Moore CE(1992). Effectiveness of videotaped dietary instruction for patients hospitalized with cardiovascular disease. J Am Dietet Assoc 92, 1268.

Brown JW, Norberg KD, Srylgley SK(1972). Administering educational media. MaGraw-Hill.

Dale E(1969). Audiovisual methods in teaching. Rinehart & Winston.

Doak C, Doak L, Root J(1985). Teaching patients with low literacy skills. JB Lippincott.

Evans SK(1997). Nutrition education materials and audiovisuals for grades preschool through 6, Gov. Docs., Special Reference Briefs Series, Food and Nutrition Information center. National Agricultural Library, Agricultural Research Service. U. S. Department of Agriculture.

Holli BB, Calabrese RJ(1998). Communication and education skills for dietetics professionals, 3rd ed., Lippincott Williams & Wilkins.

NASCO(2000-2001). Nutrition teaching aids; The dietitian's favorite catalog.

NASCO(2001-2002). Nutrition teaching aids; The dietitian's favorite catalog.

NASCO(2002). Hands-On-Health; The health teacher's favorite catalog

NASCO(2002-2003). Nutrition Teaching Aids; The dietitian's favorite catalog

NIH, NCI(1993). Developing effective print materials for low-literate readers, MSU Extension

Jastak Association, Inc.(1984). Wide range achievement test(WRAT), Copyright

Pichert JW, Elam P(1985). Readability formulas may mislead you, Patient Educ Couns, 7, 13.

Produce for Better Health Foundation(2002). 5 A Day promotional products catalog.

Read DA, Greene WH(1989). Creative teaching in health, Prospect Heights.. Waveland Pr, IL.

6

구재옥 · 김경원 · 김창임 · 박동연 · 박혜련 · 윤은영(2007). 영양교육의 이론과 실제. 파워북.

김상애(1994). 다수를 대상으로 한 영양교육. 국민영양, 94-5.

김영혜(1997). 영양상담 전략. 대한지역사회영양학회지, 2(3), 430-433.

대한영양사협회 전국영양사학술대회(1997). 국민건강증진과 영양서비스. 대한영양사협회.

대한지역사회영양학회 춘계학술대회(1997). 건강증진을 위한 영양상담. 대한지역사회영양학회.

손숙미 · 이경혜 · 김경원 · 이연경(2009). 영양교육 및 상담의 실제-아동과 청소년을 중심으로-. 라이프사이언스.
이경혜(1994). 효율적인 영양관리를 위한 영양상담. 국민영양.
이연미(2007). 어린이 영양상담의 사례연구. 2007년도 대한지역사회영양학회 춘계심포지엄 초록집.
이의옥(2009). 대화법을 통한 효과적인 영양상담 사례. 2009년 전국영양사학술대회자료집. 대한영양사협회.
이장호(1997). 상담심리학. 박영사.
이장호(1997). 상담이론의 이해. 대한지역사회영양학회지, 2(3), 426-429.
이형득(1992). 상담이론. 교육과학사.
장유경 · 권종숙 · 조여원 · 김영혜(2001). 임상영양학. 신광출판사.
장혁표 · 신경일 역(1994). 상담과 심리치료의 이론 및 실제. 교육과학사.
정구명(1996). 영양상담기법. 영양사 보수교육교재.
정효지(2017). 2015 한국인 영양소 섭취기준 I. 제정 방법 및 개요. 국민영양 40(2): 22-27.
한국영양학회 부설 영양정보센터(2017). CAN(Computer Aided Nutritional Analysis Program).
Curry KR, Himburg SP(1988). Establishing an effective nutrition education/counseling program, ADA.
Linda GS(1989). Nutrition counseling skills. Rockville Aspen.
Mason M, Wenberg BG, Welsch PK(1982). The dynamics of clinical dietetics. 2nd ed., Delmar.
Franz MJ, Boucher JL, Green-Pastors J, Powers MA(2008). Evidence-based nutrition practice guideline for diabetes and scope and standards of practice. J Am Diet Assoc 2008; 108(4 Suppl 1): S52-S58.
Lacey K, Pritchett E(2003). Nutrition Care Process and Model: ADA adopts road map to quality care and outcomes management. J Am Diet Assoc 103(8): 1061-1072.
Writing Group of the Nutrition Care Process/Standardized Language(2008). Nutrition care process and model part I: the 2008 update. J Am Diet Assoc 108(7): 1113-1117.

7

고지혈증 치료지침 제정위원회(2003). 고지혈증 치료지침, 제2판.
국가암정보센터. 암예방을 위한 식생활 자가진단표.
https://www.cancer.go.kr/lay1/S1T226C228/contents.do
김윤 · 김원경 · 이혁준 · 박미선 · 이영희 · 조재진 · 공성호 · 양한광(2011). 영양검색도구에 의한 영양불량 위험도가 위암 수술 후 합병증 발생에 미치는 영향. 대한외과학회지. 80, 1-9.
김혜영 · 권세혁 · 이정숙 · 최영선 · 정해랑 · 곽동경 · 박주연 · 강명희(2012). 어린이 영양지수(NQ, Nutrition Quotient) 모형 개발과 구성타당도 평가. 한국영양학회지.

45(4), 390-399.

농식품종합정보시스템. 소비자 맞춤형 식품성분표. http://koreanfood.rda.go.kr/fct/FrameCustView02.aspx?url_path=Easy/Kaa02.aspx?sikpumGun=곡류및그제품

보건복지가족부 · 질병관리본부(2008). 2007 국민건강통계 : 국민건강영양조사 제4기 1차년도(2007) 보고서.

보건복지부. 건강검진 실시 기준. http://www.law.go.kr/%ED%96%89%EC%A0%95%EA%B7%9C%EC%B9%99/%EA%B1%B4%EA%B0%95%EA%B2%80%EC%A7%84%20%EC%8B%A4%EC%8B%9C%EA%B8%B0%EC%A4%80

보건복지부 · 질병관리본부(2012). 2011 국민건강통계: 국민건강영양조사 제5기 2차년도(2011).

식생활정보센터. 대한지역사회영양학회. http://www.dietnet.or.kr/

식품안전나라. 식품의약품안전처. 칼로리코디. https://www.foodsafetykorea.go.kr/portal/board/boardDetail.do#

이정원(1998). 건강검진에서 영양 screening의 필요성과 실용화: 영양평가 지표의 활용방안. 대한지역사회영양학회1998년도 추계학술대회 초록집, 33-48.

이정원 · 이미숙 · 김정희 · 손숙미 · 이보숙(2009). 영양판정(개정판). 교문사.

이정원 · 현화진 · 곽충실 · 김초일 · 이행신(2000). 섭취식품 가짓수와 영양소 섭취의 관련성, 대한지역사회영양학회지, 5(2-보충), 297-306.

질병관리본부 · 대한소아과학회(2018). 2017년 한국 소아 · 청소년 성장도표. http://www.cdc.go.kr/CDC/contents/CdcKrContentView.jsp?cid=77683&menuIds=HOME001-MNU1130-MNU2743-MNU2748-MNU2744

질병관리본부. 식품섭취빈도조사표. https://www.cdc.go.kr/CDC/contents/CdcKrContentView.jsp?cid=60947&menuIds=HOME001-MNU1130-MNU1639-MNU1749-MNU1759

질병관리본부. 2016 국민건강통계. 2017.

한국영양학회. 어린이 영양지수. http://www.kns.or.kr/html/nq.html

한국영양학회(2010). 한국인을 위한 영양섭취기준치.

Barr SI, Murphy SP, Poos MI(2002). Interpreting and using the dietary references intakes in dietary assessment of individuals and groups, J Am Diet Assoc, 102(6), 780-788.

Briefel R, Ziegler P, Novak T, Ponza M(2006). Feeding infants and toddlers study: Characteristics and usual nutrient intake of Hispanic and non-Hispanic infants and toddlers, J Am Diet Assoc, 106(1), Suppl: S84.e1-S84.e14.

FAO(2010). Guidelines for measuring household and individual dietary diversity.

Gibson RS(2005). Principles of nutritional assessment. 2nd ed. Oxford University Press.

Kant AK, Schatzkin A, Ziegler RG, Nestle M(1991). Dietary diversity in the US

population. NHANES II 1976-1980, J Am Dietet Assoc, 91, 1526-1531.
Lee RD, Nieman DC(2006). Nutritional assessment, 4th ed., Mosby, St. Louis.
Nestle Nutrition Institutue. MNA Mini Nutritional Assessment. http://www.mna-elderly.com/
Suitor CW, Gleason PM(2002). Using dietary reference intake-based methods to estimate the prevalence of inadequate nutrient intake among school-aged children, J Am Diet Assoc, 102(6), 530-536.
Thompson FE, Byers T, Kohlmeier L(1994). Dietary assessment resource manual, J Nutr 124(11S).
WHO(1968). WHO Technical Report Series No. 405, Geneva.
Willet WC, Sampson L(1997). Dietary assessment methods, Am J Clin Nutr 65(4S)

8 강상현 · 채백(1996). 대중 매체의 이해와 활용. 한나래.
게이츠재단 홈페이지 http://www.gatesfoundation.org/Bill & Melinda Gates Foundation
과학기술정보통신부 · 한국인터넷진흥원. 2017인터넷이용실태조사 최종보고서. https://isis.kisa.or.kr/board/index.jsp?pageId=060100&bbsId=7&itemId=821&pageIndex=1
글로벌리제이션 http://www.globalization101.org/types-of-media-2 Types of Media
대한영양사협회. 언론과 인터넷 모니터 활동보고서, 1994-2005.
구재옥 · 김경원 · 김창임 · 박동연 · 박혜련 · 윤은영(2007). 영양교육의 이론과 실제. 파워북.
김기대(1998). 대중매체가 국민건강에 미치는 영향과 중요성. 한국영양학회 춘계학술대회 초록집, 8-13.
김은경 · 박태선 · 박영심 · 장미라 · 이기완(1996). 한국 신문에 게재된 식생활 전반에 관한 기사내용의 영양과학적 분석-제2보; 특수영양, 건강 및 질병에 관한 영양정보의 분석평가. 한국식생활문화학회지, 11(4), 527-538.
김희섭(1996). 텔레비전 식품광고에 관한 고찰, 한국식생활문화학회지, 11(4), 507-515.
옥스포드 사전 http://oxforddictionaries.com/definition/english/media Oxford dictionary
윤진숙(1998). 올바른 영양정보 보급을 위한 대중매체: 전문가와 정부의 역할, 한국영양학회 춘계학술대회 초록집, 17-21.
이정원 · 이보경(1998). 식생활 관련 TV프로그램의 전문가 자문에 대한 제작자 태도와 출연자 구성의 분석. 대한지역사회영양학회지, 3(2), 317-328.
이정원 · 이보경(1998). 영양 관련 프로그램의 내용 분석을 통한 텔레비전의 영양교육적 역할의 검토. 대한지역사회영양학회지, 3(4), 642-654.
최영선(1999). 국내외 영양 관련 Webpage 자료 비교 및 영양정보화의 방향. 한국영양학회지, 32(8), 985-987.

최정호 · 강현두 · 오택섭(1995). 매스미디어와 사회. 나남.
한국언론진흥재단. 2017 언론수용자 의식조사(22회) 보고서.
http://www.kpf.or.kr/site/kpf/research/selectMediaPdsView.do?seq=574439
현태선(1999). PC통신 및 인터넷을 통해 제공되는 영양정보 서비스의 현황 및 이용실태. 한국생활과학회 동계 학술대회 초록집.
테레사 톰슨 · 얼리샤 도르시 · 개서린 밀러 · 록산 패롯 편저, 이변관 · 백혜진 역(2010). 헬스 커뮤니케이션. 커뮤니케이션북스.
Ferris-Moris M, Kraak V, Pelletier DL(1995). Using communication to improve nutrition-relevant decision-making in the community, CBNM Communication Mannual, Division of Nutritional Sciences, Cornell University, 94-114.
Goldberg JP, Gershoff SN, McGandy RB, Hartx SC(1989). The effectiveness of TV quiz show in providing nutrition information to the elderly, J Nutr Edu, 21, 86-89.
http://navigator.tufts.edu/ : Nutrition navigator-A rating guide to nutrition website
Lambert-Lagace L(1983). Media, nutrition information, and consumer reactions, J Nutr Edu, 15(1), 6-7.
Rodriguez JC(1999). Legal, ethical, and professional issues to consider when communicating via the internet: A suggested response model and policy, J Am Dietet Assoc, 99(11), 1428-1432.
Tate DF, Jackvony EH, Wing RR(2003). Effects of internet behavioral counseling on weight loss in adults at risk for type 2 Diabetes. JAMA, 289, 1833-1836.
Parker JC, Thorson E eds(2009). Health communication in the new media landscape. New York : Springer Pub.

9

국가법령정보센터. http://www.law.go.kr/
김종태 등(2017). 식품 3D-프린팅 기술과 식품 산업적 활용. 산업식품공학 21(1), 12-21.
김현선(2018). '배달앱을 통해 식품안전을 배달한다. 국민영양, 41(2), 31-32.
농림축산식품부. http://www.mafra.go.kr/
박현진 · 김현우(2018). 3D 푸드 프린팅과 식품산업의 미래. 국민영양, 41(3), 11-15.
식품안전나라. http://www.foodsafetykorea.go.kr/
식품의약품안전처. http://www.mfds.go.kr/
신말식 · 서정숙 · 권순자 · 우미경 · 이경애 · 송미영(2018). 100세 시대를 위한 건강한 식생활. 교문사.
윤형선 등(2016). 3D 프린팅 기술과 미래식품산업의 응용. 식품과학과 산업 49(4), 64-69.
음식물쓰레기줄이기. http://www.zero-foodwaste.or.kr/
장영주(2013). 이슈와 논점-국내외 나트륨 저감화정책 현황과 시사점. 국회입법조사처.
환경부. http://www.me.go.kr/
FDA Food Code 홈페이지 http://www.fda.gov/FoodCode/

고성욱(2007). 교수 · 학습 과정안의 작성 원리와 방법. 2007년도 대한지역사회영양학회 춘계심포지엄 초록집. 9-16.

교육부(2017). 국민건강영양조사(2016년) 및 청소년건강행태온라인조사(2017년) 결과 발표.
http://www.moe.go.kr/boardCnts/view.do?boardID=294&boardSeq=72430&lev=0&searchType=null&statusYN=C&page=1&s=moe&m=0503&opType=N

김인식 · 최호성 · 최병옥(2002). 수업설계의 원리와 모형 적용. 교육과학사.

김지혜 · 우태정 · 이경애 · 이승민 · 이경혜(2016). 일부 여자 중학생 대상 사회인지이론 기반 영양교육 프로그램의 적용 및 효과. 대한지역사회영양학회지 21(6), 497-508.

대한영양사협회. http://www.dietitian.or.kr/

대한지역사회영양학회 식생활정보센터. http://www.dietnet.or.kr/

박미란 · 김숙배(2018). 전북 일부 지역 초등학교 고학년 대상 '영양 · 식생활 가이드북'을 활용한 영양교육 효과. 대한지역사회영양학회지 23(1), 13-27.

서울교육대학교 부설초등학교(2003). 실습을 위한 지도 강화 자료.

식품안전나라. http://www.foodsafetykorea.go.kr/

식품의약품안전처. http://www.mfds.go.kr/

아이다이어트(충북대학교). http://idiet.cbnu.ac.kr/

어린이 급식관리 지원센터. http://ccfsm.foodnara.go.kr/

연미영 · 박찬 · 류관희 · 현태선(2012). 어린이의 비만 예방과 관리를 위한 영양교육 웹사이트 개발 및 평가. 대한지역사회영양학회지 17(4), 390-406.

오나경 · 권수진 · 김경원 · 손정민 · 박혜련 · 서정숙(2016). 초 · 중 · 고등학교 영양교사의 영양교육 실태와 교육 요구도. 대한지역사회영양학회지 21(2), 152-164.

윤영란 · 양은주(2010). 중학교 재량활동 중 실시한 영양교육의 효과 평가. 한국영양학회지 43(5), 489-499.

이미숙 · 이경혜(2014). 채소를 주제로 한 유아대상 식생활교육 프로그램 개발 및 적용. 대한영양사협회학술지 20(1), 26-35.

이승미(2009). 영양교사를 위한 수업기법. 국민영양, 32(9), 32-36.

이연경(2009). 유아 영양지도를 위한 교육 프로그램 개발 및 활용. 국민영양, 32(1), 28-31.

이은희 · 전수영 · 조정현 · 이수경(2012). 유아의 편식예방을 위한 텃밭가꾸기 교육 프로그램의 효과 –인천시광역시남구 어린이급식관리지원센터의 경우–. 2012년도 대한지역사회영양학회추계학술대회.

임은수 · 조영숙 · 김세나 · 김숙배(2012). 초등학교 고학년용 영양교육 소책자 개발 및 효과 분석 –하루 필요 식품군 단위수 교육을 중심으로–. 대한지역사회영양학회지 17(6), 689-706.

Gredler ME. 이경화 · 최병연 · 김정희 역(2006). 교수–학습의 이론과 실제. 아카데미프레스.

11 국민건강보험공단. http://hi.nhic.or.kr/

김미연 · 한서영 · 정정희 · 김성희 · 이진경 · 박은숙 · 장선화 · 서정숙(2009). 성인 여성의 체중조절을 위한 영양-운동 병행 교육 프로그램의 효과. 대한지역사회영양학회지, 14(2), 168-174.

김세연 · 김숙배(2017). 전북 일부 지역 과체중 및 비만 중년 여성 대상 보건소 영양교육 효과 -개인별 하루필요에너지 및 식품군 단위수 교육을 중심으로-. 대한지역사회영양학회지 22(4), 307-322.

김안나 · 임현숙(2014). 영양교육이 알코올중독자의 영양지식, 식습관 및 영양섭취상태에 미치는 효과. 한국영양학회지 47(4), 277-286

박선아 · 윤은영(2013). 대전지역 유아대상 영양플러스 사업 효과 -유아 영양개선과 보호자 영양지식 및 태도에 미친 영향- 대한지역사회영양학회지 18(1), 1-10.

송민선 · 송기호 · 고승현 · 안유배 · 김준성 · 신진희 · 조양경 · 윤건호 · 차봉연 · 송호영 · 이동한(2005). 체계적인 당뇨병 교육이 당화혈색소가 높은 제2형 당뇨병환자에게 미치는 장기 효과: 4년간 추적조사 연구. 당뇨병, 29(2), 140-150.

식품안전나라. http://www.foodsafetykorea.go.kr/

식품의약품안전처(2017). '임산부 영양 · 식생활 정보' 카드뉴스 제공 보도자료 http://www.mfds.go.kr/index.do?mid=675&seq=35746

식품의약품안전처 영양표시정보. http://nutrition.mfds.go.kr/

싱겁게먹기센터. http://saltdown.com/

여수정 · 김복희(2018). 당뇨병 환자 대상 집중관리프로그램이 혈액성상 및 당뇨지식에 미치는 효과. 대한지역사회영양학회지 23(2), 148-161.

이혜승 · 장지호 · 이현정 · 박소정 · 강은희(2015). 영양관리과정(NCP)을 적용한 건강증진센터 고객의 영양진단분석. 대한지역사회영양학회지 20(1), 61-72.

최정화 · 이은실 · 이윤진 · 이혜상 · 장혜자 · 이경은 · 이나영 · 안윤 · 곽동경(2012). 노인을 위한 식품안전 · 영양교육 내용 개발 -포커스그룹 인터뷰와 델파이 조사를 통하여- 대한지역사회영양학회지 17(2), 167-181.

한영희 · 김정현 · 이민준 · 유택상 · 현태선(2017). 임신 · 수유부의 올바른 영양관리를 위한 카드뉴스 형식의 교육자료 개발. 대한지역사회영양학회지 22(3), 248-258.

12 국민건강보험공단. http://hi.nhic.or.kr/

김혜진 · 최인주 · 감원경 · 아사노가나 · 홍정민 · 조영민 · 윤지현(2016). 대사증후군 관리를 위한 직장기반 식생활 중재 프로그램의 효과. 대한지역사회영양학회지 21(3): 237-246.

문기은 · 박일근 · 조연상 · 장윤근 · 백윤미 · 최태인(2011). 12주 중재프로그램이 직장인의 심혈관 질환 위험요인, 아디포사이토카인과 영양소 섭취에 미치는 영향. 한국영양학회지 44(4): 292-302.

박세윤 · 양윤정 · 김유리(2011). u-헬스케어(Ubiquitous Healthcare) 서비스를 이용한 영양교육이 직장 남성근로자의 대사증후군에 미치는 영향. 한국영양학회지 44(3): 231-242.

식품의약품안전처. http://mfds.go.kr/

신은경 · 이혜진 · 전소윤 · 정윤영 · 박은정 · 안문영 · 이연경(2008). 단체급식소 나트륨 섭취감소를 위한 영양교육 프로그램 개발 및 효과평가. 대한지역사회영양학회지, 13(2), 216-227.

싱겁게먹기센터. http://saltdown.com/

한국산업안전보건공단. http://www.kosha.or.kr/

Ishhida H, Yoshita G, Murayama N(2009). Study on employees' health promotion for the population and the high risk group utilizing foodservice. Ministry of Health, Labour and Welfare in Japan.

찾아보기

자기공명영상법 191

저자소개

서정숙

서울대학교 가정대학 식품영양학과 졸업
서울대학교 대학원 식품영양학 전공, 석사
서울대학교 대학원 영양학 전공, 박사
미국 위스콘신대학교(메디슨) 방문교수
미국 캘리포니아대학교(데이비스) 방문교수
현재 영남대학교 식품영양학과 교수

이보경

서울대학교 가정대학 식품영양학과 졸업
서울대학교 대학원 식품영양학 전공, 석사
한양대학교 대학원 식품영양학 전공, 박사
미국 미시간주립대학교 방문교수
현재 유한대학교 식품영양학과 교수

이혜상

서울대학교 가정대학 식품영양학과 졸업
서울대학교 대학원 식품영양학 전공, 석사
연세대학교 대학원 식품영양학 전공, 박사
미국 캔자스주립대학교 방문교수
현재 안동대학교 식품영양학과 교수

이수경

서울대학교 가정대학 식품영양학과 졸업
서울대학교 대학원 식품영양학 전공, 석사
런던대학교 대학원 보건학 전공, 석사
미국 코넬대학교 영양학 전공, 박사
미국 뉴저지주립대학교 영양학과 교수
현재 인하대학교 식품영양학과 교수

6판 영양교육과 상담

1998년 8월 15일 초판 발행 | 2000년 3월 2일 개정판 발행 | 2005년 8월 30일 개정2판 발행
2010년 3월 5일 개정3판 발행 | 2013년 8월 26일 5판 발행 | 2018년 8월 31일 6판 1쇄 발행 | 2020년 2월 20일 6판 3쇄 발행

지은이 서정숙 외 | **발행인** 류원식 | **발행처** **교문사**
편집부장 모은영 | **책임진행** 이정화 | **디자인** 신나리 | **본문편집** 우은영
제작 김선형 | **홍보** 이솔아 | **영업** 정용섭 · 송기윤 · 진경민 | **출력** 현대미디어 | **인쇄** 동화인쇄 | **제본** 한진제본

주소 (10881) 경기도 파주시 문발로 116 | **전화** 031-955-6111 | **팩스** 031-955-0955
홈페이지 www.gyomoon.com | **E-mail** genie@gyomoon.com
등록 1960. 10. 28. 제406-2006-000035호

ISBN 978-89-363-1770-6(93590) | **값** 23,000원